マツ枯れは森の感染症

——森林微生物相互関係論ノート

京都大学教授
二井一禎

文一総合出版

マツ枯れは森の感染症——森林微生物相互関係論ノート

目次

第三部　「マツ枯れ」の蔓延と環境要因

序章　忘れられるマツ林

序章　忘れられるマツ林

マツ林の消滅 —— 一つの具体例から

　葵祭りや競馬会（くらべうまえ）の神事で有名な上賀茂（かみがも）神社は、京都市の北郊、鞍馬（くらま）街道の入り口に位置する。その北東、ちょうど山一つをはさんで背中合わせの位置に、京都大学演習林の上賀茂試験地がある。この試験地は広さが約五〇ヘクタールあり、その約六〇%は天然生の二次林で、かつてはアカマツがそれらの林の主要樹種としてヒノキや広葉樹と混交していた。ところが一九六〇年代中頃から、このアカマツ林にマツ枯れが発生するようになり、一九六九年以降、被害木を伐り倒して運び出し、薬剤を散布するという駆除作業が、毎年実施されてきた。しかし、図1に示すように「マツ枯れ」被害は沈静化せず、たび重なる被害の累積により、現在では試験地内にアカマツを見いだすことさえ困難な状況になりつつある。

　この上賀茂試験地は、私にとっては「マツ枯れ」研究のふるさとである。一九七七年にこの試験地で実験を開始した当時、既に「マツ枯れ」の被害は顕著であった。とはいえ、試験地内の二次林にはまだまだ多くのアカマツの樹が見られ、林道を行くのもアカマツのトンネルを通るような風情があった。しかし最近では、「マツ枯れ」の研究に用いる被害アカマツ樹を探すことすら困難になった。そもそもアカマツそのものが姿を消してしまったのである。

　あれほど試験地内のいたるところで見られたアカマツの林は、いったいどのようにして姿を消してしまったのであろう。思い立って、一九九五年に被害経過の

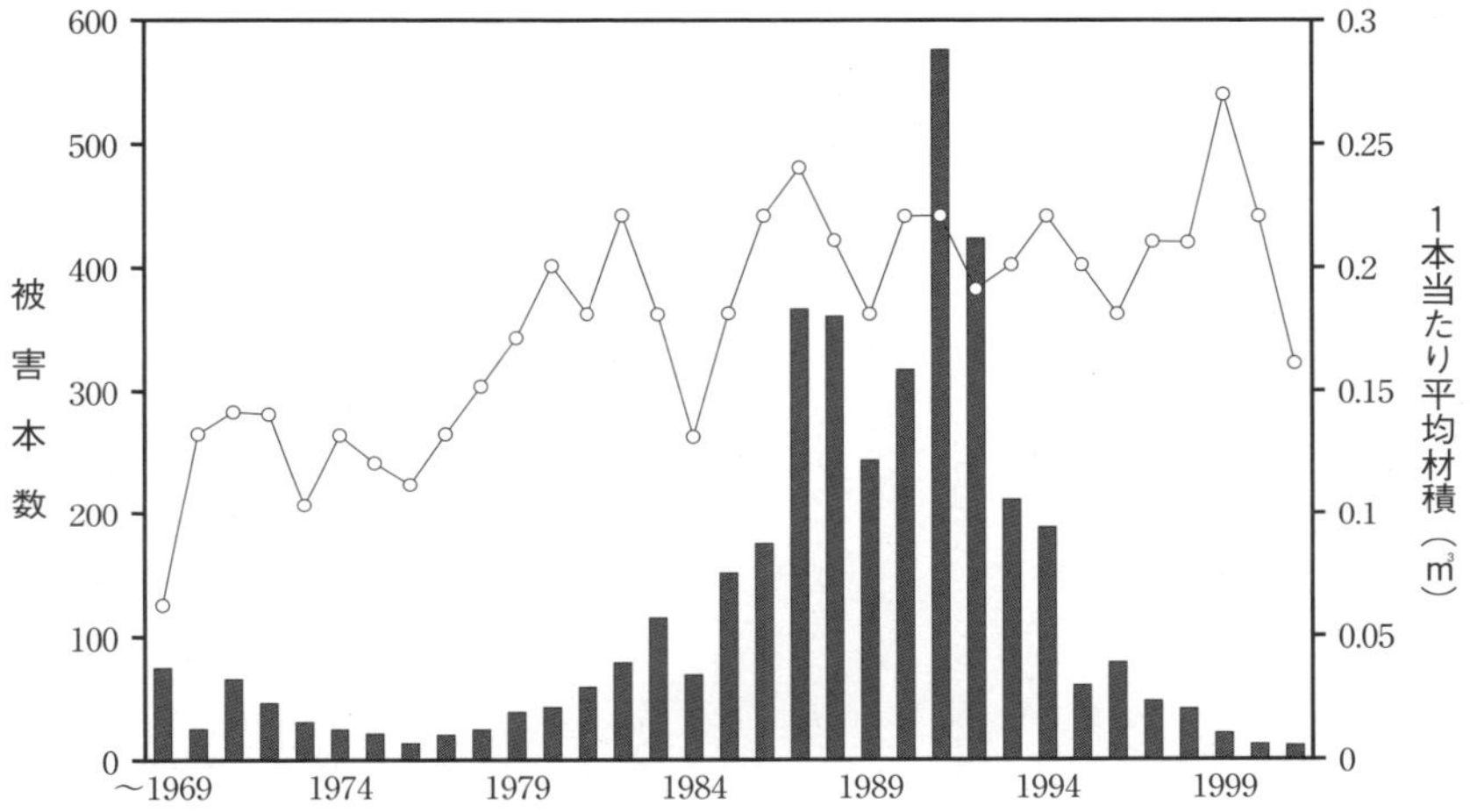

図1　上賀茂試験地における「マツ枯れ」被害の推移

棒グラフは被害本数，折れ線グラフは平均材積。毎年駆除をしていたが，被害は拡大を続けた。沈静化したのは，マツそのものがほとんどなくなってしまったためだ。

調査を試みることにした。

試験地内でアカマツが比較的よく残っている場所を探し回った末、ようやく一つの林分にたどりついた。生き残っているアカマツをすべて標識し、地図の上にその位置を落としてみると、一・八ヘクタールほどの林地に、合わせて一七八本のアカマツが確認できた。

この試験地のアカマツの樹齢に近い、四〇〜五〇年生の健全なアカマツ林では、普通一ヘクタール当たり五〇〇〜一〇〇〇本程度の樹が生えているという。そのような常識からすれば、調査地の実状はほとんど壊滅状態に近いありさまであった。この地図の上に、ここ一〇年間にわたって「マツ枯れ」により枯死し、調査区から伐倒駆除処理された個体を書き込んでいくと、一九八五年には同じ調査区域内に実に八一〇本のアカマツが生育していたことが明らかになった（図2）。つまり、一〇年の間に林内の七八％のアカマツが枯れてしまったことになる。

この試験地で駆除処理に当たってきた技官の人々にそのことを話したところ、信じられないといった驚きをもって迎えられた。毎年行われる枯損木の伐倒駆除作業は大変な労力を伴う重労働で、担当者は身をもって、被害量の多さを誰よりも理解しているはずなのだが、その担当者をして一〇年前のアカマツの密度を思い返すことができないのである。もしこのように克明なデータの集積がなければ、この間の被害進展の甚だしさは誰の記憶に残ることもなく忘れ去られたことであろう。

急激な被害経過を理解するため、この間の生存木数の減少過程と、各年の初めに生き残っていたアカマツのうち何%がその年に枯死したかを表す「枯死率」の変動をあわせて図にしてみた（図3）。この図から、枯死率は被害初期には比較的低いまま推移するが、やがて上昇しはじめて年間の枯死率が二五%という激害期を迎え、やがて生残木の減少にともなって低下傾向をたどっていくという様子が理解できる。

二五%の枯死率とは、その年の「マツ枯れ」シーズンが始まる前に健全であったアカマツの四分の一が枯死してしまうことを意味する。このような激害期が三年も続くと、それ以前の四割近くまで個体数が減少してしまうことになる。事実この調査区では、一九九二年から三年間にこのような激害が続いたため、一九九五年には一〇年前の五分の一ほどにまで密度を減らしてしまうことになったのだ。

忘れられるマツ林

京都は、三方をなだらかな山々に囲まれた盆地に発達した古都である。その低い山々の大部分は、「マツ枯れ」が猛威を振るう前までは、美しいアカマツの林に覆われていた。そして、近隣の人々はこのようなアカマツ林で柴（神事用のサカキや仏事用のヒサカキ、あるいは肥料や燃料用の雑木）を刈り、秋にはマツタケ、ショウゲンジといったキノコを採って、山と上手につきあっていた。しかし現在、その山々のアカマツ林はほとんどが姿を消してしまった。

案外知られていないことだが、国土がどれだけ森林で覆われているかという点では日本は世界屈指の森林国で、その総面積三七万平方キロの約三分の二にあた

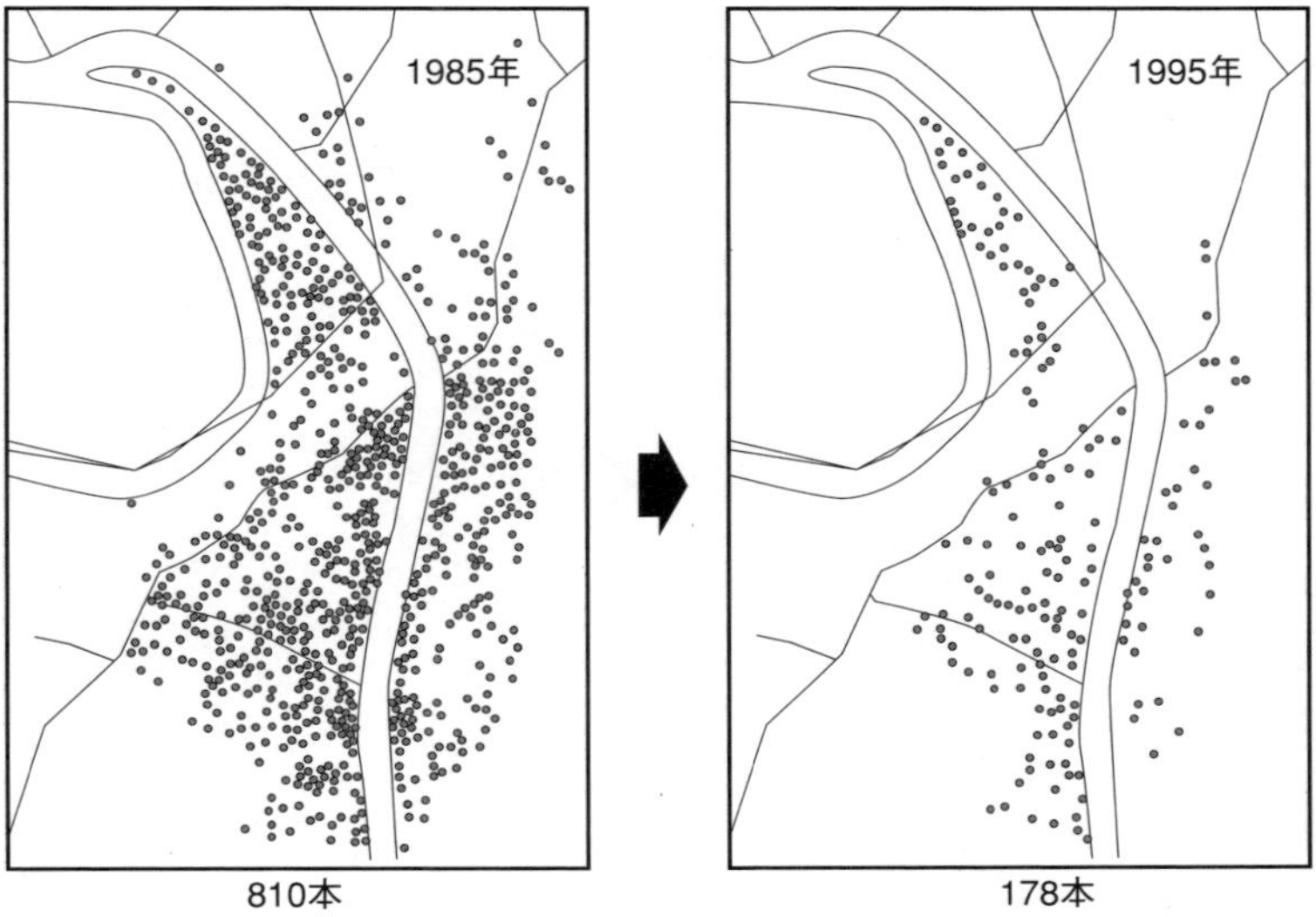

図2　上賀茂試験地での「マツ枯れ」によるアカマツ個体数の減少（1985～1995年）
10年間で5分の1近くに減ってしまった

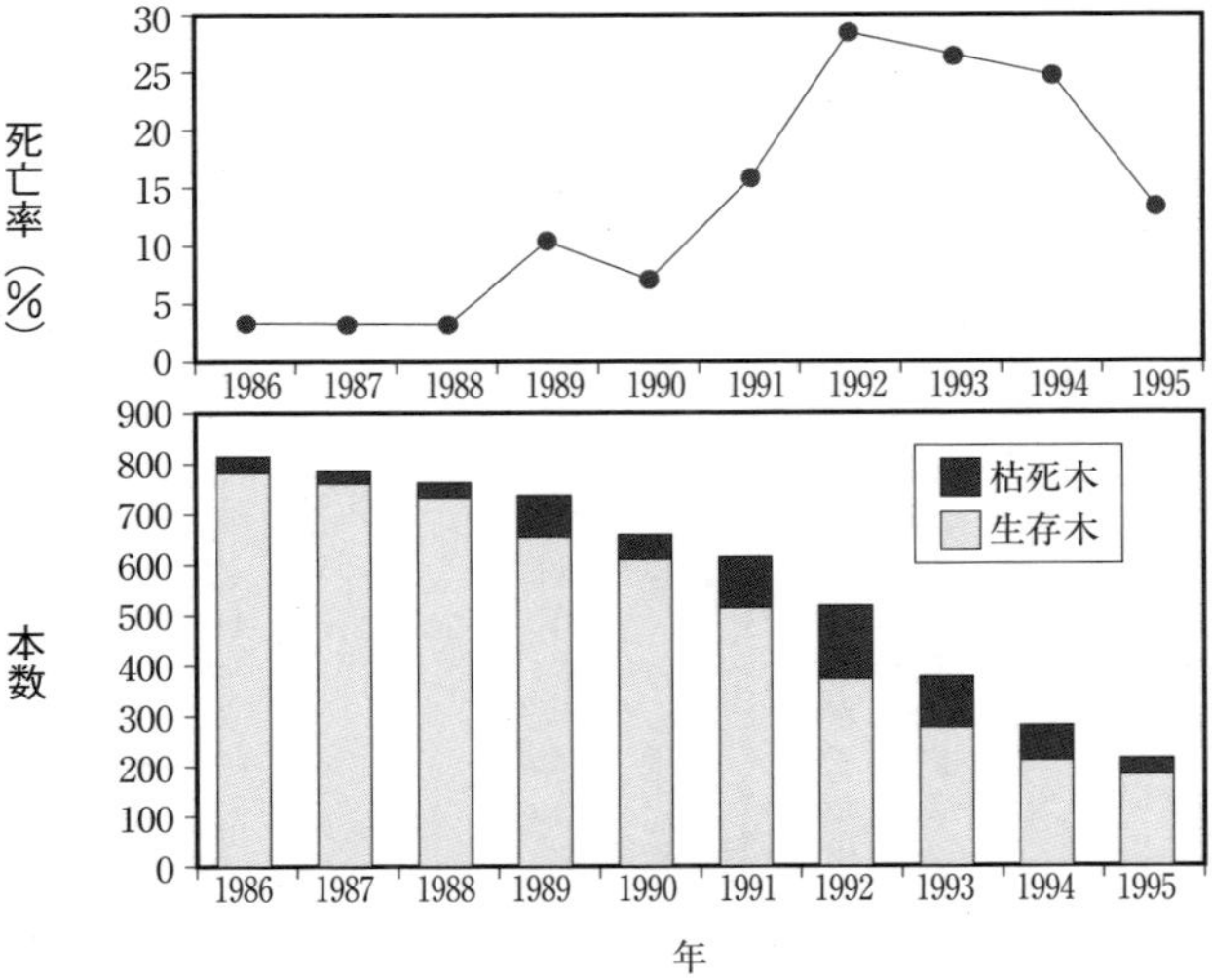

図3　上賀茂試験地での「マツ枯れ」による被害の年次変化（上：被害率，下：生存本数）
生存本数のグラフのうち，■で示した部分はその年のうちに枯死した本数を示す。▒部分は生き残っていた本数。

マツ枯れが広がり始めたアカマツ林

る二五・二万平方キロが森林である。そして、アカマツあるいはクロマツの林はざっとその一割、二・一万平方キロだということになっている。

「ということになっている」とはあいまいな表現だが、現在これらのマツ林の四分の一以上が、何らかの形で「マツ枯れ」に侵されていて、いったいどれだけが健全なマツ林として残っているのか、正しい評価が困難なのである。

たとえば、マツタケの研究と行政の立場から京都府下の森林を広く調査してきたある研究者によると、アカマツやクロマツが優占した、マツ林と呼べる森林が、京都府下にはかつて一〇万ヘクタール以上存在したという。しかし、これらのマツ林のほとんどは「マツ枯れ」に侵され、現在では種々の広葉樹に置き換わり、特にアカマツはその中に埋もれるように生き残っているにすぎない。アカマツやクロマツが優占する本来のマツ林はせいぜい五〇〇〇ヘクタール以下に激減しているというのだ。つまり、往時の二〇分の一以下に減ってしまったのである。

ところが行政は、この変化を把握していない。たとえば、一九八〇年と一九九〇年に森林の実状を調査した結果が、農林水産省統計部から発表されている。これらを見ると、京都府下のアカマツ、クロマツ林のうち、人工林の面積はその一〇年間ほとんど変化せず、約一万ヘクタール存在することになっている。京都府下ではその間に統計上記録されている被害量だけでも四〇万立方メートル以上のマツが枯れたにもかかわらずである（被害量は木材生産量の損失と見なし、普通、体積＝材積量で表現される）。この報告では、森林にマツ類が残っていれば、その密度がどれほど減少していようと、マツ林として数え上げているのだ。これでは、「マツ枯れ」による被害実態は把握できないではないか。私達が肌身で感じている植生の変化はこの数字のいったいどこに反映されていると言うのだろうか。

　緑一面の山腹に転々と赤茶けた枯れ木が発生し、やがてそんな赤褐色が広く山腹を覆う数年の間、人々は山に何かが起こっていることに気づき、心を痛める。しかし、わが国では春から夏にかけて樹木の成長に適した温暖な気候が続き、梅雨期に有り余る降水に恵まれるため、枯損木の抜けた跡も他の樹種が比較的速やかにその穴を埋めるように繁茂してくる。そして数年のうちに、枯れマツは白骨のようになった枝と幹部のみを残し、緑の樹海に呑み込まれ、やがて人目に付かなくなる。こうして、生活域に隣接する里山の多くがほんの一昔前までは広くアカマツに覆われていたのだということすら人々に忘れられてしまう。

第一部　マツ枯れの原因を探る

一　マツ林は人間とともに

「マツ枯れ」が蔓延するまで、私たちの生活圏のすぐそばにあり、最もなじみ深い里山であったマツ林は、太古の昔から日本人に身近な林であったのであろうか。

地層中に含まれる花粉の種類や量を分析することにより、その地層が堆積した当時、どのような植物がどれほどの優占度で分布していたかを推定することができる。この方法を「花粉分析」というが、塚田（1974）は日本各地の花粉分析の結果を概観し、アカマツ、クロマツが増加してくるのは約一五〇〇年前頃からのことで、これらのマツが植生の中で優占するようになるのはやっと五〇〇年前頃になってからだと推定している。

稲作が始まった当初の二〇〇〇～三〇〇〇年前ごろは、稲作が可能な土地だけを水田にすることで、十分に当時の人口を支えられたのであろう。しかし、農耕がもたらす安定した食料資源は人口増加につながり、そのことが水田の拡大を促すとともに、水田の周辺に広がる森林の開墾・破壊へと人を駆り立てた。

そして一五〇〇年前ごろから、山地の斜面などの森林を伐採し、火を入れて焼き払った後の土地にソバやアワ、キビ、モロコシなどの雑穀類、マメ類、イモ類などを栽培する集約化した焼き畑農耕が進行した。焼き畑での栽培活動が数年続くと、土壌から栄養分が収奪されるため、土地は養分の少ない（地味の薄い）荒れ地として放棄され、アカマツの急速な侵入をもたらすことになる（塚田 1981）。というのも、アカマツやクロマツは細根の部分に菌類（カビのなかま）が共生する「菌根」を形成することによって、養分の少ない土地に生育できるからである（菌根については第三部で詳しく述べる）。ところが、落ち葉などがたまって地味（土壌養分）が肥えてくると、雑菌がはびこり、菌根を形成する菌類（菌根菌）が衰弱し、養・水分をめぐる競争でマツ類は広葉樹に後れをとることになる。こうして、荒れ地に先駆的に進入したマツ類は、人手が入らなければ次第に広葉樹などに置き換わり、やがて照葉樹林のような極相林に移り変わる（この現象を「遷移」と呼ぶ）。

　伐開されむき出しになった山肌や、新たに開墾された田畑の周囲に放置された荒れ地にアカマツが急増することになったのは、ちょうど日本が歴史時代に入った頃のことであった。

　すべての花粉の中でマツ類の花粉が五〇％を超えるようになるのは、今から約五〇〇年ほど前のころである。世は室町から戦国時代にかけて。稲と他の作物との二毛作が普及し、肥料が多用されたり、灌漑施設が完備されたり、農業が大いに発達した時代でもある。同時に進行した貨幣経済は租税の銭納制を普及させ、商品作物の栽培も広がり、農業的特産物がさかんに市場に登場するようにもなった。

　これらの社会的変革のいずれもが、薪を採ったり、堆肥にする落ち葉をとるなど森林からの収奪を促してアカマツの生育適地をつくりだし、その優占をもたらす背景となった。さらに江戸時代以降には新田開発が奨励され、一六世紀末から一八世紀はじめにかけて水田面積は倍近くに増加したという。この時期の開墾作業が周辺の森林にいっそうの破壊をもたらし、アカマツ林の拡大をもたらしたことは想像に難くない。

　また、幕藩体制が整う一七世紀以来、海岸の砂防事業が各地で進められたことが知られており、これによってクロマツ（*Pinus thunbergii*）の人工林が次第に日本の海岸線を縁取るようになる。このようなクロマツを主体とする砂防造林は第二次大戦期の一時期を除き営々として持続されており、今では全国で一六万四〇〇〇ヘクタールの海岸保安林を形成している。

最初の「マツ枯れ」

人間活動の拡大に伴い分布域を広げてきた日本のアカマツやクロマツの林に、壊滅的な打撃を与えたのが「マツ枯れ」である。その最初の記録は、明治三八年（一九〇五年）までさかのぼることができる。長崎市の周辺で秋に枯れた多数の「松樹」を調査した、昆虫学者矢野宗幹の報告書（1913）に見られる当時のアカマツ、クロマツの被害は、その発病の経過、時期、流行形態のいずれもが、今日われわれが知る「マツ枯れ」に驚くほどよく似ている。九州では、福岡県でもほぼ同じころに被害が発生しており、数年後には鹿児島県の吹上浜でも、防潮防砂クロマツ林の集団枯損被害が報告されている。

大正三～四年（一九一四～一九一五年）頃には被害は本州に飛び火し、兵庫県赤穂市の老松に被害が出た。その後、隣の相生市をはじめ、大正～昭和初期にかけて「マツ枯れ」被害は山陽の各県や九州の各県に広がっていく。

太平洋戦争中の森林の荒廃は甚だしく、戦後の「マツ枯れ」被害の急増をもたらす温床となった。その原因はいくつか考えられるが、戦時中は軍港など、軍事施設を望む周辺マツ林は立ち入りを厳しく制限されたため、「マツ枯れ」の発生源をみすみす温存することになった点も、被害激化につながった大きな原因と考えられる。しかし、山を見回り、枯れたマツを一本ずつ処理し、山を「マツ枯れ」から守っていた人々の地道な営為がおろそかにされるようになったことが、被害拡大のなによりも主要な原因であったのだろう。

戦中戦後、大量のマツ丸太の移動にまぎれて被害材が搬送されたため、戦後「マツ枯れ」は九州、中国、四国、近畿から関東におよぶ二七都府県に広がり、その被害量も七二万立方メートルに達するようになる。ことの深刻さにあわてた連合軍最高司令部（ＧＨＱ）は、アメリカから森林昆虫学の専門家ファーニスを招聘して被害地を視察させ、防除法を勧告させた。また、ＧＨＱの絶対権限を背景に林野庁は強力な防除行政を断行した。その内容は、「マツ枯れ」被害木を伐倒し、その皮を剥ぎ、焼却するというきわめて簡単なものであった。

しかし効果は顕著で、昭和二五年以降、被害は急速に鎮静し始めた。このような単純な方法が効を奏したのは、一つにはＧＨＱの権限を背景に各府県が駆除作業を徹底したこと、駆除作業にあたる労働力が充分に確保できたこと、さらには枯れマツが燃料として飛ぶように売れるような社会状況があったことなどが挙げられている（マツ枯れ問題研究会編 1981）。

なぜ激害が？

昭和三〇年代の日本は戦後復興の時期で、やがて高度経済成長期を迎えることになる。人々の生活様式も著しく変化し、燃料革命、肥料革命が急速に進行する。それまで人は、里山のアカマツ林で落ち葉かきをし、集めたマツ葉を持ち帰って燃料や肥料として用いていた。そのためアカマツ林の林床は腐植層が発達せず、やせ地の状態が保たれ、そのことによって遷移がアカマツ林の状態から先へ進むことが止められていた。ところが、この頃からプロパンガスや都市ガスの利用が普及し、また化学肥料が有機肥料に取って代わるようになったため、林床に落ち葉がたまるようになり、アカマツ林は富栄養化し始めた。余談になるが、マツタケの生産量が低下した原因の一つは、このマツ林の富栄養化にある。

一方、昭和二〇年代の終わりから三〇年代にかけてアカマツやクロマツがパルプの原料として大量に利用されるようになり、国内で大規模なマツの造林が行われた。そのため、短い時期にマツ林の面積が急増した。しかし、やがて広葉樹がパルプ原料として利用されはじめ、国外から安価なパルプ原料が輸入され始めると、マツの経済価値は低下し、マツ林は手入れもされぬまま放置されるようになる。

この時期に急増したこれら手入れの悪いマツ林や、人手が入らなくなり富栄養化が進んだマツ林は、やせ地に適応したアカマツの樹にとっては生育に不適な環境であった。そのため、そこに生えるアカマツは、広葉樹との間での養・水分をめぐる分の悪い競争を通し

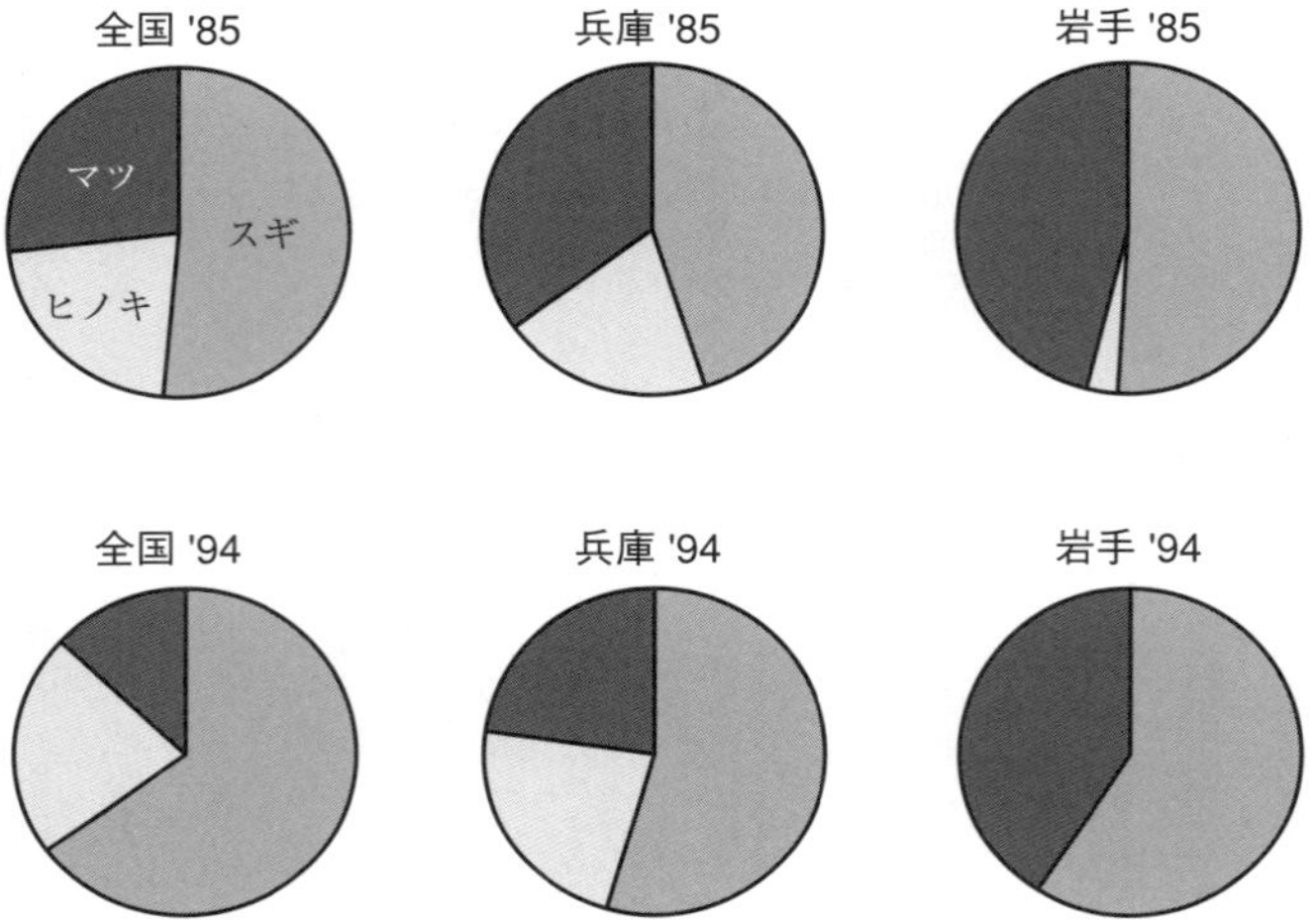

図4　木材生産量に占めるマツ材の割合の'85年から'94年までの10年間の変化
「マツ枯れ」が広がる以前の1985年と，被害が広がった1994年のものを示す。全国的にマツ材の生産量は減少しているが，当時「マツ枯れ」が侵入していなかった岩手県では，ほとんど変化していない。一方，大きな被害が出ていた兵庫県ではかなりの減少が見られる。

て常に生理的ストレスにさらされることになり、病害虫に対する抵抗性を低下させてしまっていたと考えられる。このことが、その後侵入してきた「マツ枯れ」の激化の一因となったと推定されている（マツ枯れ問題研究会 1981）。

マツ材の生産量の激減

「マツ枯れ」が激化する前は、木材生産量に占めるマツ材の量は、スギやヒノキの生産量に肩を並べるものであった。しかし、「マツ枯れ」が激化するとともにその生産量は低下している。このことは、「マツ枯れ」が猛威をふるった地域と、まだその被害が低レベルの地域の間で、木材生産量に占めるマツ材の割合の変化を比較すれば明らかである。例えば、一九八五〜一九九四年の一〇年間に、マツ類の素材生産量は兵庫県では二分の一に、また京都府では三分の一に減少してしまっている。しかし、同じ期間に「マツ枯れ」がほとんど問題にならなかった岩手県ではマツ材の重要性にはまったく変化がなく、スギの生産量が急増したため生産量に占める比率を少し低下させているだけである。

アカマツやクロマツの材は樹脂を含むため耐水性に富む。また強靱で腐りにくいという特徴があるため、建築材としてはもとより、土木用材としても広く利用されてきた。そんな有用樹を大量、急激に枯損させる「マツ枯れ」は、白砂青松の美観を損なう自然災害である前に、林業生産を根底から脅かす、人々の生活に直結した災厄であった。そして太平洋戦争の前後を通じて、「マツ枯れ」にとり組んだ多くの研究者は、この被害を根絶する鍵は枯れマツに巣くう「マツクイムシ」にあると考えていた。

二　マツクイムシと呼ばれる虫たち――穿孔性甲虫類と樹木の関係

マツクイムシという虫はいない

枯れたマツの樹を伐り倒すと、その樹皮がボロリと大きく剥がれることがある。そんな樹皮の下には、多数の昆虫の幼虫や、それらの幼虫が掘り進んだトンネル（坑道）が見られる。これらの大部分は甲虫類で、主としてキクイムシ科（Scolytidae）、ゾウムシ科（Curculionidae）、カミキリムシ科（Cerambycidae）に分類され、樹皮下に孔を開け、坑道を穿つことから、「穿孔性甲虫類」と呼ばれたりする。これらの昆虫は、材やそこに繁殖する菌類を餌にしている。

枯れたマツには決まってこれら穿孔性甲虫類が多数棲息するから、これらが「マツ枯れ」の張本人と考えられたとしても無理はない。事実、戦前、戦後を通して、長い間これらの穿孔性甲虫が「マツ枯れ」の真犯人だと信じられ、防除の標的としてもこれらの昆虫が取りあげられていた。

真の病原体が発見されて三〇年が経過する現在でも、マスコミは「マツ枯れ」のことを、あるいはこの流行病を象徴化して「松くい虫」と呼ぶことが多い。が、マツクイムシなどという虫はもとよりいない。「松くい虫」はあくまで、これら枯れマツに巣くう穿孔性甲虫類を総称した俗語である。ついでに断っておくと、この俗語「松くい虫」は、昭和一六年に兵庫県で開かれた「治山治水並に松虫害駆除予防講演及び座談会」という現地協議会を取材した新聞記者による造語だという（日塔 1969）。

どうして、多くの研究者がマツ枯れの原因としてこ

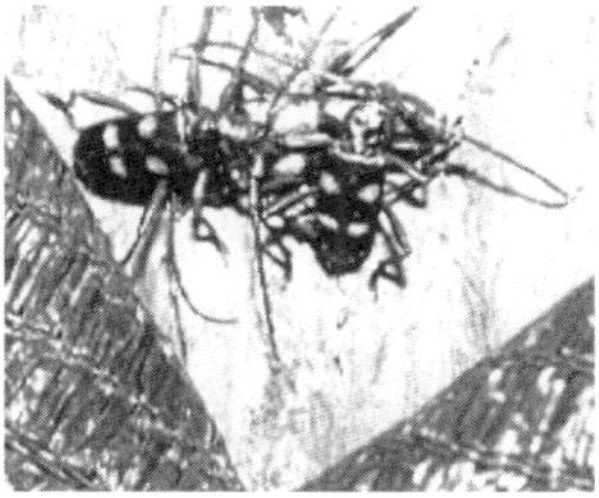

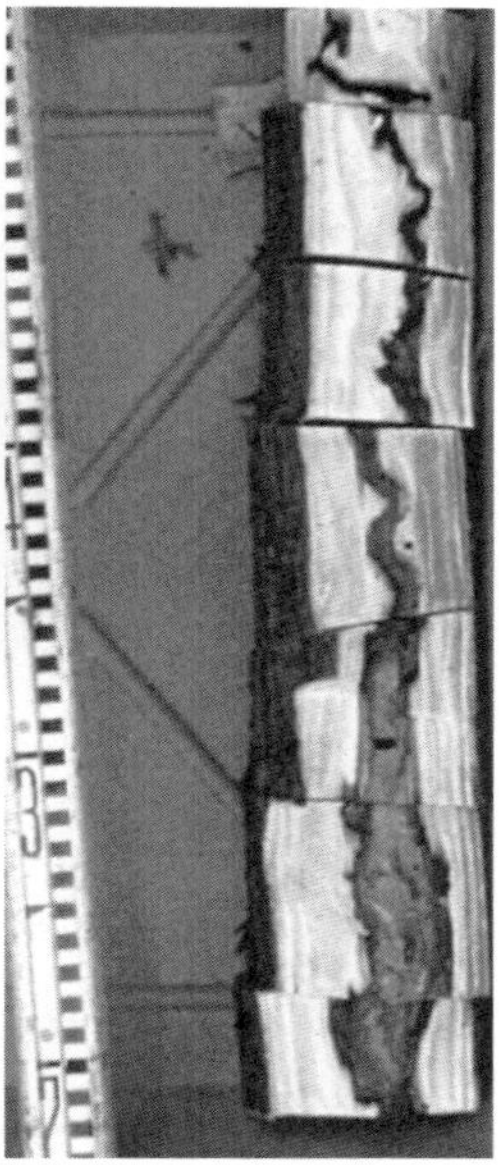

上：枯れたマツの皮をはぐと，さまざまな昆虫が見られる。なかでも穿孔性昆虫の坑道（トンネル）が目を引く
下：スギやヒノキの一次性害虫，スギカミキリ
右：スギカミキリの被害材

れら「松くい虫」にこだわり続けたのだろうか。このことを理解するには森林の害虫の加害性に関して長い議論があったことを知らなくてはならない。

一次性害虫と二次性害虫

健全なスギやヒノキの幹材に加害し、用材としての価値を著しく損なうスギカミキリ（*Semanotus japonicus* LACORDAIRE）という害虫が知られている。この虫は成長の良いスギやヒノキの幹の樹皮の割れ目などに産卵管を差し込み、卵を産みつける。八～一八日でふ化した幼虫は、最初は外皮にとどまるが、やがて内皮を通り抜けて形成層を食害する。この際、健全な樹は傷口を覆うように樹脂を分泌する。そのため、幼虫は樹脂（やに）に絡まって動けなくなり、死んでしまう危険性にさらされることになる。このような旺盛な防御反応を突破して健全な木（生立木）を加害する害虫を一次性害虫と呼び、他の原因で衰弱した木や伐倒木のように、防御反応が低下した樹体しか加害できない二次性害虫と区別している。

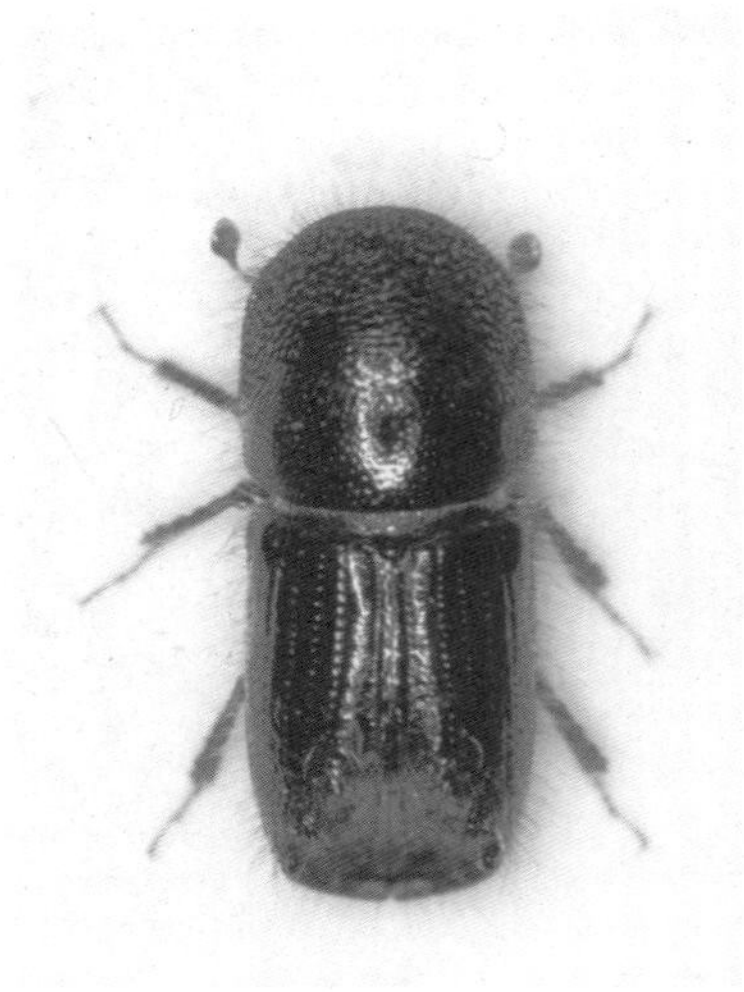

ヤツバキクイムシ（写真提供：森林総合研究所北海道支所）

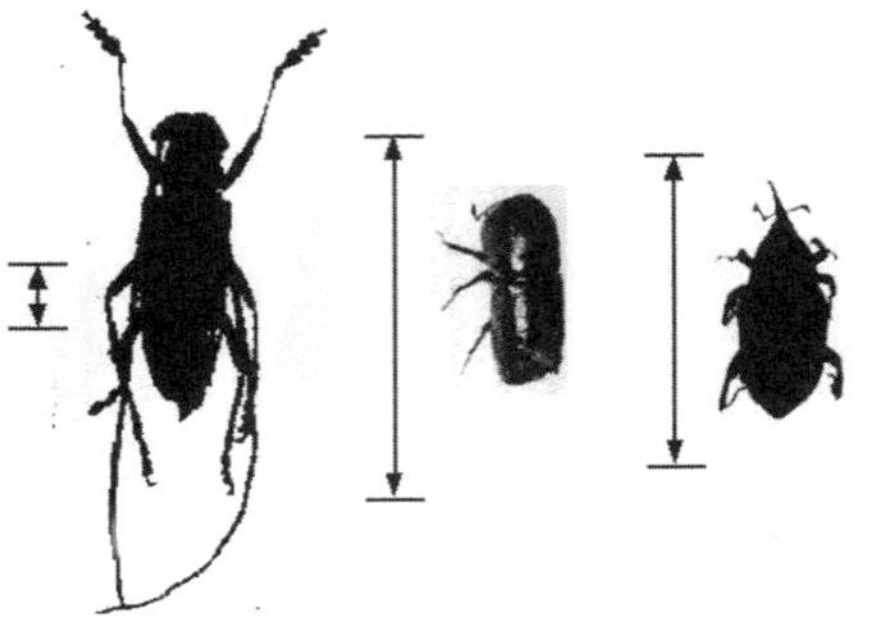

穿孔性昆虫類

左：カミキリムシ科，中：キクイムシ科，右：ゾウムシ科。左側に付した矢印は，どれも約1cmを示す

しかし、台風などの強風で根系が切断されたり、ガの幼虫などの食葉性害虫が大発生して葉が食い尽くされたりすると、倒木や衰弱木が大量に生じ、二次性害虫の数が異常に増加することになる。このような場合は、二次性害虫といえども周辺の健全な個体まで加害するようになる。このような現象を、「二次性害虫の一次性害虫への転化」と呼ぶ。

大部分の穿孔性昆虫は二次性害虫であるが、しばしば「一次性害虫への転化」をすることが報告されている。たとえば、北海道でエゾマツやトドマツの害虫として有名なヤツバキクイムシ（*Ips typographus japonicus* NIIJIMA）は本来二次性の害虫であるが、風害で倒木が大量に発生した後や伐採木が放置された伐採跡地などでしばしば個体数を増加させ、その周辺の健全木を攻撃するようになることが知られている。それではいったい、何が一次性害虫と二次生害虫の違いの原因なのだろう。

樹木の材は、セルロースとヘミセルロース、リグニンとよばれる三つの高分子物質から構成されている

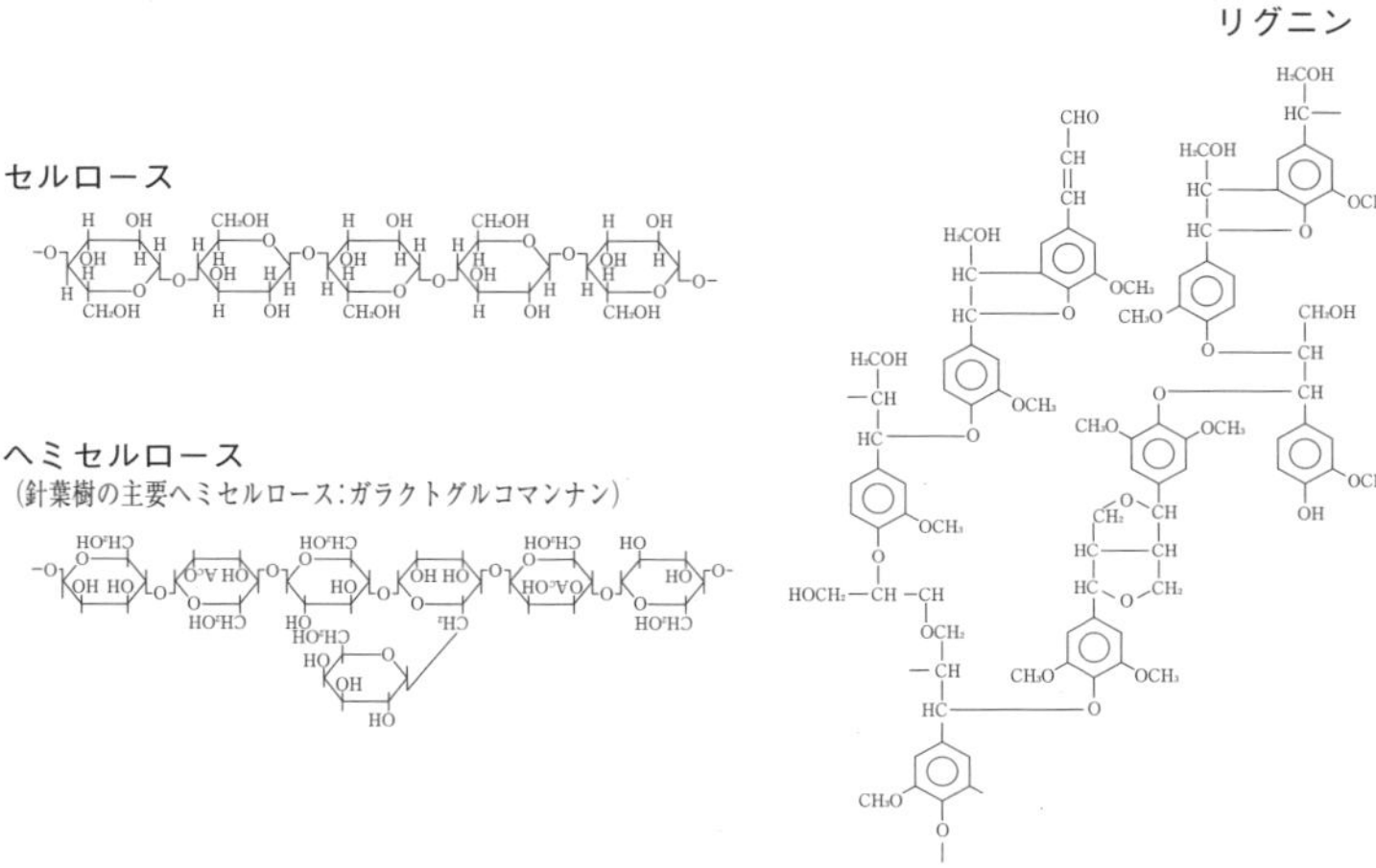

図５　木材の主要３成分（原図：樋口隆昌）
いずれも複雑な構造を持ち，分解して栄養分として取り込むことのできる生物は多くない。また，炭素（C）はたくさん含まれているが，生命活動に重要な窒素（N）はほとんど含まれていない。生物の餌としてはあまり質がよいとは言えない。

（図５）。これらはいずれも、生物が消化・分解しにくいうえ、ほとんど窒素が含まれていない。窒素は、生命活動に不可欠のタンパク質の構成元素である。その窒素がなければ、生物はタンパク質を作ることができない。逆に、これらの成分は炭素と酸素、水素から成る物質だから、材には炭素は豊富に含まれている。

炭素と窒素の比率はＣ／Ｎ比と呼ばれ、生態学では食物資源としての質の指標として用いられたり、物質の生産効率や分解程度の指標として用いられたりする。一般に、この値が小さいものほど、すなわち窒素の割合の高いものほど、食物資源として質が高いと評価される。たとえば、落葉の場合その比は大きく、窒素一に対して炭素四〇～一七〇と、樹種により変異に富む（河田 1961）。材の場合にはさらにこの値は大きくなり、窒素一に対して炭素三五〇～一二五〇となる（Cowling 1970）。材の中には炭素源は有り余るほどあるが、窒素は非常に少ししか存在しないのだ。したがって材は、食物としてあまりよい資源とはいえない。そのため、樹幹を攻撃する害虫といえども、材だけを食餌源にしていては生きていけないことになる。穿孔性昆虫類もいくつかの方法でこの難問を克服している。

生きた組織を食べる——樹皮下甲虫類の場合

穿孔性甲虫類のうち「樹皮下甲虫類」（バークビートル）と呼ばれる甲虫のなかまは、内樹皮という、形成層を含む生きた組織を主に摂食することにより栄養を充たしている。この組織は細胞質をたっぷり含んだ生細胞からなるため、樹木組織では珍しく、栄養分に富んでいる。

しかし、ここで問題がある。樹木のほうもただむざむざと重要な生命活動の場を害虫の攻撃にさらされているわけではないからだ。樹木は、忌避作用や毒作用のあるモノテルペン類などの精油成分や、タンニン、ポリフェノールなどを蓄積して害虫の攻撃に抵抗している。なかでも針葉樹の場合、有効な防御手段は樹脂（やに）の分泌である。スギカミキリを紹介した折に述べたように、樹皮下昆虫の幼虫が樹皮部を食害していくと樹脂に取り囲まれ、大部分の幼虫は死んでしまう。

そこで、一次性害虫のあるグループは樹木の側のこの抵抗性を打破するために、多数の成虫が同時に樹幹の特定の部位を集中攻撃する「マスアタック」という戦略を発達させた。このようなマスアタックを可能にしているのが集合フェロモンという信号物質である。まず、少数の個体が寄主樹を発見すると、樹皮下に侵入し集合フェロモンを放出する。すると、同じ種のキクイムシの雌雄個体がそろって多数誘引され、この樹にマスアタックを加えることになる。マスアタックを受けると、樹木の方では防御用の樹脂が枯渇してしまい抵抗力を失うので、キクイムシの幼虫は危険にさらされることなく、樹皮下の栄養分豊かな形成層付近を食害できるようになる。

このような戦略をとる昆虫としては、北米太平洋岸に広く分布するキクイムシ類、マウンテンパインビートル（*Dendroctonus ponderosae*）やアメリカ合衆国南部に分布するサザンパインビートル（*D. frontalis*）が有名だ。そして、これらのなかまのもう一つの特徴として、樹木の側の抵抗力を封殺するために、病原性のある青変

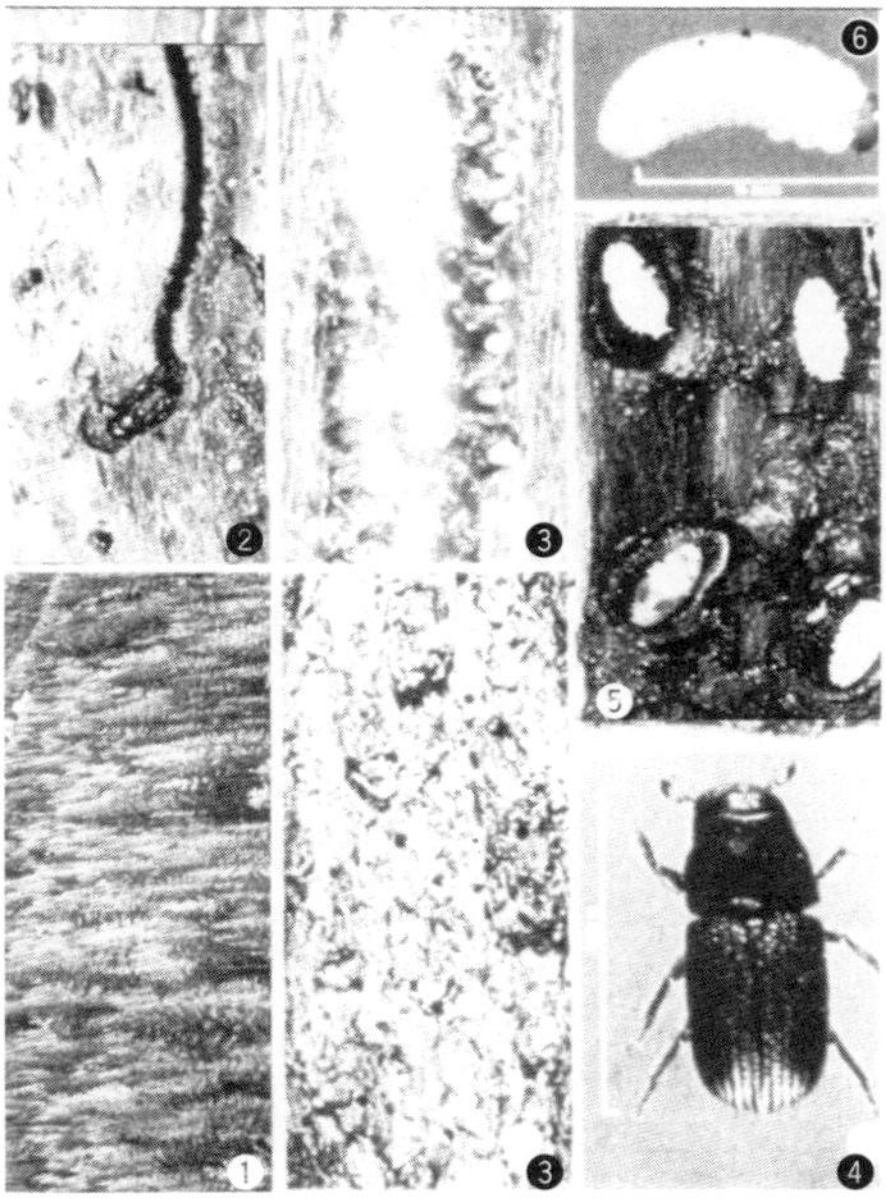

青変菌

針葉樹の辺材部に繁殖し，材を青黒く変色させる

マウンテンパインビートル

1: マウンテンパインビートルの被害で枯死したロッジポールパインの林，2: 坑道を掘り進む成虫，3: 樹皮に多数みられる穿入孔，4: 成虫，5: 蛹室内（一部の幼虫は蛹化している），6: 幼虫

菌類と共同歩調をとる秘策を用意していることがあげられる。青変菌というのは、樹木の辺材部を侵し材を青黒く変色させる一群の子嚢菌類のことだ。

たとえばマウンテンパインビートルは、オフィオストマ・クラビゲルム（*Ophiostoma clavigerum*）やオフィオストマ・モンティウム（*O. montium*）といった青変菌を、口の部分にあるマイカンギア（菌嚢）という収納場所に蓄えて、木から木へと運ぶ（Whitney and Farris 1970）。運ばれる菌類はキクイムシの種類によりそれぞれ決まっている。キクイムシによって樹幹内に運び込まれると、これらの菌は侵入部周辺の生きた樹木組織を殺したり、辺材部に侵入し一か月ほどで辺材部に広く広がって水の通導を止め樹を衰弱させたりして、抵抗反応を押さえ込む（Yamaoka *et al.* 1990; 1995）。こうして、キクイムシにとっては格好の繁殖環境が用意されることになる。

ニレの立枯病

樹木の病気を扱う樹病学の教科書に必ず出てくる用

表1．青変菌類とキクイムシのなかま

青変菌 ＼ キクイムシ	D.* frontalis（サザンパインビートル）	D. brevicomis	D. ponderosae（マウンテンパインビートル）	I.* cembrae（カラマツヤツバキクイムシ）	I. typographus（ヤツバキクイムシ）	I. typographus japonicus（ヤツバキクイムシ）	T.* piniperda（マツノキクイムシ）	S.* acolytus	S. multistriatus	S. laevis	H.* rufi
*Cpsis.*** *ranculosus*	●										
*Cpsis.*** *brevicomi*		●									
*Ctis.*** *lariciola*				●							
*Ctis.*** *polonica*					●	●					
*Ctis.*** *clavigera*											●
*O.*** *ulmi*（ニレの立枯病菌）								●	●	●	
O. minus	●	●					●				
O. nigracarpum	●	●									
O. clavigerum			●								
O. montium			●								
O. laricis				●							
O. piceae				●	●	●					
O. bicolor					●	●					
O. penicillatum					●	●					

*：D.＝Dendroctonus,　I.＝Ips,　T.＝Tomicus,　S.＝Scolytus,　H.＝Hylurgopinus
**：Cpsis＝Ceratocystiopsis,　Ctis＝Ceratocystis,　O.＝Ophiostoma,

語に「世界の三大森林病」という言葉がある。「ニレの立枯病」、「ゴヨウマツの発疹さび病」、「クリの胴枯れ病」がそれだ。いずれも、侵入病害として、新しく持ち込まれた新天地で、これらの病気に抵抗力を持たない土着の樹木に激しい被害をもたらしたという共通点を持つ。このうちニレの立枯病では、樹皮下甲虫（ヨーロッパでは三種のキクイムシ、アメリカではヨーロッパから侵入したキクイムシ一種と土着のキクイムシ一種）によって病原性の青変菌オフィオストマ・ウルミイ（*O. ulmi*）が伝播され、流行病化することが知られている。従って、これらのキクイムシと青変菌の関係は、一次性害虫であるマウンテンパインビートルやサザンパインビートルとそれぞれの青変菌の間の関係によく似ている。

ただし、マウンテンパインビートルやサザンパインビートルの場合、健全な樹を攻撃する主たる戦術はマスアタックというキクイムシ自身の行動であるのに対し、ニレの立枯病の場合、樹を枯らすのは強い病原力を持つ青変菌である。ニレの立枯病菌がキクイムシにより健全なニレの木に持ち込まれると、その病原力を発揮して樹に異常を導く。つまり、ニレの立枯病の場合、次世代幼虫に繁殖の場を保証してくれるのは青変菌で、キクイムシが青変菌に依存する程度はさらに大きいと言えよう。

この病気の拡がりは、病原体である青変菌の病原力に支配されている。ヨーロッパでは、この病気が被害を広げる過程で、オフィオストマ・ウルミイよりさらに病原力の強い青変菌オフィオストマ・ノヴォウルミイ（*O. novo-ulmi*）が出現し、被害の拡大に

新たな流行病

キクイムシの仲間（キクイムシ科：Scolytidae）と生活型がきわめてよく似たナガキクイムシと呼ばれる昆虫群（ナガキクイムシ科：Platypodidae）がいる。これら二つの昆虫群はともにゾウムシ上科に属するが、系統的にはかなり離れた関係にある。しかし、生活型が似ているため、ともにキクイムシとして一括して扱われることが多い。実は、このナガキクイムシの仲間にも病原菌を伝播して森林に流行病を起こすものがある。現在日本海側の各地や鹿児島県、三重県で起こっているナラ・カシの集団枯損も実は、そんなナガキクイムシの一種、カシノナガキクイムシと病原菌（*Raffaelea quercivori*）の連合軍によって広がりつつある流行病である。

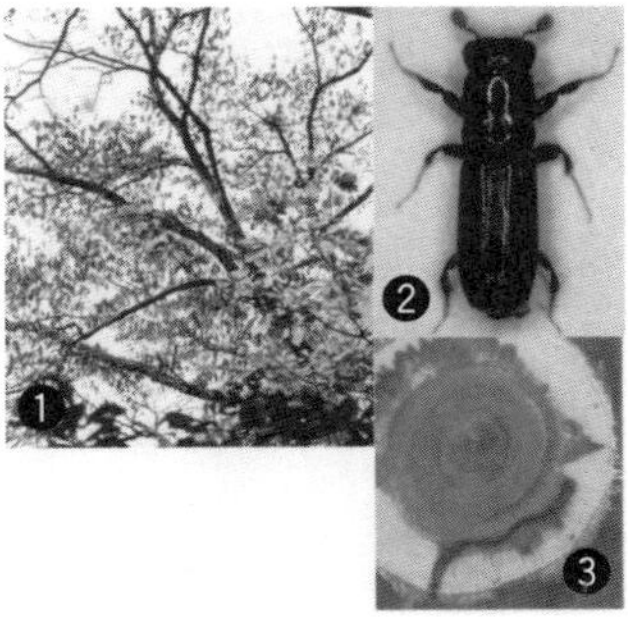

ナラ・カシの集団枯損病
1: 急激に枯れたミズナラ　2: 病原菌を運ぶカシノナガキクイムシの雌成虫　3: 運び込まれた菌によって褐変した木部

拍車をかけることになった。一方、北米では一九三〇年代にニレの丸太とともに病原菌が持ち込まれた。その後、新たにアメリカ系統の青変菌が出現し、被害激化をもたらした。さらに、このアメリカ系統の青変菌は北米からヨーロッパに再上陸し、そこで長年月をかけてようやく作り出されていた、オフィオストマ・ウルミイに対して抵抗性を持ったニレをもなぎ倒すことになった。

マスアタックをしないキクイムシたち

二次性の害虫である大部分の樹皮下キクイムシは本来マスアタックの習性は持たないが、風害や食葉性昆虫の大発生などで衰弱木が大量に発生すると、その上で個体数を急増させ、結果的に周辺の健全木にマスアタックすることになる。これが上で述べた「二次性害虫の一次性害虫への転化」である。上述したヤツバキクイムシやカラマツヤツバキクイ（*Ips cembrae*）は本来二次性の害虫であるが、その中では比較的一次害虫性の高い種として知られている。また、これらの*Ips*属キクイムシも青変菌類と深い関係を持つが、菌を蓄えるための菌嚢は持たない。このように、*Ips*属キクイムシと菌との関係は一次性害虫のキクイムシの場合ほど強くないように見える。

キノコ菌を利用する甲虫類

すでに述べた通り、樹木の材の主要構成物質を分解する酵素を持ち合わせていない大部分の動物は、材をそのままでは炭素源として利用することはできない。

しかし、木材腐朽菌類など菌類の中には、材を構成する難分解性の物質を利用できるものがたくさんある。例えば白色腐朽菌と呼ばれる菌類は、セルロース、ヘミセルロース、リグニンを同程度に分解する能力がある。白色腐朽菌には、ヒイロタケ、シハイタケ、コフキサルノコシカケ、ヒトクチタケ、アズマタケ、マゴジャクシ、カワラタケのキノコ菌などがある。

一方、セルロースとヘミセルロースだけをほぼ同じ割合で分解する一群の菌類を褐色腐朽菌と呼ぶ。このなかまとしては、マツオウジやマスタケ、ツガサルノコシカケ、キカイガラタケなどが知られている。

さらに、材中の菌類は、少量の窒素源をかき集めたり材の外部から取り入れたり、あるいはまたヒラタケ菌のように、材内の線虫などを捕獲して(Thorn and Barron 1984)その窒素を利用することにより、窒素不足をしのいでいる。また、細菌の中には、このような環境に好んで棲息し、自らの窒素固定能力を活かして生活するなかまが存在する(Griffiths *et al.* 1993; Perry 1994; Crawford *et al.* 1997)。

そこで、材を食餌源として利用するために、これらの菌類が分解してくれた分解産物から炭素成分を得、さらにそこに含まれる菌そのものから窒素成分などを補給している昆虫類も存在する。

腐朽の進んだ材中で繁殖している、菌類やバクテリア(細菌)などの微生物は、材中にきわめて少量しかない窒素やリンといった物質を、その生体内に濃縮している。腐朽材を摂食している動物は、実はこれら微生物体内に濃縮された栄養分を同時に取り込んでいるのである。そのことは、マニアの間で高額で取引されるオオクワガタの幼虫が、使用済みのキノコのほだ木で飼育されることを思い出してみるとよくわかるだろう。その他のクワガタムシの幼虫(荒谷 1993a; b)も、腐朽材を摂食するカミキリムシ幼虫や食材性のキクイムシのなかまも、材と微生物体を混食することにより、栄養を充たしているものと考えられている。

競争を避けて——アンブロシアビートルの場合

多くの穿孔性甲虫類は、材の中で例外的に栄養分に富んだ樹皮下の組織を利用している、いわゆる樹皮下昆虫である。しかし、材のこの部位は競争者が多く、また樹皮直下であるため外部からの寄生性昆虫の攻撃にもさらされやすい。もっと材内深くに潜り込んで生活できれば安全このうえないが、窒素分の枯渇という大問題がある。腐朽材を利用する昆虫達が、材と微生物の混食という方法でこの問題を克服していることを述べたが、腐朽材は競争者や天敵が多いニッチェである。一方、衰弱直後のもっと新鮮な材ならば、競争者や天敵が少ない。そういった材内深部の安全な空間を利用するさらに進んだ方法としては、栄養源として材を利用する代わりに、その中で育ったもっと栄養分豊かな餌を主食にする方法が考えられる。アンブロシアビートルたちは、餌となる菌類を自ら材内に持ち込み繁殖させることによって、この問題を見事に乗り越えた成功者である。

いわゆるキクイムシと呼ばれる甲虫類には、キクイムシ科とナガキクイムシ科に属する八〇〇〇種以上が知られている。このうち、ナガキクイムシ科のすべての種とキクイムシ科の一〇属の成虫は、その体の特定の部位に餌となる菌の胞子を貯蔵する器官（菌嚢）を備えている。これらのキクイムシは、何らかの原因で衰弱した樹木の材部深くに坑道を穿ち、その坑道壁に菌嚢に蓄えた菌を植え付けて栽培し、次世代幼虫の餌とする。この菌のことをアンブロシア菌と呼び、この菌を餌とするキクイムシの一群をアンブロシアビートルと呼ぶ。アンブロシア（ambrosia）とは、これを食べれば不老不死になるという「神の食べ物」を意味する、ギリシア神話に出てくる言葉だという。

特定の菌類を棲息の場に持ち込み、栽培し、これを餌とする養菌性昆虫には、このほか、ハキリアリのなかま、キノコシロアリのなかま、キバチのなかまなどにその例が知られている。

真犯人は別にいる――「松くい虫」はマツを枯らせない

話はずいぶん本題から離れてしまった。キクイムシと菌類の関係についてこのように詳しく話を進めてきたのは、いわゆる「松くい虫」、すなわち穿孔性甲虫類がマツを枯らしているという俗説について、研究者が疑いを持ちながらも、無視することはできずに研究を続けていた背景を説明したかったからである。樹木を直接、あるいは他の生物の力を借りて餌にしているこれらの甲虫類のなかに、マツ類を衰弱に導き、枯死させる「松くい虫」がいても不思議ではないことがおわかりいただけたであろうか。

もしこの俗説が正しくて、松くい虫の中に「マツ枯れ」の真犯人がいるなら、それは衰弱症状を示し始めたばかりのマツ樹にすでに棲息しているような昆虫類の中にこそ求めるべきであろう。事実、そのような観点から、マツの集団枯死に関与している可能性のある昆虫として、一九四二年にすでに、キイロコキクイムシ、マツノコキクイムシ、マツノキクイムシ、マツカレハノキクイムシの四種のキクイムシ、さらに、マツノクロキボシゾウムシ、マツキボシゾウムシ、シラホシゾウムシの三種のゾウムシ、そしてマツノマダラカミキリの、合計八種が重要害虫として挙げられている（佐多 1942）。それ以降も、「松くい虫」が一次性害虫になる可能性があるという立場と、「松くい虫」は他の原因で衰弱したマツにしか産卵できない二次性害虫だという立場の間で、「マツ枯れ」の原因をめぐって意見の対立があった。

この問題に決着をつけるため、キイロコキクイやシラホシゾウ、マツノマダラカミキリを健全木に強制的に産卵させたり、その卵や幼虫を健全なマツの幹に人工的に接種してその病原力が調べられた。これらの三種が選ばれたのは、激害型の「マツ枯れ」地帯で枯損する樹にこれらの虫が高い割合で産卵加害していたからであった。しかし、これらの実験の結果はむしろ、これらの害虫には一次性害虫の能力がないことを強く示唆するものであった。つまり、これらの虫自体にはマツを枯らす能力はなさそうなのだ。それまでの研究は基礎からやり直しを迫られることになった。

新たな手がかり　野外調査が明らかにしたもの

国立林業試験場（現・森林総合研究所）の研究者たちは、一九六四年に、千葉営林署管内の国有林に二・四ヘクタールの調査区を設定した。

この調査区内に列状に混植された一八〇〇本あまりのアカマツ、クロマツを対象に、外見上の病徴、樹脂の分泌状態、昆虫による食害程度などを、季節を追って調査したうえで、翌一九六五年の七月、九月、一〇月にそれぞれ三〇〇本以上を伐倒し、樹脂の浸出状況と、穿孔性害虫による食害の程度を個別に調べたところ、その結果は驚くべきものであった。

樹脂の分泌に注目してみると、外見上はほとんど健全なのにもかかわらず、切り株の断面からしみ出る樹

表2　健全な外見のマツの伐倒調査

伐根切口からの樹脂の出方	穿孔性甲虫の食害状況	穿孔性甲虫の発育状況	調査結果 7月下旬	9月上旬	(本) 10月上旬
＋＋＋	0	0	120	114	91
＋＋	0	0	3	2	5
＋	0	0	1	4	9
−	0〜−	0〜初	2	11	9
0	0〜＋	0〜初	0	6	2

脂の分泌に異常のある個体が多数見つかり、しかもその半数以上はまったく穿孔虫の寄生を受けていなかったのである。つまり、これら樹脂の分泌がおかしくなっている個体の多くは、虫の加害を受けるまでに既に異常になっていたことになる。それまでの「穿孔性甲虫類の加害によるマツ枯れ」仮説が根本的に見直しを迫られたのは言うまでもない。一九六八年には「まつくいむしによるマツ類の枯損防止に関する研究」プロジェクトが発足し、昆虫研究者のみならず、樹病、樹木生理、造林、土壌などの専門家も加わった研究チームによる総合的な研究が開始された。

三　「マツ枯れ」真犯人の探求

研究プロジェクトの発足

このとき発足した研究プロジェクトが取りあげた内容については、森林病害虫に関する雑誌「森林防疫」の一九巻六号（一九七〇年）に中間報告概要としてまとめられている。これによると、このプロジェクトではまず、マツクイムシ加害とマツ類の生理的異常の因果関係を明らかにするため、①特定調査林を対象に被害発生量と害虫相の推移を調査するとともに、②根系について調査し、③その根系を侵す微生物や、④樹幹部を侵す青変菌の影響について研究し、⑤土壌の形態的特性および理化学性や、⑥気象要因など「マツ枯れ」発生におよぼす影響を調べている。

さらに、このプロジェクトでは害虫（マツクイムシ）がどんなマツ個体を加害するかという視点から、①樹脂分泌量を目安とした衰弱木の判別法を確立するとともに、加害されるマツ衰弱木の②生理機能や③樹体成分の変化を調査した。さらに、防除対策として、マツクイムシの加害対象木の処理や次世代マツの更新方法にまで研究範囲を広げている。

これらの研究項目を一見して明らかなように、このプロジェクトでは「マツ枯れ」の真犯人として、マツクイムシからそれ以外の未知の因子に研究の標的を切り替えている。またそのために、マツクイムシ以外の生物的要因や、非生物的要因について広く探索の網を広げている点が眼につく。言葉を代えるなら、マツクイムシを真犯人に想定した、それまでの昆虫学者を中心とした研究体制から、樹病学者や土壌学者、生態学者などを巻き込んだ大きなプロジェクトへの大転換であったといえる。

このとき加わった多くの樹病学者は、「マツ枯れ」の真犯人候補を微生物の中に求めた。そのため、彼らはマツクイムシの産卵対象木になるような、樹幹に傷をつけたときに出てくるヤニの量が少なくなったり、まったく出なくなった衰弱木を主な対象にして、微生物の調査を行った。つまり、松ヤニの分泌がおかしくなった直後の個体にこそ、その異常の原因が潜んでいると考えたわけである。

コッホのルール

調査対象木のいろいろな部位から試料を採取し、それらから小片を切り出し、栄養培地の上に載せ一定の温度で培養する。しばらくすると、それら材試料からさまざまな菌や細菌が伸び出してくる。これらの微生物のうち、衰弱木から常に見いだされる微生物を選別し（①病巣部での当該微生物の普遍的存在確認）、それらを一種ずつ、他の微生物が混入しないよう細心の注意を払いながら、細い針でつり上げ、別に用意した栄養培地上に別々に培養する（②微生物の単離と純粋培養）。こうして分離された微生物を顕微鏡下で観察したり、培養した時に形成されるコロニーの色や形態を参考にその種類を決定する（この作業を菌や細菌の「同定」と呼ぶ）。さらに、同定の結果、それまでその微生物が病原微生物やその近縁種として報告されていることがわかると、マツの樹にその微生物を接種してその病原性を調べてみる。これらの一連の操作は、発見された微生物が病原体であるということを証明するためのルールに従っている。このルールを最初に提案したのは、結核菌や炭素菌を発見した、有名なドイツの微生物学者コッホである。さらに、コッホのルールでは、その微生物の接種により当該する病気が発現することを確認し（③病原性の確認）、発病した個体から接種したのと同じ微生物を再度単離（④微生物の再分離）することを要求している（この四番目のルールは合衆国の植物病原細菌学者E・F・スミスによってつけ加えられたものである）。

クロマツの根本に発生した，子嚢菌の一種ツチクラゲ。病原性の菌で，マツ枯れの犯人ではないかと疑われたこともある（撮影／庄司次男）

プロジェクトの研究者たちは、古くから知られたこの原則にのっとって、精力的に病原微生物の探索作業に努めた。その結果、葉や枝などの地上部に数種類の病害が発生している例を見つけたが、これらはマツの衰弱とは関係なかった。

一方、根についてみると、ツチクラゲやキリンドロカルポン（*Cylindrocarpon* sp.）、黒色菌、ナラタケなどの病原性のある菌類が発見されたが、「マツ枯れ」被害林で発見される頻度は低いので、全般的に見ると「マツ枯れ」の真犯人とは想定できなかった。たとえば、子実体（キノコ）の形から「ツチクラゲ」と呼ばれる子嚢菌の一種、*Rhizina undulata* は高温に耐性があり、マツ林で焚き火や山火事があると、土壌中でこの菌が異常に増殖し、マツを発病させるようになる。しかし、この菌による被害の拡がりは、菌糸の同心円状の発生範囲の中に限定されるため、「マツ枯れ」特有の広範に飛び火しながら被害範囲を広げる被害拡大様式を説明することはできなかった。

ブレイクスルー

このプロジェクトに加わった樹病学者の中に、当時の農林省林業試験場九州支場（現・森林総合研究所九州支所）の樹病研究室室長、徳重陽山と研究員の清原友也がいた。二人は、このプロジェクトが発足する二年ほど前から、「マツ枯れ」被害地から持ち帰った枯死木の根や根の周りの土壌を使って、菌の分離作業と接種試験を繰り返していた。この頃、病原体の候補として徳重の頭にあったのは、土壌中に棲息し根から寄主植物に感染する土壌病原菌で、なかでもマツ類を含む九〇〇種以上の植物に感染し、北米太平洋岸で樹木に病気を起こすことが知られていたフィトフォトラ・キナモミイ（*Phytophthora cinnamomi*）だったようで、この菌を標的にした分離に精を出していた（清原 2001）。しかし、採取してきた土壌や根からはこの菌は分離されず、分離されるのはピシウム（*Pythium*）や青変菌、あるいは、ペスタロチア（*Pestalotia*）、フサリウム（*Fusarium*）と言った菌ばかりであった。来る日も来る日も「マツ枯れ」の病原体を求めて、病原候補菌の分離とその接種試験に明け暮れていたが、これと言った病原菌は発見できず、実験台にうずたかく積み上げられたシャーレの山を見ながら深い溜息をつくことも多かったであろう。

プロジェクトが始まった一九六八年の初秋のある日、顕微鏡観察に疲れた徳重は、顕微鏡での検査・観察が終わり、ふたをあけたままの一枚のシャーレの中にとんでもないものを見つけた。その時の様子を徳重は「一個のシャーレをなにげなく眺めていたとき、培地の一点に目がすいよせられた。それは、分離原として培地の中央におかれたマツ材片の先端に何やら、うごめく小動物を認めたからである」と克明に記録している（徳重 1971）。一瞬、徳重は「ダニであろうか」と思ったが、運動の状態が違っているので念のため実体顕微鏡で検鏡すると、拡大された「うごめくもの」は、表面がぬめぬめ光り、細長く、寒天培地の上をくねくねと滑るように移動する小動物であった。それは、まぎれもなく一種の線虫であった。あわてて培地上を探すと、無数の線虫が見つかった。その数の多さから、徳重にはこの線虫が「菌糸がのびている培地上で増殖している」ことが容易に想像できた。

意外な「犯人」

菌類を培地上で培養すると、無数の菌糸が培地表面から上に向かって成長するため、実体顕微鏡下ではうっそうとした菌糸の林のように見える。ところが線虫が増殖している部分では、この菌糸が消失して、ちょうど細菌が混入したときのように、培地表面が粘液状になっていた。そこで、それまでは細菌が混入しているもの、つまり菌類の単離にはふさわしくない試料として除外していた他のシャーレについても再検鏡してみると、いずれも同じ線虫が見つかった。菌類の分離操作の過程で、このように多数のシャーレに線虫が外部から混入してくる段階があったとは、とうてい考えられない。「この線虫は菌類の分離原として用いた枯死マツ材の小片にすでに寄生していたにちがいない」という結論に達した徳重と清原は、林業試験場九州支場構内にあった「マツ枯れ」枯死木を伐り倒して、その各部位を調べることにした。予想通り、二人は枯死木のあらゆる部位にこの線虫を発見することになった。さらに、清原と林業試験場本場の樹病研究室にいた線虫学者真宮（まみや）靖治（やすはる）による詳細な分類学的検討から、この線虫はブルサフェレンクス属（*Bursaphelenchus*）の未記載の線虫であることが明らかになり、ブルサフェレンクス・リグニコルス（*B. lignicolus*）という新種として記載されることになり（Mamiya and Kiyohara 1972）「マツノザイセンチュウ」という和名もつけられた（一九八一年、マツノザイセンチュウの学名は変更されている。このことについては第三部で述べる）。

徳重と清原により九州一円の枯れマツから確認されたこのブルサフェレンクス属の線虫は、アフェレンキダ目（Aphelenchida）に属する。当時このブルサフェレンクス属には四〇種前後の種が知られていたが、いずれも昆虫嗜好性（昆虫に便乗して生息場所を移り変わり、その生活史を全うする）線虫として知られており、その餌は菌類であって、植物への病原性はほとんどないと考えられていた。つまり、線虫学の常識からいえば、ブルサフェレンクス属の線虫であることが明らかになった時点で、「マツ枯れ」の病原体候補からはずされていたとしても不思議ではなかったのである。

しかし、徳重、清原の二人は、九州各地から広く集めた「マツ枯れ」試料にもこの線虫が普遍的に存在することを確認した（コッホのルール①）。また、寄生部位も当初予想された根だけではなく、幹や枝の樹皮や材部にまで及ぶことが明らかになった。そして、枯れマツから分離したペスタロチア菌を餌にこの線虫を培養し（コッホのルール②）、増殖した線虫を支場内の見本林に植栽されていた三本の健全なクロマツと、実験林に生育していたアカマツ五本に接種してみることにした。清原によれば、その接種は場長にも内緒であった。「おそらく枯れることはないでしょうから」という気持ちで、ためしに行われた接種であった。しかもそれは彼らにとっては、それまで分離した菌類について実施していた病原性確認の方法を援用しただけのことであった。

一方、二人はその接種試験の答えが出る前に、ひとまず、この線虫について報告しておくことにした（徳重・清原 1969）。ただし、その病原性については二人とも懐疑的であったことは疑いない。事実、一九七〇年に発行されたプロジェクト研究の中間報告の概要を載せている研究雑誌「森林防疫」のなかでマツの衰弱と微生物の関係について触れた徳重は、「枯死したマツの材中から線虫が発見されたが、この線虫はブルサフェレンクス属の線虫で、九州の各地の被害木から検出され、マツの根幹枝に寄生しており、各組織の靭皮部や木質部の仮導管、樹脂溝、髄線中に発見される」と詳細な観察事実を報告しながら、「樹脂が出なくなったマツからは多量に検出され、樹脂浸出が異常に少なくなったマツからも時おり検出されるが、樹脂が盛んに出るマツからはほとんど発見されない。従って、この線虫は衰弱の進んだマツに寄生していることになる」と、この線虫が病原体であるという点については懐疑的な見解を述べている。これは、真の病原体なら、初期病徴として、松ヤニ分泌が異常に少なくなったマツから常に検出されてしかるべきであるという常識がこのような推測を導いたのであろう。

ところがこの病気においては、病原体である線虫がマツ樹体に侵入後、侵入部位以外からはほとんど分離できないほどその数が低密度であるうちにすでにマツを発病させ、松ヤニ分泌が異常になる。このように病徴が驚異的な速度で進行するいうことが明らかになったのは、ずっと後になってからのことであった。

「コッホのルール」を満たす

顔を少し紅潮させた清原が研究室に飛び込んできたのは、一九六九年の夏も終わりかけたある日のことであった。「枯れました。線虫を接種した樹がみごとに枯れました」。

清原は、初夏にブルサフェレンクス属線虫を接種しておいた試験場場内のクロマツが急激に枯死したことを、上司の徳重に報告した。なんと、接種した八本のうち五本が、急速に萎凋症状を示し、針葉を赤褐色に変色させ枯死したのである（コッホのルール③）。「いかに研究のためとはいえ、場内の立派なマツを五本まで無断で枯らしてしまい、場長からの厳しい叱責の言葉を覚悟したが、意外にも大変な賞賛の言葉を得た」と清原は苦笑を交えて当時を回想する。彼らが、枯死したマツから線虫を再分離し、それが接種したのと同じ種類の線虫であることを確かめたのは言うまでもない。コッホの四番目のルールもみごとに満たされたのである。

証拠調べ

まったくためしに行った接種試験の結果に驚いた徳重と清原の二人は、綿密に計画を練り、本格的な接種試験を行うことにした。

年が変わって始められたマツノザイセンチュウの接種試験は、時期、場所、方法を変えた八つの野外実験からなる周到なものであった（表）。これらの実験を通して用いられた基本的な接種方法は、マツの木の地際の三方向から、直径一二ミリの刃をつけたドリルで幹の中心に達する穴をあけ、一穴に一ミリリットル当たり五〇〇〇頭の線虫を含むように調整した懸濁液を二ミリリットルずつ、計六ミリリットルを注入するというものであった。つまり、一本のマツの木につき三万

		傷つけないように掘り出し、線虫を培養した材小円盤を根株付近の根系に密着させた後、土に埋め戻す。供試したマツの円盤量はマツ1本につき1kg、円盤1gあたり線虫約100頭)。 【結果】樹皮に傷を付けた50本中43本が接種後三か月以内に異常を示し、うち35本枯死。無傷のまま線虫を接種した場合は枯死せず。根に線虫を大量に含む材小円盤を密着させた5本はすべて枯死（根を掘り出す過程で、多くの微細な傷ができていたため、結果的に有傷接種となった）。
第5の実験	林分間の被害実態の違いは林分毎の発病のし易さの違いによるのか？	被害実態が微害、中害、激害と異なる三か所の林分で接種後の発病経過を比較。 被害実態にかかわらず、高率で異常、枯死木が発生した。
第6の実験	接種時期により病徴にちがいはあるか？ ↓ 病徴進展に季節的な要因が関係することを強く示唆	【時期】1970年2月～10月 【処理】毎月1回、10本のアカマツに線虫を接種。 【結果】4～8月に接種した50本中48本が12月までに枯死。2、3月接種ではそれぞれ、10本中5本・7本が枯死。9、10月はまったく枯死せず。
第7の実験	線虫への抵抗性がある樹種、品種はあるか？ ↓ 樹種、品種により抵抗性は異なる	樹種、品種別に線虫接種を行った七番目の実験では、日本の林業にとって重要なスギやヒノキはどうやら、本病に対して抵抗性らしいこと、また同じマツ属の中でも、樹種により抵抗性が異なることを示すものであった。
第8の実験	発病と樹齢に関係はあるか？ ↓ 小さな苗木でも感染。樹齢は関係ない	三年生のクロマツ苗について行われた実験でも、一〇本中五本に発病が確認され、小さな苗木でもこの病気が発生することが明らかになった。マツの成木に比べ、苗木は実験操作が簡単で、一度に多数の個体が扱えるという利点がある。この実験結果はその可能性を開いたものといえよう。

清原と徳重の８つの実験

	目的と推定	手法と結果
第１の実験	発病・枯死に病原線虫の密度（数）が影響するか？	【時期】1970年5月21日～9月末 【対象】樹齢14～20年生のアカマツ 【処理】接種密度を1本当たり600・3万・150万頭と三段階に変えて接種（密度ごと・対照木各5本、計20本供試）、経過観察。 【結果】接種1か月後、3万頭、150万頭接種区の各4本で樹脂浸出量の減少。4か月後、3万頭接種木3本、150万頭接種木2本が枯死。600頭接種木では3か月後に4本で異常が見られたが、試験を打ち切りまで1本も枯死せず
第２の実験	線虫は単独でマツ枯れを引き起こすのか？	【時期】1970年6月14日 【対象】樹齢16～24年生のアカマツ 【処理】線虫の餌として用いたペスタロチア菌の混入を防いだ線虫だけの接種源、ペスタロチア菌の胞子を1cc当たり2万個含む接種源、線虫とペスタロチア菌胞子との混合接種源、混合接種源をろ紙（東洋ろ紙 No.131）でろ過したろ液、殺菌水（各接種源10本、計50本供試）を接種、経過観察。 【結果】線虫の入った接種源を接種された全個体が1.5か月後異常を示し、4か月後すべて枯死
第３の実験	外見的病徴と樹脂分泌の関係は？	【時期】1970年6月27日 【対象】樹齢16～24年生のアカマツ 【処理】20本に線虫、対照区10本に殺菌水接種、当日、7月29日、8月22日、9月25日に樹脂浸出量と外見的病徴を観察、幹の胸高付近から木質部を抜き取り、線虫の再分離。 【結果】全接種木において、7月29日時点で外見的変化はないが樹脂浸出に異常。9月25日にはすべて枯死。いずれからも線虫再分離。
第４の実験	野外で線虫はマツ健全木のどの部位に侵入するのか？ ↓ 線虫は樹体に傷があるときだけ感染できるようだ	【時期】1970年7月9日 【対象】樹齢14年生のクロマツ 【処理】接種部位と傷の有無を組み合わせ、7種類の方法で接種（各方法に10本、各対照区に5本、計105本供試）。 【接種方法】①一年生の枝に傷をつけて、②幹の樹皮に無傷のままで、③幹の樹皮に傷をつけて、④幹の地際部分に辺材までドリルで孔をあけて、⑤幹の地際部分に心材までドリルで孔をあけて、⑥根株に無傷のままで（供試木の根をなるべく

頭が接種されたことになる。比較のための木（対照木）には、同じ方法で同量の滅菌水が注入され、いずれも接種のためにあけられた穴は接種後スチロールの栓で封じられた。また、接種後一定間隔をおいて肉眼的病徴と、樹脂浸出量を指標に接種木の病徴判定が行われた。これらの実験の詳細は前ページの表にまとめた。

これらの実験を通して徳重や清原は、彼らが発見したマツノザイセンチュウが本当に「マツ枯れ」の病原体であるのか否か、またこの線虫の接種を野外での感染と見なしたとき、どのような条件で野外で発生している「マツ枯れ」を再現できるのかを厳密に検証しようとしたのである。

実験で得られた結果は明快なもので、マツノザイセンチュウ自体に病原力があり、しかもマツ樹につけられた何らかの傷口から感染することを強く示唆した。また、その感染時期や感染密度、マツ側の抵抗性などが発病の有無に影響する重要な条件となることを明らかにした。

その後、繰り返し多くの研究者によって同様の接種試験が実施されたが、大筋においてこの時得られた結果は広く認められることになった。

徳重や清原の実験の中で、三年生クロマツ苗を用いた実験は、小さな苗木でも「マツ枯れ」が再現できることを明らかにした。また、苗木を用いた実験は操作が簡単で、一度に多数の個体が扱えるという利点もある。そのため、その後繰り広げられた「マツ枯れ」のメカニズムの研究や、抵抗性候補木の選抜育種に標準的な方法として苗木が用いられるようになった。その意味でも、徳重や清原の実験は、その後の研究に道を開く重要な指針であったと言える。

しかし、成虫になっても体長が一ミリほどしかない小さなマツノザイセンチュウは、野外ではいったいどのようにしてマツに感染しているのであろう。また、どうして大きなマツ樹が次から次に流行病的に枯れていくのだろう。病原体は明らかになったが、それがどのように広がり、どうすれば防げるのかを明らかにすることが次の課題となった。

表3　第1の実験の結果：接種密度と異常発生経過

	異常（枯死）木の発生経過				
	5/21	6/22	7/21	8/25	9/26
滅菌水	0	0	0	2	0
600	0	0	1	4	2
30,000	0	4	5	3（2）	2（3）
1,500,00	0	4	5	4（1）	2（2）

（n＝5本）

表4　第2の実験の結果：いろいろな接種源とその病原性

接種源	健全木	衰弱木	枯死木
マツノザイセンチュウ	0	0	10
ペスタロチア菌	9	0	1
マツノザイセンチュウ＋ペスタロチア菌	0	0	10
培養濾液	10	0	0
殺菌水	9	1	0

n＝10本、接種日：6/14，病徴調査日：10/22

表5　第3の実験の結果：外見病徴と樹脂分泌量の関係

個体番号	調査月日			
	6/27	7/29	8/22	9/25
1	外見健全（＋＋＋）	外見健全（±）	外見健全（－）	枯　死
2	外見健全（＋＋＋）	外見健全（±）	枯　死	枯　死
3	外見健全（＋＋＋）	外見健全（±）	外見健全（±）	枯　死
4	外見健全（＋＋＋）	外見健全（±）	初期萎凋（－）	枯　死
5	外見健全（＋＋＋）	外見健全（±）	枯　死	枯　死
6	外見健全（＋＋＋）	外見健全（±）	初期萎凋（－）	枯　死
7	外見健全（＋＋＋）	外見健全（±）	初期萎凋（－）	枯　死
8	外見健全（＋＋＋）	外見健全（±）	旧葉変色（－）	枯　死
9	外見健全（＋＋＋）	外見健全（±）	枯　死	枯　死
10	外見健全（＋＋＋）	外見健全（±）	旧葉変色（－）	枯　死
11	外見健全（＋＋＋）	外見健全（±）	外見健全	枯　死
12	外見健全（＋＋＋）	外見健全（±）	初期萎凋（－）	枯　死
13	外見健全（＋＋＋）	外見健全（±）	初期萎凋（－）	枯　死
14	外見健全（＋＋＋）	外見健全（±）	旧葉変色（－）	枯　死
15	外見健全（＋＋＋）	外見健全（±）	初期萎凋（－）	枯　死
16	外見健全（＋＋＋）	外見健全（±）	枯　死	枯　死
17	外見健全（＋＋＋）	外見健全（±）	枯　死	枯　死
18	外見健全（＋＋＋）	外見健全（－）	初期萎凋（－）	枯　死
19	外見健全（＋＋＋）	外見健全（±）	外見健全（±）	枯　死
20	外見健全（＋＋＋）	外見健全（±）	枯　死	枯　死

四　「マツ枯れ」はいかにして伝染・流行したのか

私が「マツ枯れ」のことを最初に知ったのは、昭和四八年、ちょうど植物寄生線虫について手ほどきを受けるため、当時東京北区の上中里にあった農林省農業技術研究所の線虫研究室に内地留学していた時のことであった。室長で植物寄生線虫学の第一人者であった一戸稔（いちのへみのる）氏は、研究所内で行われるセミナーで「マツ枯れ」の話題を紹介するため、目黒にあった林業試験場（現・森林総合研究所）へ情報収集に訪れることになり、私も同行することになった。マツノザイセンチュウの発見者の一人としてすでに脚光を浴びていた真宮靖治氏が会見の相手であった。その時の会見や、一戸さんが紹介されたセミナーを通して「マツ枯れ」の概略を知り、この森林流行病が巧妙な生物の相互関係の上に成り立っていること、その被害が膨大なことなどを強く印象づけられたことを覚えている。

大学院に進学後、線虫を材料に研究を進めようとは考えていたものの、「マツ枯れ」を研究対象にしようとはまったく考えなかった。当時すでにこの問題の大筋はすべて明らかにされており、遅れて研究を始めても何も新しいことなどできそうにないように思えたからである。しかし、マツ属各種の間にある「マツ枯れ」抵抗性については、まだあまり明らかになっておらず、したがって、できるだけ多くの種に接種試験ができれば、面白いことが見えてくるかもしれないというアドバイスを林業試験場関西支場の田中潔（たなかきよし）氏から得て、この問題に手を染めることになった。

私がマツ枯れ研究に携わるきっかけとなった抵抗性の問題を紹介する前に、マツ枯れがなぜ広がったのかを考えてみることにしよう。

清原と徳重の実験で、健全なマツにマツノザイセンチュウを人工的に接種すると、野外で見られる「マツ枯れ」同様きわめて急速に針葉に萎(しお)れがあらわれ枯死が進行することが明らかになった。このことは、この線虫こそが「マツ枯れ」の真犯人であるということを強く示唆している。この線虫が「マツ枯れ」材に普遍的に棲息すること、そこから分離し培養した線虫を接種すると野外におけるのと同様の病徴を示したこと、さらには、そのようにして枯死したマツ樹からこの線虫が再分離されたこと。コッホの四原則に照らし合わせても、まずこの線虫が「マツ枯れ」の病原体と言っても間違いはなかろう。

しかし、ここで一つ問題が残る。宮崎県での野外調査（日高 1943）から、「マツ枯れ」は、被害が発生している林から一年間に二〇キロも離れた場所にあるマツ樹に飛び火することが知られており、茨城県（岸 1988）や静岡県（藤下 1978）でも、年間一〇キロの拡大が報告されている。しかし、マツノザイセンチュウは成虫でも体長がたったの一ミリほどの小さな動物である。どのように考えても、この線虫自体の運動量では「マツ枯れ」被害の拡大を説明することはできない。マツノザイセンチュウはどのようにして、長距離の移動を行っているのだろうか。

線虫の「乗り物」探し

しかし、ここに一つのヒントがあった。この線虫を含むブルサフェレンクス属の線虫の多くが、昆虫類、特に穿孔性甲虫類と密接な関係があり、特にこれら昆虫に便乗して生息の場を確保することが報告されていたのである（Rühm 1956）。マツノザイセンチュウにも、かれらをマツ樹からマツ樹へ伝播する昆虫がいるに違いない。しかも、その昆虫は枯れマツに集まる昆虫類の中にいるはずだ。伝播者の探索が始められたのは当然のなりゆきであった。

キクイムシ類研究の第一人者であった野淵輝(のぶちてる)（1987）は、マツ林で発見される昆虫類を、①マツを餌とする昆虫、②マツ以外の林内に生えた植物を餌とする昆虫、③枯死木、腐敗植物を餌とする昆虫、④マツ林を行動圏として一時的に生息したり通過する昆虫、⑤地表徘徊、土

表6　マツノザイセンチュウの伝播者探索

調査された穿孔性甲虫類（50個体以上調査されたもののみ）	調査個体数（マツノザイセンチュウの有無）	
	真宮・遠田（1972）	森本・岩崎（1972）
マツノマダラカミキリ　*Monochamus alternatus*	467（+）	372（+ *）
クロカミキリ　*Spondylis buprestoides*	120（−）	284（± **）
ヒゲナガモモブトカミキリ　*Acanthocinus griseus*	50（+ ***）	
オオゾウムシ　*Hyposipalus gigas*	96（−）	
マツアナアキゾウムシ　*Hylobius abietis*	175（−）	
クロコブゾウムシ　*Niphades variegatus*	199（−）	
マツキボシゾウムシ　*Pissodes nitidus*	317（−）	
クロキボシゾウムシ　*Pissodes obscurus*	100（−）	370（−）
ニセマツノシラホシゾウ　*Shirahoshizo rufescens*		418（−）
マツノシラホシゾウ　*Shirahoshizo insidiosus*	973（−）	175（−）
コマツノシラホシゾウ　*Shirahoshizo pini*		84（−）
マツノホソスジキクイムシ　*Hylastes parallelus*	427（−）	
マツノヒロスジキクイムシ　*Hylastes plumbeus*	195（−）	
マツノスジキクイムシ　*Hylurgops interstitialis*	105（−）	
マツノネノキクイムシ　*Hylurgus ligniperda*	185（−）	
キイロコキクイムシ　*Taenioglyptes fulvus*	450（−）	293（−）
マツノキクイムシ　*Tomicus piniperda*	195（−）	127（−）

*マツノザイセンチュウ保持率＝71％　**1頭のみからマツノザイセンチュウ検出
***マツノザイセンチュウの保持率、保持数ともきわめて少ない。

壊昆虫、⑥動物の死体を餌とする昆虫、⑦林内の昆虫類の天敵昆虫という七つのタイプに分けた。このタイプ分けは、餌の種類と昆虫の行動パターンという二つの基準を混用するという間違いを含んではいるが、実用的なものではある。野淵のリストの中では、マツを餌とする昆虫類として、半翅目、鱗翅目、鞘翅目、膜翅目、双翅目に含まれる二一八種の昆虫が挙げられている。このうち、いわゆるマツクイムシに相当する穿孔性甲虫類は約六〇種、さらに林業上問題になる害虫は食葉性の七種、虫えい害虫（虫こぶをつくる害虫）二種、穿孔性害虫二七種など四九種にのぼる。

マツノザイセンチュウの伝播者を探る目的で、これらの昆虫類、特に穿孔性甲虫類を対象に調査が進められた。林業試験場九州支場（現・森林総合研究所九州支所）の森本桂（もりもとかつら）、岩崎厚（いわさきあつし）のグループと、林業試験

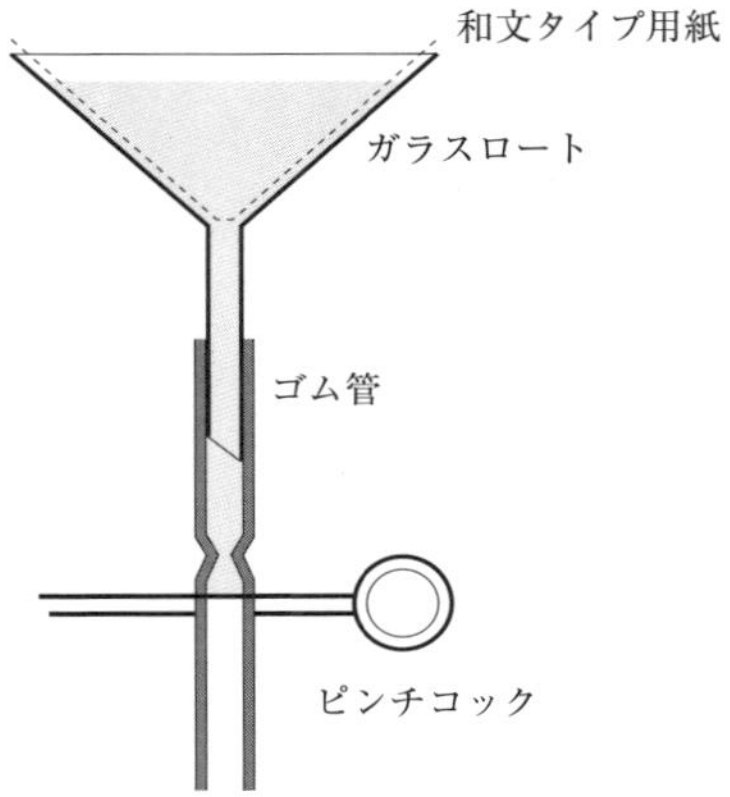

ベールマンロート

場本場の遠田暢男（えんだのぶお）、真宮靖治のグループがこの調査を担当し、いずれのグループもこれらのマツを訪れる多くの昆虫類のうち、カミキリムシ科の昆虫だけがこの線虫を保持していることを明らかにした。さらに、調査個体のうち何パーセントの虫が線虫を保持しているかという点や、一頭の虫が何頭ほどの線虫を伝播しているかといった点を加味すると、ほとんどマツノマダラカミキリ（*Monochamus alternatus*）一種だけがこの線虫の伝播者として重要であることが明らかになった。

ゴルゴンの首

これらの昆虫から線虫の分離を行うときには、「ベールマンロート法」という方法が用いられる。この方法を用いれば、虫体にどれほどの数の線虫が保持されていたかが明らかになるのだ。しかし、虫体のどの部分に線虫が潜んでいたかは、この方法ではわからない。そのことを明らかにするには、実体顕微鏡下で、ていねいに虫の体を解剖する必要がある。この方法で、マツノザイセンチュウは虫の呼吸器官である気管系の中

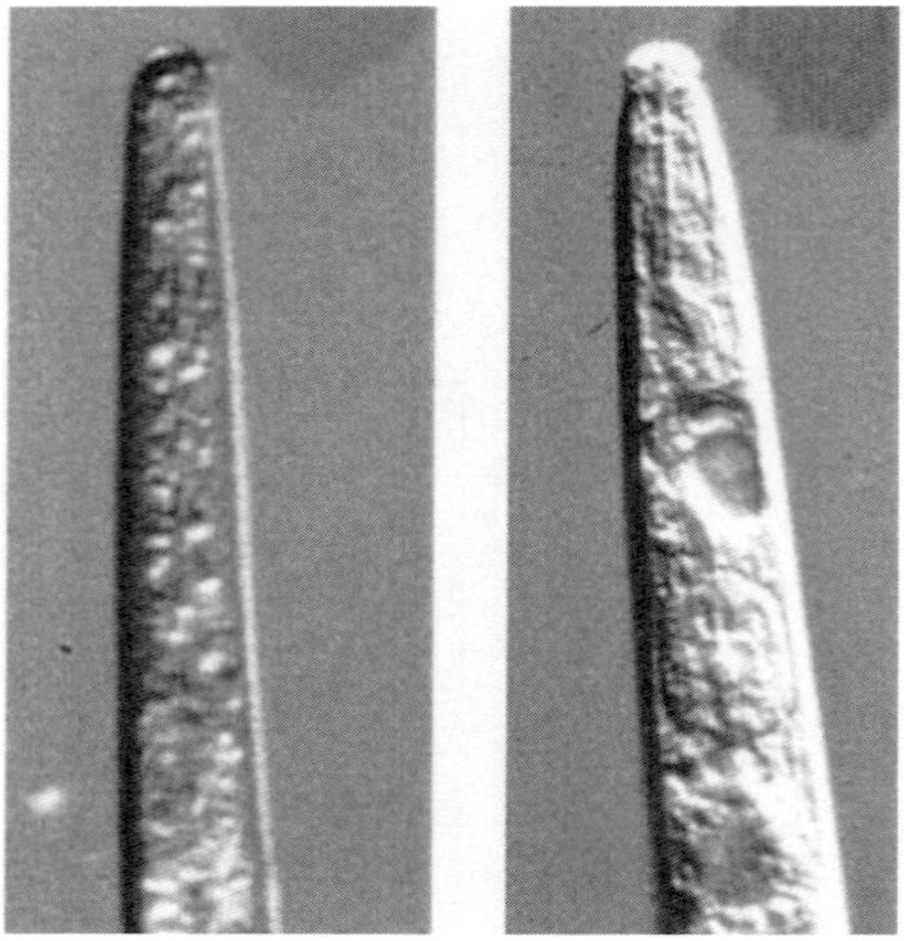

マツノザイセンチュウの幼虫（体前部）
右：増殖型，左：耐久型。耐久型幼虫は頭部がドーム状になり，先端のくびれ構造を失っている。また，摂食や消化に必要な器官を失うなど，カミキリに運んでもらうのに都合のよい状態になっている（67ページ参照）

にいることが明らかにされた。

　昆虫の気管系の開口部は「気門」と呼ばれ、胸部に二対、腹部に八対あるのが原則だが、マツノマダラカミキリの場合、腹部には七対しか気門がない。マツノザイセンチュウはそのうち、腹部の最も前に位置する腹部第一気門と、二対の胸部気門を主たる入り口としてその気管系内に侵入する。気管系の内部に侵入する線虫は耐久型（分散型第四期）幼虫と呼ばれる特殊ステージになっており、通常は口腔に備わっている口針という摂食器官を欠き、摂食した餌を腸内に運び込む中部食道球とよばれるポンプ器官も退化してしまっている。つまり、カミキリの虫体に潜むこのステージの線虫はまったく栄養摂取をしない「静止状態」にある。したがって、マツノマダラカミキリに寄生しているわけではなく、いわば、この虫を旅客機として使っている乗客にすぎないといえる。

　しかし、この旅客機、ときには超過密になる。一頭のカミキリの虫体に、多い場合には二〇数万頭といった高密度の線虫が潜んでいることがある。さすがにこ

悪質な乗客：ヒラタケシラコブセンチュウの場合

昆虫にとって線虫は、それを乗り物として利用するだけの、常に安全無害な乗客であるというわけではない。寄生者として昆虫体から栄養摂取するような種類もたくさんある。たとえば、ヒラタケをホダ木栽培していると、その子実体（キノコ）のひだにコブができる「ヒラタケシラコブ病」という奇病がある。私どもの研究室の津田格君は、これがイオトンキウム属（*Iotonchium*）に属するヒラタケシラコブセンチュウという線虫によって発生する病気であることを明らかにした（Tsuda *et al.* 1990）。この線虫も小さな運び屋キノコバエの一種によってキノコからキノコへと伝播される。しかし、この線虫の場合、キノコバエの体内でじっと仮眠しているわけではなく、どんどん栄養摂取して成長し、その体内で多数の次世代を産む。次世代線虫はキノコバエの卵巣内に侵入し、その卵巣を萎縮させてしまう。そんなことを知らない雌のキノコバエがヒラタケのひだの間に産卵しようとしたとき、卵の代わりにこの線虫が産みつけられるというしくみだ。つまり、この線虫はキノコバエを生息場所拡大の手段としてだけでなく、栄養資源としても利用しているわけである。

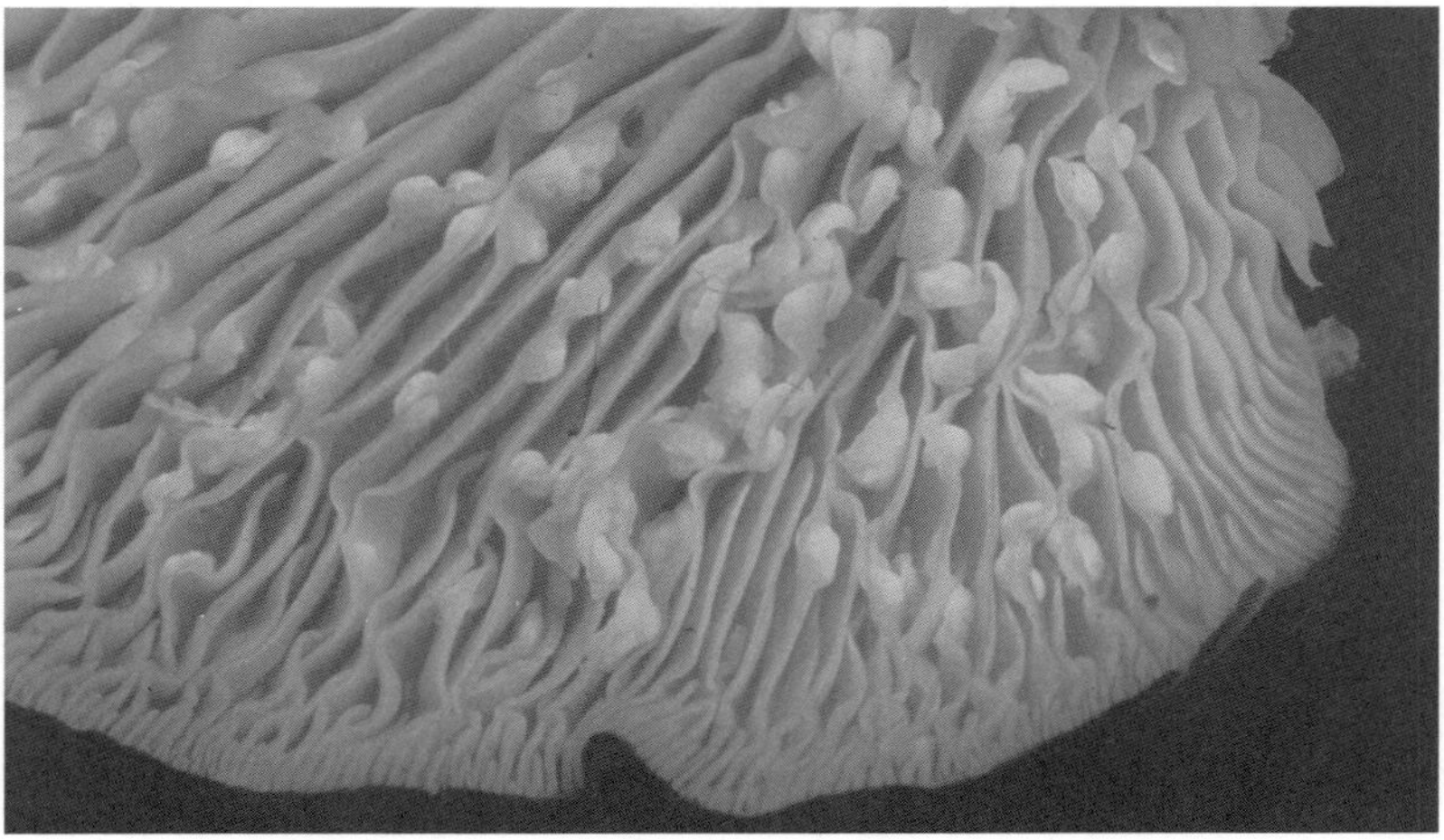

ヒラタケの白こぶ病。小さなこぶ一つ一つに線虫が入っている（撮影／山崎理正）

うなるとカミキリにも悪影響が出、その寿命が短くなる（富樫 1982）。

マツノマダラカミキリの体内にいる線虫を実際この目で確かめるために、私もそのような超過密カミキリを解剖したことがある。野外で採集したマツノマダラカミキリの気管を実体顕微鏡の下で解剖していたときのことだった。水の中に丁寧に取り出した気管系が、まるでそれ自体が一つの生き物のように動き始めたではないか。まるで、ゴルゴンの首の蛇のように。我が目を疑った。昆虫の気管系はそれ自体に運動性があるのだろうか。否。そんなはずはない。それは、気管内にびっしり詰まった線虫が水を得て活発に動き始め、彼らが入っていた気管をまるで生き物のように動かしていたからであった。

そんな、カミキリの気管の中にびっしり線虫が詰まった鮮明な走査電子顕微鏡写真が佐賀大学の植物寄生線虫の研究者、近藤栄造（こんどうえいぞう）氏により公表され、この分野の研究者をあっといわせた。しかも、これらの線虫はその気管内で、すべて頭部をカミキリ虫体の内部に向けていた。線虫が積極的にカミキリ虫体内に侵入したことを如実に物語る証拠がとらえられたのだ（近藤 1986）。

線虫はどこから侵入する?

ここで再び、清原と徳重の実験を思い出していただきたい。彼らの接種実験から、アカマツやクロマツの無傷の枝や幹に多数のマツノザイセンチュウを接種しても、決して木は枯れないことがわかっている。つまり、この線虫はマツ樹体に傷がなければ侵入できないのである。したがって、マツノマダラカミキリの体内で眠っていた線虫が健全マツに運ばれたとき、侵入するにはなんらかの傷が必要とされるはずである。ここで、マツノマダラカミキリと関係ある傷口としては、彼らが摂食のため若枝などに付けた傷口、すなわち摂食痕か、産卵のために雌が樹幹にあけた穴、すなわち産卵痕の二つしかない。しかし、この昆虫は樹脂分泌の低下したマツ樹にしか産卵しないことがわかっている。産卵は、すでに発病したマツ樹にしかできないのだ。としてみると、まったく健全なマツ樹にマツノザイセ

マツノザイセンチュウがいっぱいに詰まったマツノマダラカミキリの気管系は，まるでそれ自身が生きものであるかのようにうごめいた

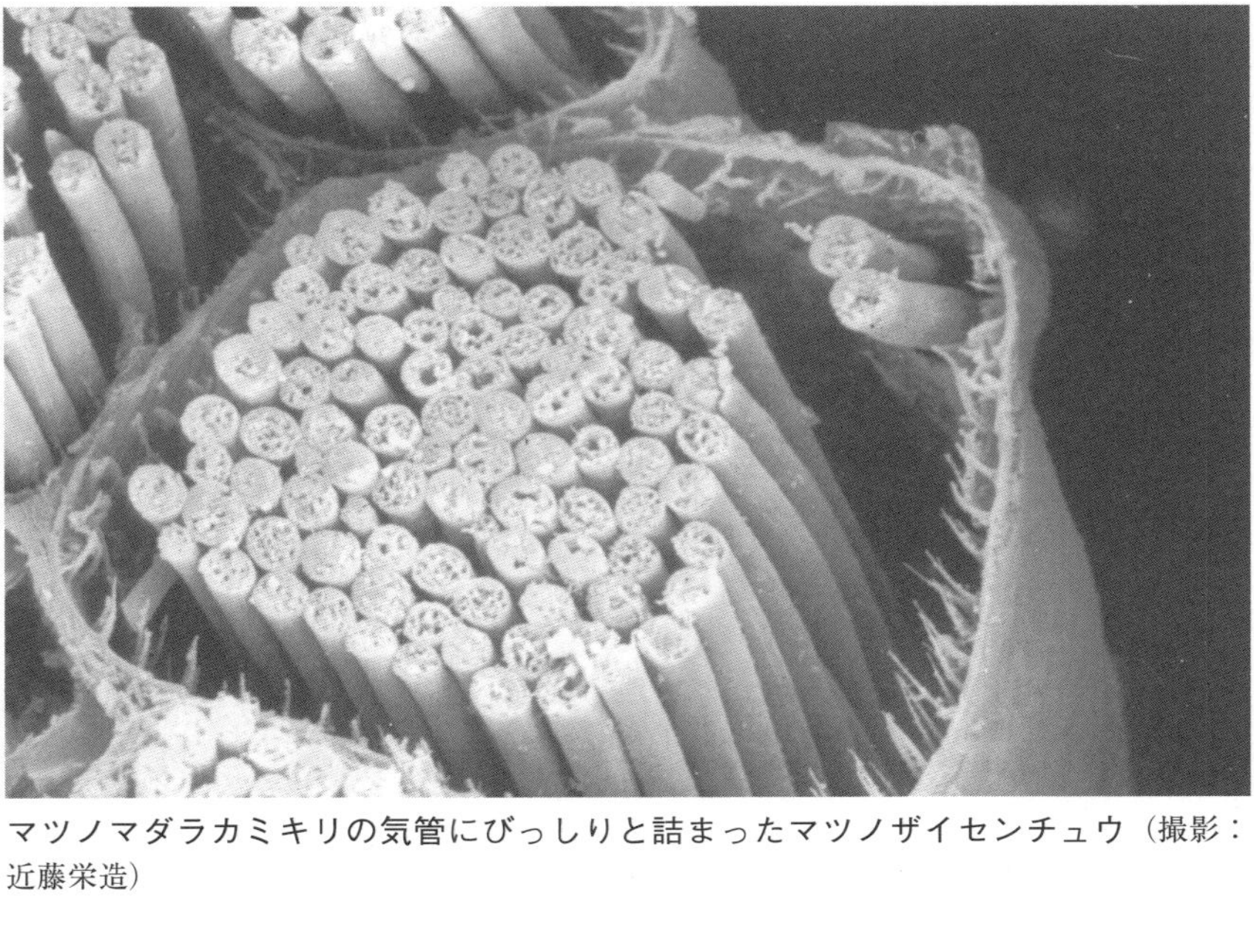

マツノマダラカミキリの気管にびっしりと詰まったマツノザイセンチュウ（撮影：近藤栄造）

クロマツの枝を後食するマツノマダラカミキリ
（撮影：古野東洲）

ンチュウが侵入できる門戸は、摂食痕しかない。

昆虫の中には、羽化して成虫になった後はほとんど摂食しない種類も多い。例えばチョウのなかまは、幼虫時代には種類によってさまざまな植物の葉を摂食するが、いったん成虫になるとほとんど花蜜を吸うだけで、繁殖活動に専念する。これに比べてマツノマダラカミキリ成虫は「子供」っぽい。成虫になった後も、盛んにマツ類の若枝の樹皮をむさぼり食うのだ。このような、成虫が行う摂食行動のことを「後食（こうしょく）」と呼ぶ。

マツノマダラカミキリが後食を行うのには、わけがある。このカミキリの場合、蛹（さなぎ）から羽化して成虫になっても、まだ生殖腺が未発達なままなのである。羽化後もさかんに若枝の樹皮を摂食し続けることにより、初めて生殖腺が成熟し、次世代を残すことができる「大人」になる（Katsuyama *et al.* 1989）。

カミキリムシにとって必要不可欠な後食という行動が、線虫にマツ樹体内への侵入の場を与え、そのことがマツの急速な発病、枯死に結びつくのだから、困ったものである。しかし、見方を変えると、線虫が実に巧妙に運び屋を選んでいることに気がつく。マツノマダラカミキリは健全なマツ樹に運んでくれたうえ、若枝に食痕を作り侵入の場まで提供してくれるのだから。そして事実、摂食中のマツノマダラカミキリの気門から出てきた多数の線虫がカミキリ体表を移動し、やがてその尾端に白い塊状に集合し、摂食しているカミキリの尾端がマツの若枝の表面に触れると食痕の上にこの線虫の塊が塗り付けられる様子が、見事にフィルムに収められている。

マツノマダラカミキリの生活史と「マツ枯れ」感染鎖

線虫の「運び屋」が発見されたことで、「マツ枯れ」の感染サイクルが明らかになってきた。それは、次のように整理することができる（図6）。

毎年五月から七月にかけて、前年度に枯死したマツ材からマツノマダラカミキリが羽化脱出してくる。このとき、その体内には多数の病原線虫（マツノザイセンチュウ）を宿している。その数は多い場合には二〇数万頭に及び、カミキリムシの気管系に潜む線虫は、触角の先まで分布するほどになる。このようなカミキリは、成虫とはいえまだ生殖腺（卵巣や精巣）が成熟しておらず、羽化後も健全マツの栄養分豊かな若枝の皮を喰い続けて性的に成熟しなくてはならない。この間、カミキリの気管系に潜んでいた多数の線虫は、マツの若枝につけられたカミキリによる多数の喰い痕、すなわち後食痕へと乗り移り、マツの樹体内に侵入する。

侵入した病原線虫は樹体内に広がり、やがてマツ樹は発病する。林内で性的に成熟した雌雄のカミキリはこのような発病マツに誘引され、幹の上で交尾、産卵し次世代を残す。やがて、夏の高温と乾燥期を経て病徴は一段と進み、夏の終わりから秋にかけて針葉の色は黄色から赤茶色へと変化し、木は枯死する。

この頃、樹体内でマツノザイセンチュウは大増殖し、材片一グラム当たり数千から二〜三万頭のレベルまで密度を増す。一方、樹皮の下に産みつけられた伝播者カミキリの卵は一週間ほどで孵化し一齢幼虫となる。さらに、樹皮下の組織や材を旺盛に摂食しながら一齢から二齢、三齢へと脱皮を繰り返し、成長していく。

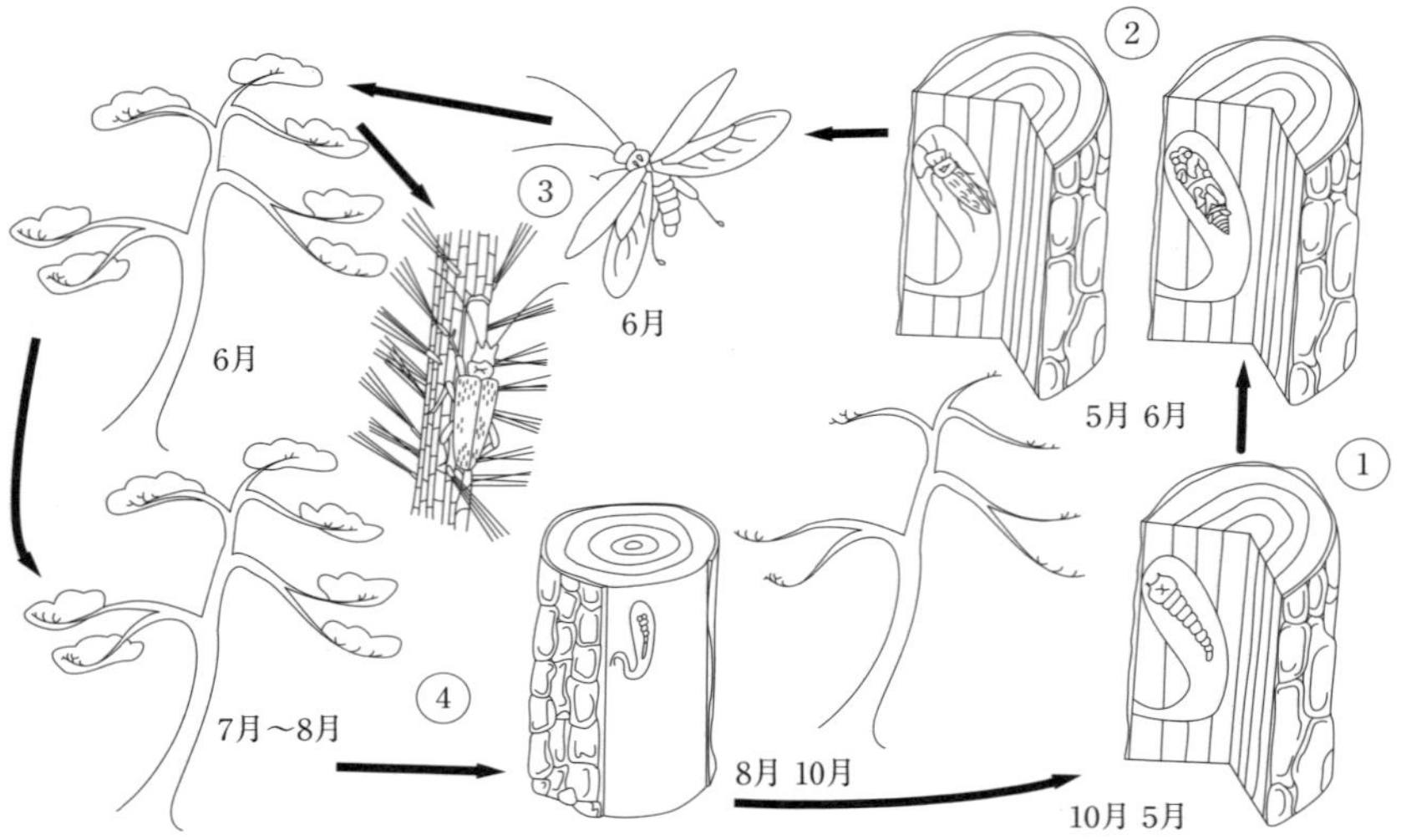

図６　「マツ枯れ」の感染サイクル（原図：紺谷修治）

つまりこのカミキリは、幼虫時代はマツ類の樹皮下組織や材を餌にし、成虫になるとその若枝の樹皮を餌にしているのである。

秋口になると、樹皮下と材を行き来していた幼虫は四齢幼虫となって材深く穴を穿ち、その穴の入り口には材の喰いかすで栓をして越冬の準備をする。そして翌春、気温が上がると再びカミキリ幼虫は成長を開始し、やがて五月頃には蛹へと変態する。約二週間ほどで蛹の時期を終えたカミキリが羽化するころには、マツ樹はすっかり枯損してしまっている。そんな樹体から脱出するマツノマダラカミキリの体内に、多くの病原線虫が潜んでいることはいうまでもない。新しく羽化した成虫たちが後食を始めると、また新たな感染サイクルが動き出すことになる。

以上が「マツ枯れ」、正しくは「マツ材線虫病」の感染サイクルである。ごく手短に紹介したこのサイクルの中には、実はいくつもの巧妙な生物の仕組みが隠されている。次に、その部分をもう少し詳しく検討してみよう。

第二部　マツノザイセンチュウの生物学

一　線虫という生きもの

あなたのご専門はと尋ねられると困ることが多い。「マツ枯れ」を研究していますというのが最も正直だし、心にも負担のかからない答えである。最近では大学で微生物生態学という講義を担当しているので、この名前を恐る恐る使うこともある。大学生のとき、四回生になって分属した研究室は、農林生物学科、応用植物学研究室だった。開花生理学を専門とする教授が率いる植物生理グループと、マツタケ研究を中心とした微生物生態学を標榜する下等（生物を研究テーマとする）グループから成る変則的な研究室であった。

一回生の時に水生昆虫学をかじり、「環境指標としての生物」と言う考えに触れていた私は、陸上にも水域における水生昆虫と同じような環境指標になる生物がいるはずだと考えた。何冊かの本を調べるうちに、地球上のあらゆる所に棲息し、種類も現存量も著しく多い生物として、線虫類が紹介されているのを知った。土壌線虫を指標にすれば公害による土壌汚染の問題を生物学的に明らかにすることができるかも知れない。時代は公害問題が華やかな頃であった。

植物の研究室にいながら線虫という紛れもない動物の研究をすることを許してくださったのは、恩師濱田（はまだ）稔（みのる）先生だ。マツタケの発生のメカニズムについて永年研究してこられた先生はまた、土壌動物の重要性についてのよき理解者でもあった。

研究室の仲間のテーマは菌類や細菌の生理・生態、ツノゴケや地衣の分類と多様をきわめていたが、微生物と他の生物の相互関係という、地味で世間離れしたテーマへの興味と関心を共有していた。

私が職に就き、後輩に研究テーマを与える立場になった今も、微生物と他の生物の関係の面白さを訴え続けている。もちろん、学生時代に享受した研究の自由は最大限に尊重するように心がけている。そんな中で、「マツ枯れ」にかかわる様々な生物間相互作用や、菌類と植物の間で結ばれる菌根共生、昆虫と線虫と微生物・あるいは植物、の間の三者関係などをテーマに仕事を展開してきた。こうしてみると現在の研究グループにも名前は付け難い。あえて括るなら、やはり、微生物生態グループとでも呼ぶしかあるまい。

ここで少し、私がつきあってきた、しかし多くの方にはあまりなじみのない「線虫」という動物について簡単に紹介をしておこう。

小学校時代に寄生虫検査を経験した世代は、回虫や蟯虫(ぎょう)といった名前を覚えておられるであろう。あの忌まわしい寄生虫が線虫のなかまだ。線虫類は学名でネマトーダ（Nematoda）と呼ばれるが、このネマトーダとはギリシャ語で糸を意味する「ネマ」に由来する。また、英名では「イールワーム」、つまり「ウナギむし」と呼ばれる。ともに、糸のような体をした、あるいはウナギのような、細長い動物、という意味である。長さは〇・三ミリから、クジラの寄生虫のように八メートルを超すものまである。

多種多様な動物のなかで、線虫の際立った特徴は、なんといってもその生息域の広さであろう。主なところだけでも、土壌中、淡水、海水中、他の生物の体の中ときわめて広く、南極の氷の下や深海底の泥の中、ヒマラヤの土、砂漠の砂の中、そして温泉や醸造所で製造過程にある酢の中といった極限的な環境の中にも生息している。生活域の広さに応じて種の分化が進んでおり、これまでに記載された種だけでも一万五〇〇〇種に達する。未記載種を含めると五〇万種以上が存在すると推定されているし、海産の自由生活性線虫（寄生性でないもの）だけでも一億種を超えると推定する研究者もいる。

多様な線虫類ではあるが、栄養源を何に求めるかによって、微生物を摂食したり、線虫を含む他の動物を捕食する自由生活性（自活性）の線虫と、動物や植物

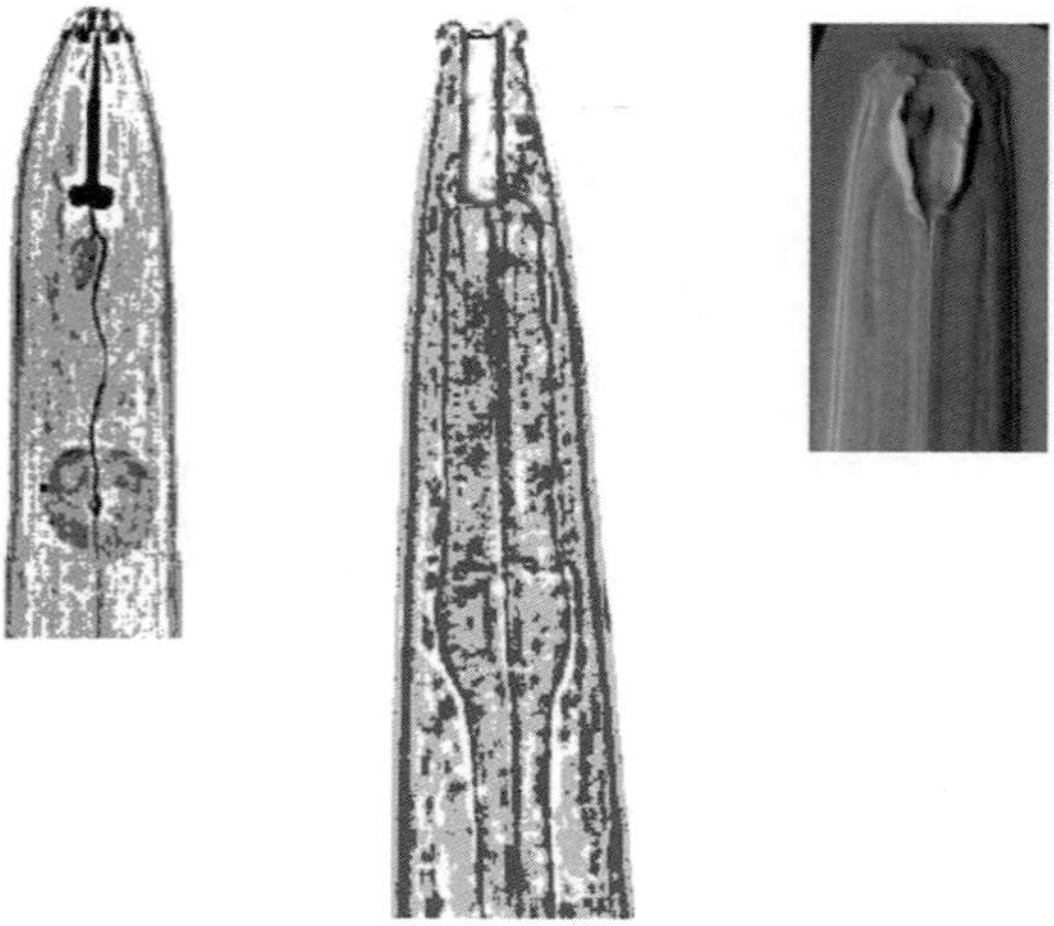

線虫の頭部

食性により形状が異なる。左：口針を持つ植物寄生性線虫，中：円筒状の口腔を持つ細菌食性線虫，右：大きな口腔とその中に歯を備えた捕食性線虫

に寄生する寄生性線虫に大きく分けることができる。先に述べたように、体のサイズも多様で、動物寄生性線虫にはずいぶん大型のものもいるが、植物に寄生する大部分の線虫の体長は一ミリ前後と微小である。

線虫の体は約一〇〇〇個の細胞からできているが、その体制はきわめて単純で、口腔から食道、腸、直腸、肛門へと続く消化器官と、この消化器官に沿って伸びる卵巣や精巣のような生殖器官を、細長い袋状の体壁が包んでいる。雌には陰門、雄には交接刺といった外部生殖器があるので、比較的簡単に雌雄の区別ができる。また、線虫は排泄系や神経系、感覚系を備えているが、循環系や呼吸系については特別な器官は持っていない。

線虫類は普通、好気呼吸をする。そのため必要な酸素は体壁全面から取り込む。また、体腔内を満たす体液を使って体の隅々まで、酸素を循環させている。

口腔の形態を見るとその線虫が何を食べているか（食性）がわかる。例えば、細菌を主として摂食している自活性線虫の口腔は単純な筒型をしているが、同じ自活性でも捕食性の線虫は大きな口腔を持っており、さらに口腔内に歯状の突起がついていて呑み込んだり、かみついた獲物をしっかり捕捉するようになっている。また、植物寄生性やカビのなかまの菌糸などを食べる菌食性の線虫は口腔部分に口針を持っていて、この注射針のような口針を植物や菌糸の細胞に突き刺しその内容物を吸収することにより、生活に必要なすべての養分を得ている。

植物寄生線虫とは

植物寄生性線虫の大部分はティレンキダ目(Tylenchida)に含まれるが、一部のものはアフェレンキダ目(Aphelenchida)、あるいはドリライミダ目(Dorylaimida)に属する。このうちティレンキダ目のグループは、主として植物の地下部、根に寄生し、主に植物細胞のみを栄養源とする。他方、アフェレンキダ目グループの線虫は、その多くが、植物の地上部、葉や茎、芽に寄生し、植物の細胞のみならず、菌類（カビのなかま）をも餌として利用することができるものが多い。三つ目のドリライミダ目は、植物寄生線虫としては少数派だが、ウィルスを伝播することで植物に被害を与えるものが含まれるので、植物病理学の分野では重要である。

植物に寄生し、害を及ぼす線虫については、現在までに世界で二千数百種類が報告されている。このような線虫が農作物や果樹、林木にどれほど大きな被害をもたらすかという点については、害虫（昆虫）がもたらす被害ほどには、一般には理解されていない。それは、その体長が約一ミリ前後と小さく、半透明で見えにくいうえ、植物組織の内部に寄生することが多いため、人目につきにくいからであろう。また、線虫による被害が、萎凋（いちょう）や萎縮（いしゅく）、黄化、成長減衰により植物体が小さくなる矮化（わいか）、あるいは収量減少といったとらえにくい形でしか表れないことが多いのもその一因かもしれない。

しかし、線虫類が農作物におよぼす影響は甚だしく、ある教科書によると、一九六七年の合衆国における作物生産量の一〇%が、線虫が原因で台無しになったと推定されており、またその駆除のため五万トンの殺線虫剤が用いられたという。一九七六年の同国のデータでも、線虫による作物被害量は四〇億ドルに達すると報告されている。ただ、作物に比べてはるかに巨大な樹木が、線虫が原因で急激に枯死するという例はほとんど知られていなかった。「マツ枯れ」の病原生物が線虫だったということは、この点でも意外なことだったのだ。しかしそれでは、マツノザイセンチュウはその最初の例であったかというと、実はそうではない。

植物寄生線虫の変わり者

ココヤシセンチュウ（*Rhadinaphelenchus cocophilus*）は体の幅一五・五ミクロン、長さ八〇〇〜一三五〇ミクロンで、線虫の中でもとりわけ細長く、寄主であるココヤシ（*Cocos nucifera*）やアフリカアブラヤシ（*Elaies guineensis*）の樹の間を、体長四〜六センチにもなる大型のゾウムシ *Rhynchophorus palmarum*（宮崎県のフェニックスなどを食害することで話題になっているヤシオオオサゾウムシの近縁種）によって運ばれることが知られている。この線虫の耐久型幼虫は、ゾウムシの体腔内にいるときもその体液から栄養摂取を行うことはないから、寄生しているわけではない。ただ運んでもらっているだけである。そして、ゾウムシがココヤシの葉の基部や幹の傷口に産卵するとき、その産卵管を通じて樹体内に侵入する。線虫が侵入して一か月ほどすると、樹冠の下の方の葉から黄色く変色が始まり、やがて二か月もたつと全体の葉が黄変し垂れ下がるようになり、枯死に至る。

このようになったココヤシの幹の横断面を見ると、表皮から二〜六センチ内側に、幅二〜六センチの黄〜赤褐色の輪が見られ、この部分の組織には組織一グラム当たり一万頭もの線虫が繁殖している。また、この輪は幹の基部から頂端部まで広がっている。一九〇五年にカリブ海沿岸のトリニダードから初めて報告されたこの病気は、このような病徴から赤色輪腐病（red ring disease）と呼ばれるが、中南米諸国の熱帯地域で行われているココヤシやアブラヤシのプランテーションで最も深刻な病気で、この病気が発生したプランテ

ココヤシセンチュウ

左上：ココヤシセンチュウは線虫の中でも特に細長い。右上：ココヤシセンチュウによる赤色輪腐病で枯れつつあるココヤシ。左中：枯れたココヤシの断面に見られる赤色の輪。右下：　赤色の輪は基部から頂端まで続く。左下：3. ココヤシセンチュウを媒介するゾウムシ（左から幼虫，繭に包まれた蛹，成虫）。

ーションでは、生産量の一〇〜一五%の損失を被るという。

このココヤシセンチュウもマツノザイセンチュウと同じアファレンコイデスという科に属し、最近その形態的特徴の類似性から、マツノザイセンチュウと同じブルサフェレンクス属に変更された（Baujard 1989）。しかし、マツノザイセンチュウをはじめとする他のすべてのブルサフェレンクス属線虫が菌（カビ）を餌として増殖する能力があるのに対して、このココヤシセンチュウは菌を餌にして増殖することができない絶対植物寄生性である。

食性に見られるこの決定的な違いを考えると、この分類学的変更が果たして正しいのか否か疑問が残る。分類学的位置を確定するには分子生物学的手法も含めたさらに詳細な研究が必要だろう。

ココヤシセンチュウが運び屋を確保する方法

ここで、読者ははてなと疑問を感じられたかもしれない。ココヤシセンチュウの場合、ゾウムシは衰弱木でなくてもやってきて産卵するのだろうかと。ココヤシやアブラヤシでは発芽四〜七年で葉を剪定したり、実を収穫したりし始める。この時にできる傷口から放たれる化学物質に引きつけられてゾウムシが飛来し、産卵するのだ。雌のゾウムシが産卵するとき、ココヤシもアブラヤシも健全なままである。産卵部位から侵入したココヤシセンチュウはまんまとこれら健全なヤシ類を枯らしてしまうことになる。

マツノザイセンチュウの生活環を思い出していただきたい。かれらは病原力があるからこそ、健全なマツに侵入しても次世代が残せるのだ。つまり、侵入後そのマツを発病させ、枯死に導くことができるので、そこに運び屋マツノマダラカミキリを誘い、産卵を促すことができる。つまり、子孫を他のマツ樹に運んでくれる乗り物を確実に呼び寄せることができる。一方、ココヤシセンチュウの場合はゾウムシの産卵時にゾウムシの卵とともに樹体内に侵入するから、最初から運び屋を確保していることになる。

しかし、病原性をほとんど持たない大部分のブルサフェレンクス属の線虫の場合、かれらはいったいどのようにして運び屋を確保しているのだろうか。

細々と生きる

前にも述べたとおり、マツノザイセンチュウが発見されるまでは、この属の線虫類はすべて菌食性で、植物に対する病原性はほとんどないと考えられていた。病原性がない線虫なら、植物を衰弱させて媒介者を産卵に誘い、その媒介者を利用して次の繁殖の場へ運んでもらうなどという芸当はできるはずがない。それではどうして生活史を全うしているのだろうか。この疑問を解くには、病原力のない他のブルサフェレンクス属の線虫の生活史を調べる必要がある。

マツノザイセンチュウに近縁でありながら、病原性のほとんどない、ニセマツノザイセンチュウという線虫がいる。もしこの線虫が健全なマツに侵入したら、自分ではマツを発病させることができないので、たとえ侵入したマツ樹の上で生存できたとしても、いつまで待ってもカミキリは来てくれず、子孫はそこで死滅してしまうことになる。しかし、自然はうまくできている。マツ林には、他の樹の樹冠に覆われ、光量不足になったマツ（これを被圧木という）や、他の原因で衰弱したマツが少数ながら存在している。マツノマダラカミキリは、もともとはこんなマツを利用して産卵を行っていた。無論、「マツ枯れ」が広がる以前にはこのような衰弱マツの数はそんなに多くはなかったので、このカミキリムシの個体数も少なかった。むしろきわめて希少な種で、カミキリムシの収集家の間では珍重されてさえいたという。ニセマツノザイセンチュウは、そんなマツノマダラカミキリの産卵痕から衰弱したマツ樹に侵入することにより、細々と種の命脈を保ってきたのであろう。

マツノザイセンチュウが九州から北上して、次第にその被害範囲を広げる前には、日本のマツ林には広くこのニセマツノザイセンチュウが分布していたことが知られている。いや、むしろこのなかま（ブルサフェレンクス属）の線虫とカミキリムシ類、そしてマツ属樹種との関係は、ニセマツノザイセンチュウとマツノマダラカミキリの間で見られたような形が本来の姿かもしれない。このような考え方を支持する、もう一つの興味深い事実を挙げることができる。

クワノザイセンチュウ

現在、森林総合研究所で微生物を用いた森林害虫の防除の研究を行っている前原紀敏(まえはらのりとし)君は、私どもの研究室にいたころ、クワやイチジクのようなクワ科の植物を食樹にするキボシカミキリを調べているうちに、マツノザイセンチュウと同属の新種の線虫「クワノザイセンチュウ」がこのカミキリの気管系に潜んでいるのを見いだした。マツノマダラカミキリに伝播されるマツノザイセンチュウとまるで同じなのである。しかし、マツノザイセンチュウと違って、この線虫にはクワやイチジクを枯らす病原性はない。したがって、健全な樹に侵入したのではまずいことになる。なぜなら、それでは運び屋との関係が絶たれてしまうからである。それでは、いったいどのようにしてこの線虫はクワやイチジクの樹に侵入するのだろうか。

キボシカミキリもマツノマダラカミキリのように後食をするが、枝の樹皮ではなく、葉を摂食する。そこで、前原君の研究を引き継いだ神崎菜摘(かんざきなつみ)君は、後食用のクワの葉と産卵用のクワの太い枝をカミキリに与えてプラスチック容器の中で飼育し、どちらから線虫が回収できるかを調べてみた。

結果はきわめて明瞭なものであった。この線虫は、キボシカミキリの雌成虫により産卵が行われた太い枝からのみ分離されることが明らかになったのだ。つまり、この線虫の場合、クワやイチジクの衰弱個体や衰弱部位にキボシカミキリが産卵を行うと、その産卵痕から侵入するのだ。こうすることにより、樹のほうが侵入者に対して発揮する抵抗反応を避けて、定着、増殖することが保証されているのであろう。そのかわり、侵入した線虫の増殖活動は、卵からふ化したカミキリ幼虫の活動範囲の周辺で、組織が変色し、菌糸がはびこっているような部位に限られている。かれらは、そこに繁殖した菌類を餌にして細々と増殖している。マツノザイセンチュウのように枯死した植物の樹体内広

キボシカミキリの雌雄（撮影：神崎菜摘）

くに増殖することはできないが、自分を運んでくれるキボシカミキリの近くでいつも生活することによって、次のクワの樹への伝播を確実なものにしているのだ（Kanzaki and Futai 2001）。

それでは反対に、マツの樹に対して病原性を獲得したために、侵入した樹体内の隅々まで広がって増殖し、運び屋であるマツノマダラカミキリから遠く離れてしまったマツノザイセンチュウはどうやって羽化するカミキリを見つけるのだろう。

マツノザイセンチュウの一生

マツノザイセンチュウがマツノマダラカミキリによって枯れたマツの樹体から健全なマツの若枝に運ばれ、そのことによって健全なマツが次から次に枯れていく仕組みについてはおわかりいただけたと思うが、ここで線虫の側に運んでもらうための巧妙な仕掛けが用意されていることについて触れておこう。

このしくみを述べるためには、まずマツノザイセンチュウの生活環についてもう少し詳しくお話しておく必要がある。

マツノザイセンチュウの餌となるカビ、たとえば灰色カビ病菌（*Botrytis cinerea*）の上で線虫を飼育すると、一頭のマツノザイセンチュウの雌成虫は約三〇日の産卵期間におよそ一〇〇個の卵を産む。産みつけられた俵型の卵の中で卵割が進み一齢幼虫になるが、この幼虫はそのまま卵内にとどまり一度脱皮をして、二齢幼虫としてふ化してくる。二齢幼虫は、その後三回の脱皮を経て成虫になる。二五～二八度という適温条件下では、産卵直後の卵からかえった幼虫が成虫を経て次の卵を産むまでに、大体四日しかかからない。小さな三角フラスコの中に繁殖させたカビを餌に培養すると、数週間後には数十万頭の線虫が得られる。

このように餌と空間に恵まれているとき、この線虫はどんどんその個体数を増加させる。このときの線虫を「増殖型」と呼ぶ。ところが、餌が枯渇し、環境が劣化してくると、線虫の数は急激に減少する。

それと同時に、生き残っている線虫の中に、体の中に黒っぽい脂質の顆粒を蓄え、普通（増殖型）の三齢

このように、自由に動くことができる生物が外部からの刺激に対して方向性のある運動を起こす場合、二通りの方法があることになる。これら運動は広く「走性」と言うが、厳密には、その運動を行う生物の体軸そのものが刺激の方向に定位されるものを「走性（トポタキシス）」、刺激があったときにただ方向転換の頻度や運動速度を変化させるだけで、体軸が刺激の方向に定位されないものは「無定位運動性（キネシス）」と呼び、両者は区別されている。

マツノザイセンチュウのような下等生物の行動は、多くの場合後者の様式、つまり無定位方向性（キネシス）である。すると、マツノザイセンチュウはカミキリの蛹室に積極的に寄ってきた（「集合」した）と考えるより、その場所に結果的に集まってしまった（「定着」した）と考えるほうが理に適っているのだ。

幼虫より少し大型の、「分散型三期幼虫」と呼ばれるタイプが出現し、次第にその割合が増えてくる。餌の枯渇した状態でマツノザイセンチュウを培養し続けると増殖型の各齢期の線虫はどんどん死んで、その数を減らすが、分散型三齢幼虫だけはよくこの状態を耐え抜くことができる。佐賀大学の石橋信義と近藤栄造両氏の研究によると、二〇度で培養した場合、七〇％以上の分散型三齢幼虫は六か月以上生存したというのだ。

実は、マツノマダラカミキリの蛹室周辺から分離される線虫は、この特殊なステージの線虫なのである。しかし、マツノマダラカミキリに乗り移り次の樹へと運ばれるのには、この線虫はさらにもう一度脱皮してさらに特殊なステージに進んでいなければならない。これを分散型第四期幼虫とか耐久型幼虫と呼ぶ。

このステージの線虫は、頭部がドーム状になり、増殖型の線虫が持っていた「口唇」と呼ばれるくびれ構造を失っている（48ページの写真参照）。失っているのはそれだけではない。餌となる菌糸の細胞などに突き刺して内容物を吸い取るために用いられる注射針のよ

線虫は蛹室に「寄ってくる」のか

マツノマダラカミキリの蛹室壁周辺にマツノザイセンチュウが高密度で分布することは、このカミキリが線虫の運び屋であることを明らかにする過程で示されている（真宮 1972）。蛹室周辺には線虫の増殖に好適な環境も用意されている。では、線虫は材内から積極的にこの部位を目指して集まってきたのだろうか。

良い匂いのするご馳走へ到達するには、匂いの方向へ身体を向け、そちらの方向に近づくように運動すればよいわけだが、別の方法もある。全くでたらめに動き回りながら、良い匂いが強くなったときには方向転換の頻度を少なくしたり運動速度を小さくし、逆に匂いが弱くなったときは方向転換の頻度を多くしたり運動速度を大きくするというように、運動量を変化させることによっても、（効率は悪いが）結果的にはご馳走に到達できる。

うな口針（こうしん）と呼ばれる器官や、餌を腸内へ吸い込むポンプの役割をする器官（中部食道球）など、摂食・消化にかかわる器官が消滅している。さらに、体表は粘着物質で覆われ、カミキリに運んでもらうのに都合よくできている。つまり、前にも述べたとおり、このステージの線虫はマツノマダラカミキリに運んでもらうだけであって、決してこの昆虫に寄生しているわけではないから、摂食や消化にかかわる器官は不要なのだ。それにしても、いったいどのようなメカニズムで、このような特殊なステージの幼虫が誘導されるのであろうか。

耐久型線虫を生み出す秘密

キボシカミキリ体内に新種の線虫を発見した前原紀敏君は、簡単なモデル系を使ってこの疑問をみごとに解き明かした。そのモデル系とは、図に示すような人工蛹室（ようしつ）である。これは、アカマツやクロマツの材を四つ割りにし、さらにそれぞれの断片の角を切り落として小さな広口瓶に入るように整形したもので、マツノマダラカミキリの蛹室を模して、中央にドリルで穴が穿ってある。これをビンに入れた後、通気性のある耐熱ゴムの栓をし、高圧蒸気滅菌しておく。この材片に、線虫の餌となる青変菌を接種し、この菌がよく繁茂した頃を見計らって線虫を接種すると、線虫は材片上で大増殖する。そのうえで、カミキリをこの蛹室内に導入するのである。もちろん、このカミキリも卵から人工飼料で無菌的に育てたものを使う。

ここで、発育段階のいろいろ違うカミキリを用いてみると、蛹期の後期のものか成虫を用いた場合にのみ耐久型線虫が発生し、カミキリの虫体に乗り移ることがわかった。

耐久型幼虫の前駆段階である分散型第三期幼虫は、たとえカミキリがいなくとも、蛹室内で線虫の増殖が進んで密度が高くなり、餌の枯渇や環境の劣化が進むと、それが刺激になって発生する。しかし、この分散型第三期幼虫がいくら増えても、次の耐久型幼虫は生じない。それには、蛹期の後期か成虫のステージのカミキリが不可欠なのである。つまり、環境劣化が引き

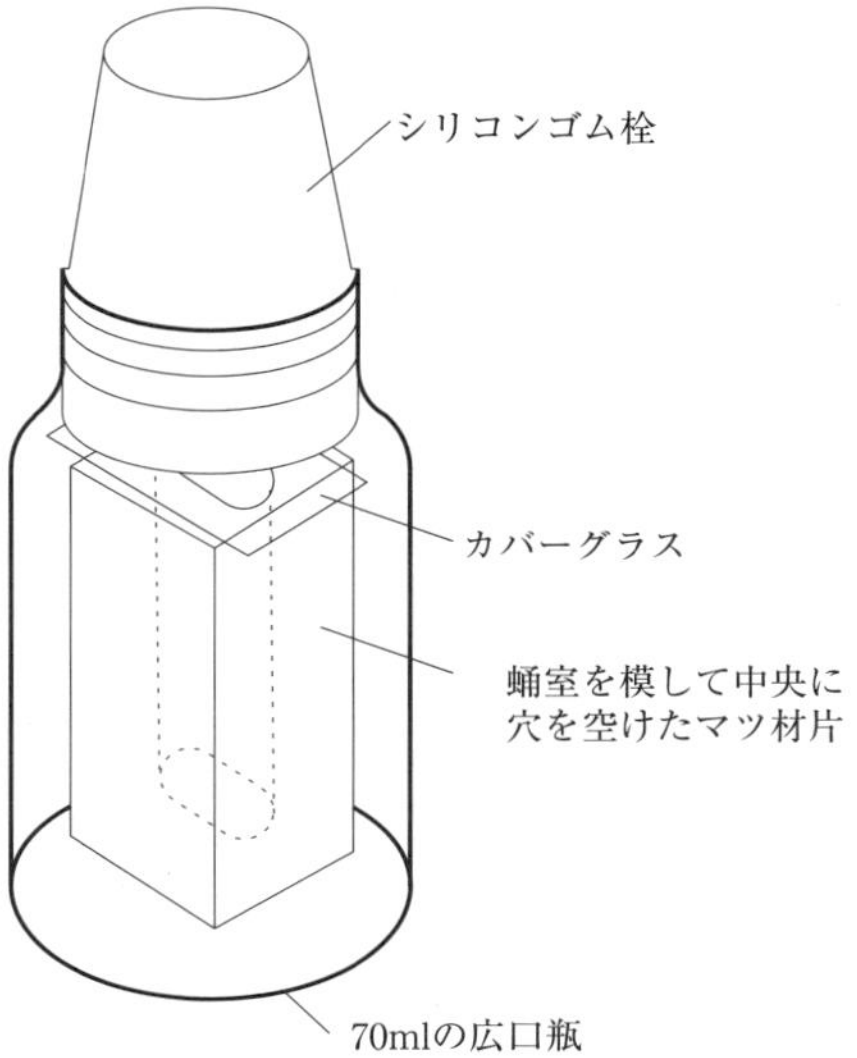

図7　人工蛹室（原図：前原紀敏）

金となって誘導された分散型第三期幼虫は、カミキリムシの後期の蛹や成虫から発せられる何らかの信号によって、初めて特殊なステージである耐久型線虫となり、虫体に乗り移るわけである。

枯死したマツ類の樹体内に広く分散していたマツノザイセンチュウが次のマツ樹に移っていくためには伝播者であるカミキリの近くまで集まってくる必要がある。この時、マツノマダラカミキリの蛹室にはこの線虫を集める条件がそろっている。なぜなら、カミキリの虫体から出る排泄物や分泌物は蛹室を取り囲む蛹室壁に豊かな栄養分と適当な湿り気を与え、青変菌など微生物の繁殖を促すことになり、結果的にそれらの菌類を餌とするマツノザイセンチュウの集合と増殖をもたらすからである。このように、マツノマダラカミキリの老熟幼虫が形成する、冬を越し翌年にはそこで蛹化する部屋、蛹室の周辺には樹体各部に分散していた線虫が集まり、また増殖もするので樹体の他の部位に比べて線虫密度が極めて高くなる。マツノザイセンチュウの場合も、こうして次の繁殖地への伝播の方策を確保し、種の命脈を保っているのである。

蛹室の壁で繰り広げられるドラマ

マツノマダラカミキリの蛹室の内面を実体顕微鏡で観察すると、そこには不思議な世界が広がる。青変菌が繁茂し、その菌糸の間を線虫がヌルリ、ヌルリと這いまわり、さらにダニ類やトビムシのなかまがチョコチョコ歩き回る。そして、その所々には青変菌の小さな子実体（子嚢果）が林立している。そして、運が良ければ、その子実体の上に盛んに線虫が這い上り、その頂部で立ち上がり、くねくねと体を揺らしている異様な姿が観られるはずだ。この行動はニクテイティングと呼ばれ、線虫が寄主や媒介者（運び屋）を待ち受ける行動だと考えられている。それはまるで、難破船のマストの上で、救援ヘリコプターに手を振る遭難者のようだ。

さて、マツノマダラカミキリが蛹から成虫として羽化するとき、呼吸活性が高まり、多量の炭酸ガスが排出される。前もって耐久型となった線虫はこの炭酸ガスに誘引され、カミキリの虫体に乗り移ることになる。徳重と清原の実験でも示唆されたように、樹体に侵入する線虫の数が多ければ、発病の可能性は高まる（第1の実験）。すなわち、それだけ、一頭のカミキリが保持した線虫の数が多ければ、マツを発病させる可能性が大きくなる。カミキリが保持している線虫の数は、当のカミキリのマツに対する、いわば加害性の指標ともいうべきものなのである。

線虫の数を決めるもの

カミキリがその気管内に保持する線虫の数はカミキリの個体間で大きなばらつきがあることが知られている。調査地域や林分によっても異なるし、同じ林分内でも、カミキリがどの枯れマツから羽化してきたかによって違いがある。さらに、同じ枯れマツから羽化してきたカミキリ個体間にさえ、保持する線虫数にはばらつきがあることがわかっている。どうして、保持する線虫の数にこのような違いが生じるのであろうか。

線虫の大きさに比べて圧倒的に巨大な枯れマツの中

では、線虫の分布は不均一になっており、カミキリが樹体のどこに蛹室を形成するかによって、そこから羽化してくる線虫数にもばらつきが生じる可能性がある。また、材が乾燥し、蛹室の含水率が二〇％以下に下がると、カミキリが保持する線虫数が少なくなるという報告もある。さらに、マツノマダラカミキリは羽化後も数日間蛹室の中にとどまり、その間に線虫が乗り移るので、カミキリ成虫の蛹室内滞在期間も保持線虫数に影響し、その期間が長くなるほどカミキリが保持する線虫の数は増えることになる。加えて、この線虫が枯れマツの材内で菌類を餌に増殖していることを考えれば、材内の菌類の種類やそれらの繁殖程度、分布状態が線虫の増殖に影響することは想像に難くないし、材内での密度、さらにはそこから羽化するカミキリの保持線虫数を決定している可能性も大きい。

この点を明らかにするため、人工蛹室に一種類か二種類の菌を接種し、次にその上で線虫を増殖させてからカミキリを入れて、羽化後にそのカミキリが保持する線虫数を調べ、接種した菌の種類やその組み合わせ、接種順序などとの関係を検討してみた。実験には線虫の餌として好適な青変菌（オフィオストマの一種）を主として用い、これに拮抗する菌として、青変菌との競争に強く、線虫の餌として適性の低いトリコデルマ菌（*Trichoderma*）、あるいは線虫を殺してしまう寄生菌ヴェルティシリウム（*Verticillium*）を用い、それぞれを単独で接種したり、あるいは二種類の菌を同時に接種したり、時間をずらせて接種することにより、それぞれの菌の蛹室内での優占度を変化させてから、線虫を増殖させた。

それぞれの菌を単独で接種した三つの場合は、それぞれ、線虫にとって好適な餌が十分に供給される環境、都合の悪い餌しか存在しない環境、そして、餌となるどころか、線虫にとって恐ろしい敵のいる環境をつくったことになる。一方、青変菌とトリコデルマ菌を同時に接種した場合は、いわば、食料となるべき作物と食べられない雑草とを競合させ、作物の生産を抑制させるような環境を作ったことを意味する。さらに、青変菌とトリコデルマ菌の接種の時間をずらしたのは、

表7　マツノザイセンチュウの増殖とカミキリへの乗り移りに対して菌類の種類や接種の順番が及ぼす影響

菌の種類と接種の順序	繰り返しの回数	増殖したマツノザイセンチュウの数	マツノマダラカミキリに乗り移ったマツノザイセンチュウの数
線虫寄生菌	8	0.3±0.5 a	0±0
青変菌の後に線虫寄生菌	5	0.6±0.9 a	0±0
線虫寄生菌の後に青変菌	6	0.7±1.0 a	0.3±0.8a
青変菌と線虫寄生菌を同時に	5	3.6±3.0 b	1.2±1.6ab
トリコデルマ菌のみ	9	11914.9±3634.6c	34.9±62.9bc
青変菌とトリコデルマ菌を同時に	12	16482.5±8663.6c	85.8±103.1c
トリコデルマ菌の後に青変菌	9	12172.3±4489.5c	87.9±93.7c
青変菌のみ	10	65579.0±10155.5d	2759.0±1885.7d
青変菌の後にトリコデルマ菌	12	36187.5±17290.3e	2979.2±2395.7d

1．マツノザイセンチュウの数は平均値±標準偏差で表している。
2．数値の後ろに付いたa，bなどの記号が同じものは有意差（5％レベル）がない。
3．接種順序の項で、→の両側に示した2菌はこの順序で8日間隔をおいて接種した。ただし、*の場合は24日間隔で接種した。

作物が良く育ったところへ雑草を侵入させるようなものだし、あるいは、逆に雑草の生い茂ったところに、無理やり作物を育てようとするようなものだ。このような組み合わせに、天敵ともいえるヴェルティシリウムも加え、全部で一二種類の環境を用意したことになる。

表は、そのような人工蛹室で繁殖した線虫総数と、そのうちでカミキリ虫体に乗り移った線虫の数を一覧したものだ。この表をみると、線虫寄生菌ヴェルティシリウムを接種した場合には、餌として好適な青変菌の有無にかかわらず、またどちらを先に接種したとしても、線虫はほとんど増殖できず、そこから羽化したカミキリの保持する線虫数もほぼゼロということになることがわかる。

一方、トリコデルマ菌と青変菌の関係はもう少し複雑で、前者を単独で接種したり、先行して接種したときはもとより、両者を同時に接種した場合にも、競合力のまさるトリコデルマ菌が材片全体に優占するので、線虫は比較的低い密度にしか増殖しない。しかも、こ

表8　4種の穿孔性甲虫類の蛹室周辺に集合したマツノザイセンチュウの数と耐久型線虫の数

穿孔性甲虫類	調査数	蛹室周辺に集合した総線虫数	集合した線虫のうち耐久型線虫の割合（%）
マツノクロキボシゾウムシ	18	1.8 ± 3.3 a	0
オオコクヌスト	11	19.0 ± 38.3 a	0
ヒゲナガモモブトカミキリ	47	2.9 ± 10.1 a	13.8
マツノマダラカミキリ	54	3635.4 ± 6733.5 b	94.9
対照（蛹室以外の材部）	54	151.2 ± 244.3 c	0.3

のような場合にはカミキリ虫体に乗り移る線虫数はさらに低い値となる。

つまり、線虫の餌として好適な青変菌が人工蛹室材全体に優占的に繁殖した場合にだけ線虫の増殖が保証され、そこから羽化するカミキリの保持線虫数が多くなる。予想通り、蛹室周辺の菌類の種類が、そこから羽化してくるカミキリが保持する線虫数に大きな影響を与えていることが明らかになったのだ（Maehara & Futai 1997）。

なぜマツノマダラカミキリだけが

マツノマダラカミキリがマツノザイセンチュウを保持し、枯死マツから健全マツに伝播する過程のうち、カミキリ虫体への乗り移りの段階についての仕組みが明らかになった。しかし、ここで素朴な疑問が浮かぶ。枯れマツには実にさまざまな昆虫が生息する。キクイムシ類、ゾウムシ類、カミキリ類をはじめとする甲虫類（鞘翅目）である。それなのに、なぜマツノマダラカミキリだけがマツノザイセンチュウを保持していて、他の甲虫類はこの線虫を保持していないのだろう。

この点について、前原君が調べた面白い結果を表8に示そう。彼は、「マツ枯れ」によって枯死したアカマツに、マツノマダラカミキリとともに生息する代表的な甲虫類として、マツノクロキボシゾウムシ、ヒゲナガモモブトカミキリ、捕食性甲虫のオオコクヌストの三種を選び、これらの甲虫の蛹室周辺に集まる線虫の数を、マツノマダラカミキリの蛹室周辺に集まる線虫の数と比較した。するとマツノマダラカミキリ以外の三種の甲虫の蛹室にはほとんどこの線虫は集まらなかった（Maehara 1999）。

つまり、この線虫はマツノマダラカミキリの蛹室にだけ特異的に集合していることがわかる。そして、その当然の結果として、マツノマダラカミキリ以外の三種の甲虫にはほとんどマツノザイセンチュウは保持されていなかった。マツノマダラカミキリだけがマツノザイセンチュウを保持しているのは、どうやら、この虫の蛹室周辺への特異的な集合行動に秘密がありそうである。

蛹化と羽化、そして脱出

枯れマツの中で蛹室を作り、四齢幼虫として冬を越したマツノマダラカミキリは、翌春から初夏にかけて気温が上がると、この蛹室の中で文字どおり蛹となる。蛹で過ごす期間は温度によって大きく変化するが、じゅうぶんな温度があると一週間、比較的低温だと三週間近くである。

このように、昆虫の発育は、いずれのステージも温度によってその進行が制御される。そのため、年により、地域により、マツノマダラカミキリの羽化時期は異なることになる。このカミキリを標的にした薬剤防除が実施される場合、いつカミキリが羽化してくるかはきわめて重要だ。樹体外に羽化してきたカミキリには薬剤が作用しやすいが、樹体内のカミキリには散布された薬剤はほとんど無効だからだ。薬剤散布による防除の効果を高めるためには、それぞれの地域でその年の気温の変化を正確に把握することが不可欠だ。その推定の適否が防除の成果を左右する。

しかし、同じ林の中にあっても、陽の当たり具合により温度の条件が異なるし、同じ樹のなかでも、樹幹のどちら側に蛹室が作られるかによって温度条件が異なってくるので、実際の羽化時期には大きなばらつきが生じる。気温に基づく推定羽化時期はあくまで目安にすぎないことは銘記すべきであろう。しかしだからと言って、防除時期を人間の都合で毎年同じ時期に決めておいたり、逆に任意にその時期を決めたりしていたのでは、防除がうまくいくはずがない。各地で繰り

自分の体にぴったりの円形の孔を開けて脱出しようとするマツノマダラカミキリ
（撮影：山崎理正）

広げられた「マツ枯れ」防除事業の多くが効を奏さなかった理由の一つは、案外そんなところにあったのかもしれない。

蛹室の中で蛹になったマツノマダラカミキリは、最初は全体に白色で、眼だけは赤い。やがて時間がたつにしたがって体は褐色に着色し、眼は黒くなる。つまり、羽化が迫っていることは、体色や眼の色の変化から判断できる。

蛹から羽化した成虫も最初は全体が白色で、鞘（さや）ばねも柔らかい。セミの羽化を観察したことがある人なら、この様子は想像していただけるであろう。時間の経過に従い着色が進み、体は全体に固くなり、甲虫らしくなる。ただ、蛹室内で成虫になったこのカミキリは、そのまま三～七日間この蛹室内にとどまる。この間に、蛹室周辺に集合していた「マツ枯れ」病原体のマツノザイセンチュウがカミキリの気管内に侵入するのである。

その体の奥深くに多くの線虫を潜ませたカミキリは、じょうぶな大あごを使って、その体のサイズにぴった

マツノマダラカミキリの雌雄（撮影／古野東洲）

りの大きさの円形の孔を開け、枯れマツから脱出を果たす。枯れマツから脱出したカミキリは健全なマツ樹に飛んで行き、その若い枝の樹皮を後食する。この摂食活動を経てはじめて、このカミキリはその生殖腺を発達させ、性的に成熟する。

そのせいかどうか、このカミキリは実にどん欲に若枝をかじる。枯れたマツを伐り倒してから注意深くその枝を調べると、なんとも痛々しい傷があちこちに残っている。カミキリの摂食によって枝にできたこれらの食い痕を後食痕と呼ぶが、この傷口から線虫が樹体内に侵入することについては前に触れた。しかし、線虫はカミキリの気管の中で耐久型という特殊なステージのまま静止状態にあったはずである。眠っていた線虫が、マツ樹に乗り移るとはどういうことなのか。この問題をめぐって進められている興味深い研究を紹介しよう。

二　旅客機と乗客

線虫はいつカミキリから離脱するのか

まずは、カミキリ虫体からの線虫の離脱時期について考えてみたい。

　カミキリ虫体から病原線虫がどのような経過でマツ樹に乗り移るのか。これはすなわち、カミキリムシの羽化後のどの時点で感染が起こるのかということであるから、防除という観点からはきわめて重要である。特に、マツノマダラカミキリを標的にした効率的な防除時期の策定を課せられた昆虫生態学者には、関心の深いテーマであった。

　当時、茨城県の林業試験場で「マツ枯れ」を研究していた岸洋一（きしよういち）氏は、ベールマンロートの中にマツの細枝を入れ、これを餌にマツノマダラカミキリをこのロートに封じ込め、一定時間毎にこの枝を取り替えながら、その枝に侵入した線虫の数を追跡した。この装置では、いったんマツ枝に侵入した線虫が枝を通り抜け、下にためた水中に出てきている可能性があり、侵入線虫数を過小評価する恐れはあるが、虫体から離脱した線虫の寄主への乗り移りの経過を見るうえでは巧妙な方法である。

　七年間におよぶ岸の研究では、線虫のカミキリ虫体からの離脱は、羽化一週間後から二週間目までにピークに達する年もあったが、全般的に見ると羽化後一週間以内にピークを迎えたケースが多かった。しかし他の研究報告では、カミキリの羽化後一週間目までは線虫の離脱は少なく、羽化後二週間目前後に離脱のピークがあるという例が多い（峰尾 1983; Linit 1989;

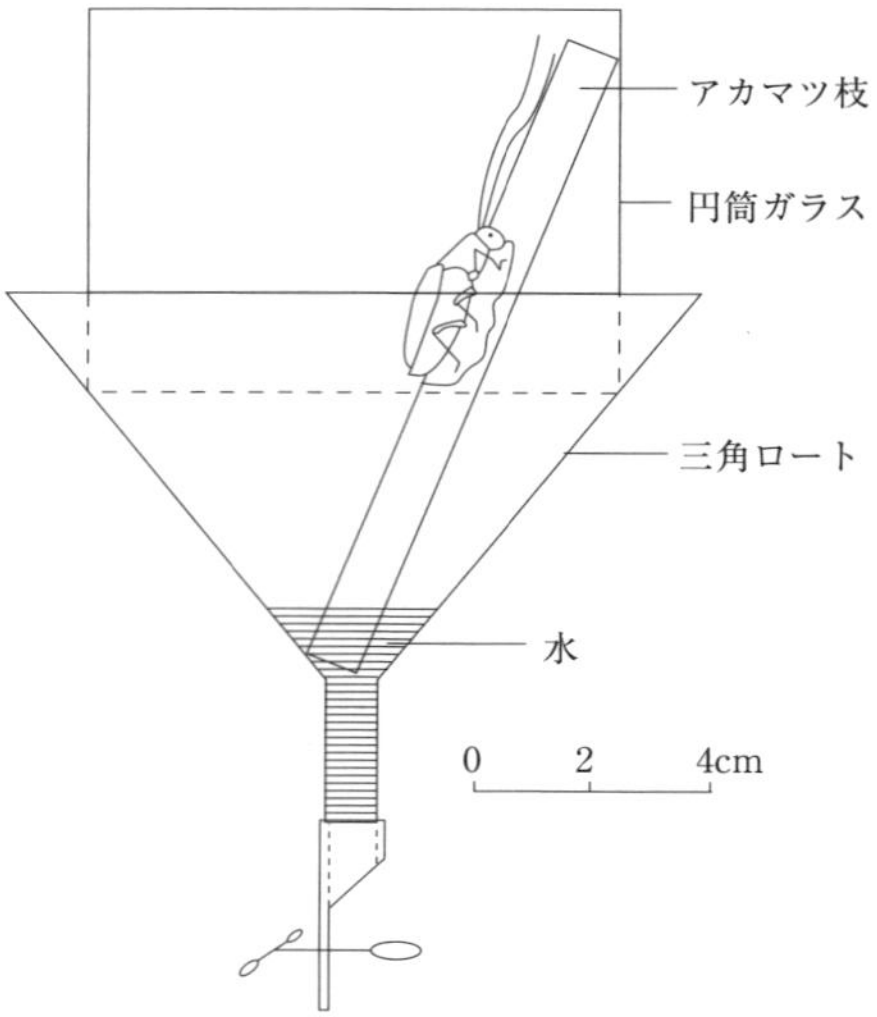

カミキリ虫体からの線虫の離脱経過を調べる装置
（原図：岸洋一）

Togashi 1985; Shibata 1985など）。

カミキリ虫体から離脱する線虫の数が羽化後一週間以上たってからピークに達するというこれらの説は、峰尾と紺谷（1975）が行った次のような実験事実とうまく符合する。彼らは、羽化後の日数（日齢）が異なるマツノマダラカミキリに三年生のクロマツ鉢植え苗を後食させ、その病原性を比較した。すると、羽化脱出後一週間以内のマツノマダラカミキリを使った場合にはマツはまったく枯れなかったが、羽化後二週間目から七週間目になると、後食を受けたマツ苗の四〇〜九〇％が枯損したという。

当初、被害防除の実施適期の策定のために行われたこれらの研究は、病原線虫と寄主マツ、それに線虫の運び屋カミキリの三者関係に潜むより興味深い問題に発展する。マツノマダラカミキリは羽化直後はまだ生殖腺が発達していないため、健全木の若い枝をどん欲に摂食（後食）することを述べた。交尾・産卵が始まるのは羽化後一〇日以降になる。つまり、カミキリが摂食に専念している最初の一〇日間には、線虫はカミキリの体から離脱しないということになる。マツノザイセンチュウは、その運び屋、マツノマダラカミキリが若い枝につけた傷口から寄主マツの樹体内に侵入するのではなかったのか。にもかかわらず、羽化後にカミキリが後食に専念しているときには、線虫はカミキリの体から離れないというのだ。このように、わざわざ効率の悪い行動を取っているのはどういうことだろう。

　これは、次のように考えると説明がつく。あとに詳しく説明するが、マツノザイセンチュウは約一世紀前、北米から輸入された材木に潜んで日本に侵入したと考えられている。北米には多くのマツ属樹種が分布しているが、その大部分はこの線虫に対して抵抗性があり、私が行った様々なマツ属樹種を対象にした接種試験でも、北米原産の樹種はほとんど枯れることがなかった。北米に自生するマツ属樹種とマツノザイセンチュウとの関係は、ちょうど日本におけるアカマツや、クロマツとニセマツノザイセンチュウの関係に似ている。あるいは、前に述べたクワノザイセンチュウとクワやイチジクの関係に似ているともいえる。そこでは、寄主がこれら線虫に抵抗性であるため、媒介昆虫が健全な寄主を摂食しているときにこの寄主に乗り移ったとしても、寄主樹は枯れたり衰弱したりしない。したがって媒介昆虫も、そんな元気な樹には産卵できない。つまり、間違ってこのような健全な木の上に乗り移った線虫は、媒介者との関係を絶たれ、死滅するしかないはずである。そこで、クワノザイセンチュウの場合、寄主樹への乗り移りは、キボシカミキリが衰弱木に産卵するときにねらい定めたように行われることを紹介した。

　ニセマツノザイセンチュウの場合も、多くはカミキリの産卵のときに寄主マツに乗り移る（富樫私信）。もちろん、そのマツは、被圧など他の原因で衰弱したマツである。北米ではマツノザイセンチュウもそこに分布しているマツと同じような関係を保っていたのであろう。つまり、衰弱木にカミキリが産卵するときにのみ、寄主マツに乗り移るという生活史をとっていたのであろう。マツノマダラカミキリが後食に専念している羽化後一〇日の間には離脱する線虫数が少なく、産卵を始める羽化後一〇日以降に線虫離脱のピークが現れるのはそのなごりではないであろうか。

マツの傷口から放出される香り

マツノマダラカミキリの気管内の奥深くに休眠状態で潜んでいたマツノザイセンチュウが寄主マツ樹に乗り移るきっかけとなるのは、カミキリが若枝を後食した時にできた傷口（後食痕）から発散する揮発性の物質であると考えるのは自然な発想であろう。そのような考え方に基づき、愛媛大学の渡辺らはマツ属樹種に含まれる芳香物質のテルペン類に着目し、α‐ピネン、β‐ミルセン、リモネン、β‐フェランドレンなどに誘引活性があること、中でもβ‐ミルセンがこの線虫に対する誘引力が一番強いことを明らかにした（Hinode *et al.* 1987; Ishikawa *et al.* 1986）。さらに、マツ属のうち抵抗性の樹種は、このβ‐ミルセンの含量が低く、感受性の樹種では高いことも見いだし、このことが抵抗性の樹種の抵抗のメカニズムを説明するものと考えた。

しかし、抵抗性の樹種は線虫を人の手で直接これらの樹に接種しても枯れないのだから、カミキリの虫体からの誘引作用の強弱で樹種ごとの抵抗性を説明することには無理がある。事実、私が寒天平板の上で行ったマツノザイセンチュウの寄主マツ枝に対する反応を調べる実験では、テーダマツをはじめ抵抗性の樹種にも、この線虫に対する誘引作用はあった（後述。一一三ページ参照）。

こうした実験の弱点は、私自身の実験も含め、フラスコ内で増殖させた、増殖型の線虫を使っている点である。カミキリ虫体にひそむ線虫は、耐久型線虫という特殊ステージの線虫である。増殖型の線虫とは反応が違うかもしれないではないか。もっと自然条件に近づけて、研究を進める必要がある。

カミキリの生活残滓

この点、ミズリー大学のリニット教授とその弟子のスタンプスらによって報告された研究は興味深いものである。彼らは、脂肪酸（リノール酸）やテルペン類

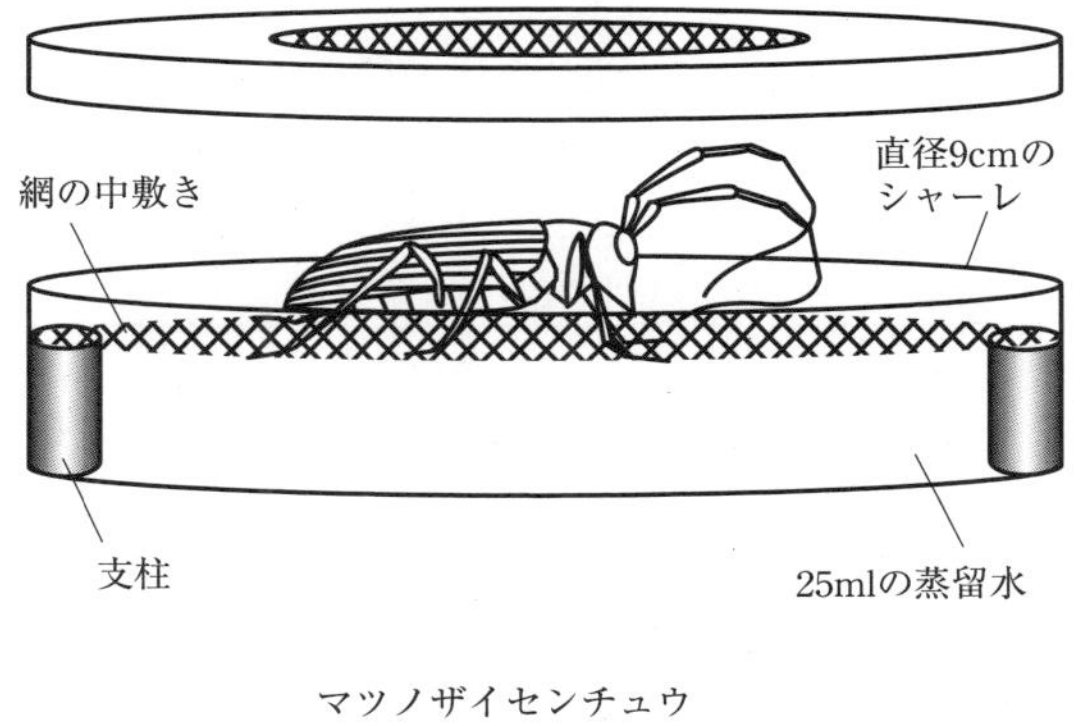

図８　リニットとスタンプスが用いた，カミキリ虫体からの線虫離脱におよぼす化学刺激の影響を調べるための装置（原図：Stamps and Linit）

（α-ピネン、β-ミルセン）、炭化水素類（トルエン、モノオレイン）などに対するマツノザイセンチュウの化学誘引行動を調べた。このうち、リノール酸とモノオレインはカミキリの排泄物など生活残滓に含まれる物質である。

四齢になったカミキリ幼虫は蛹室をつくるが、その壁に生活残滓を敷き詰める習性がある。そのために、蛹室周辺では脂肪酸の濃度が高くなっており（Giblin-Davis 1993）、線虫がカミキリを発見するうえで重要な役割を果たしている可能性がある。また、炭化水素類のトルエンはカミキリ虫体の体をつくっているクチクラの成分である。

一方、モノテルペン類はマツに含まれる成分で、樹木の萎凋・枯死とともに構成成分が激変する。例えば、健全な樹に含まれるα-ピネンやβ-ピネンの濃度は樹木の枯死後二～四週間で減少し、代わって特異な物質が現れ始める（Bolla *et al.* 1989）。

リニットとスタンプスは、カミキリに保持されている耐久型線虫がこれらの物質に対してどのように誘引

表9　5種類の化学物質に対して反応してカミキリ虫体から離脱した耐久型線虫の数

刺激源として使われた化学物質	供試されたカミキリが保持していた線虫数	カミキリ虫体から離脱した線虫数
蒸留水（対照）	25259 ± 17198	12 ± 16 a
β－ミルセン	11230 ± 7587	1043 ± 2324 a
α－ピネン	15382 ± 10876	11 ± 12 a
トルエン	12475 ± 7949	19 ± 23 a
リノール酸	24399 ± 15241	1929 ± 4289 a
1－モノオレイン	26009 ± 19714	663 ± 1912 a

表10　マツノザイセンチュウの増殖型幼虫と耐久型幼虫に対するいくつかの化学物質の誘引活性

刺激源として用いられた化学物質（10^{-4}M）	増殖型線虫に対する誘引活性	耐久型線虫に対する誘引活性
β－ミルセン	1.22 ± 0.34 a	1.54 ± 0.30 a
α－ピネン	-2.43 ± 0.70 a	-2.82 ± 0.58 b
トルエン	-0.54 ± 0.19 a	5.00 ± 1.18 a
リノール酸	9.05 ± 2.43 b	-0.19 ± 0.05 b
1－モノオレイン	19.46 ± 6.91 b	-0.45 ± 0.09 b

注：刺激源である化学物質に集合した線虫の数をNtとし、何も含まない対照のろ紙片に集合した線虫の数をNcとしたとき、その物質の誘引活性は（(Nt - Nc) /Nc) × 10で表してある。

されるかを調べた（Stamps and Linit 1998）。この目的のために彼らが使った装置はきわめて簡単なものだが、目的にかなったしくみになっている。たとえば、カミキリムシは網とふたの間に固定されていて水に触れないで済む。一方、カミキリムシから離脱した線虫は網の下に用意した蒸留水に落下し、ここに集まるため、一定時間の後、生きたまま計数することができる。そして、誘引作用を調べるべき物質は一定濃度調整したうえで蒸留水表面に滴下してある。さらに重要なのは、ふたに網で換気窓が作られている点で、そのため、試験物質が容器内に充満して線虫の反応を損なうといったことがないように考えられている。

この実験では、カミキリ体内に保持されていた耐久型の線虫はβ‐ミルセンとリノール酸、モノオレインに強く誘引された。次に、彼らは用いた物質の濃度が誘引作用にどのように影響するか調べ、β‐ミルセンもリノール酸も一〇・四モルの濃度で最も高い誘引活性があることを確かめた。

そこで彼らは次に、上記五種類の物質をこの濃度（一〇・四モル）に調整し、これらの物質に対する誘引反応を増殖型と耐久型幼虫の間で比較した。興味深いことに、増殖型の線虫はカミキリに関係の深いリノール酸とモノオレインに強く誘引されたが、寄主であるマツの匂い成分β‐ミルセンにはほとんど誘引されなかった。それに反して、耐久型の線虫はリノール酸には反応せず、乗り移るべきマツから発せられるβ‐ミルセンと虫体成分であるトルエンに強く誘引されたのである。生活史の上で異なるステージにある増殖型と耐久型の線虫は、それぞれの生活史に適応した誘引行動を示したことになる。つまり、カミキリの蛹室に集合すべき増殖型の線虫は、その蛹室に多く分布する物質（リノール酸やモノオレイン）に誘引され、寄主マツに乗り移るべき耐久型線虫はその寄主から発せられるβ‐ミルセンに誘引されたことになる。

ただ、耐久型線虫は同時に、カミキリのクチクラ成分であるトルエンにも誘引されている。これは、どういうことなのか。一見説明が付かないこの結果が、彼らをさらに興味深い事実へ導くことになる。

線虫の貯蔵脂質

マツノマダラカミキリの体内に保持されていた線虫は、カミキリが健全なマツの若枝を盛んに後食する羽化後一〇日ほどの間は虫体からほとんど離脱しない。しかしこの間にも、後食された枝の傷口からは、線虫に対して誘引作用のあるβ‐ミルセンが大量に放出されてカミキリの気管内にいる線虫を刺激しているはずだ。一方、羽化後一〇日をすぎると、β‐ミルセンのようなマツ由来の誘引物質がなくともカミキリから線虫の離脱がはじまる。これらの事実を考えると、線虫のカミキリからの離脱は外からの刺激によって制御されているというより、線虫自身の内的な要因によって起こると考えた方が良さそうにも思える。

ところで、耐久型幼虫のような摂食活動を停止している線虫の生命を支えている養分は、体内に蓄えられた中性脂質である（VanGundy 1965）。佐賀大学の近藤や石橋も、マツノザイセンチュウの耐久型幼虫は貯蔵脂

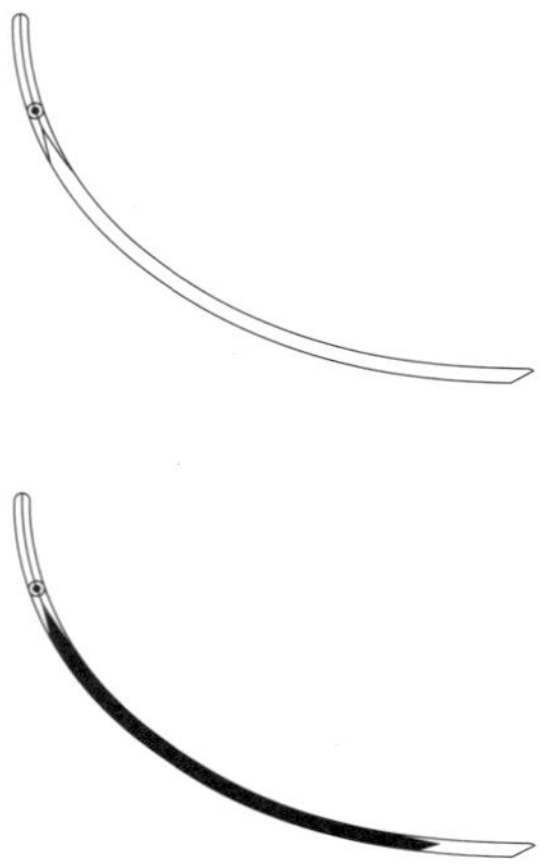

図９　カミキリ羽化後の時間経過と虫体内の耐久型幼虫のようす
羽化後時間が経過したカミキリ体内から分離したマツノザイセンチュウ耐久型幼虫は，腸内の貯蔵脂質が消失し，体色は透明（上）。一方，羽化直後のカミキリから分離した耐久型幼虫は腸内に貯蔵脂質が充満しており，黒っぽい（下）

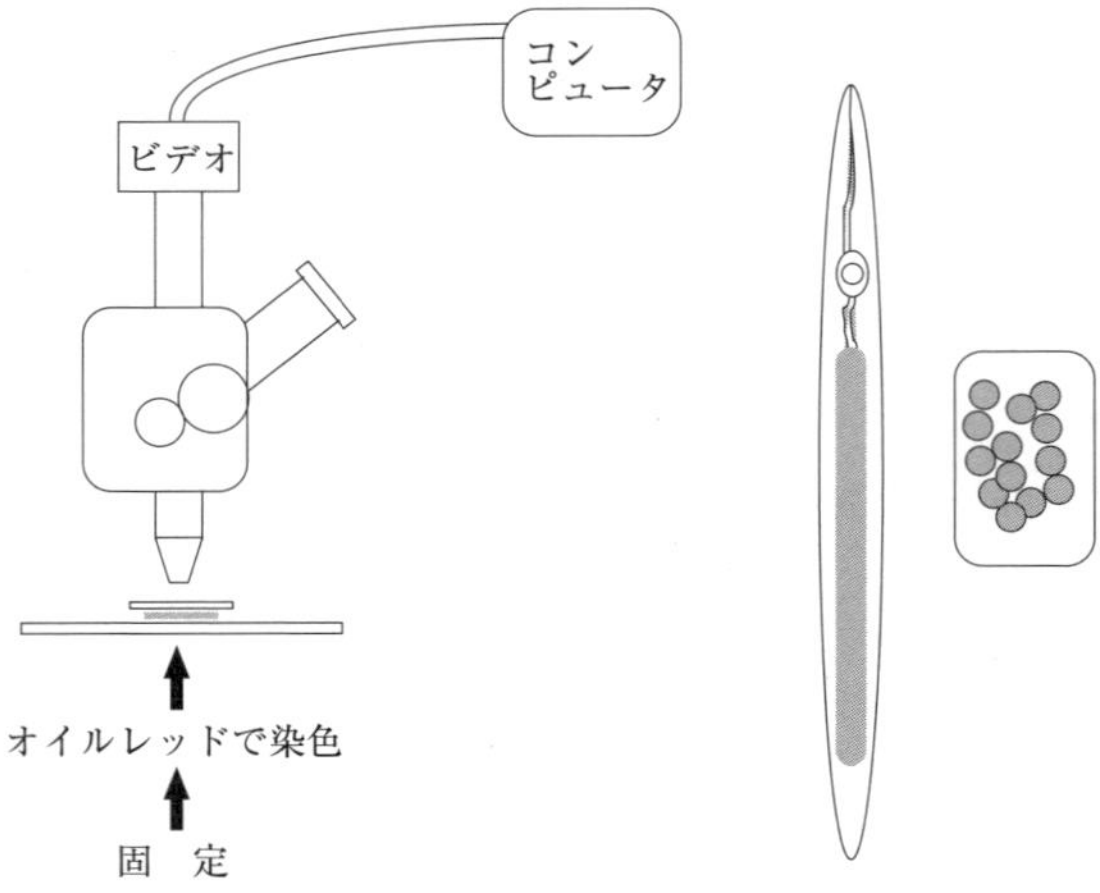

図10　耐久型線虫の貯蔵脂質を測定するための装置
オイルレッドで染色した線虫を顕微鏡に装填したビデオカメラで撮影し，その画像をコンピュータに取り込んだうえで，画像解析ソフトを用いてピンク色に染まった貯蔵脂質部分の面積を計算する。スタンプスとリニットが用いた方法。

表11　いくつかの化学物質に誘引された線虫の腸内貯蔵脂質量

刺激源として使われた化学物質	線虫の腸内で貯蔵脂質が占有する面積（％）
β－ミルセン	0.0
α－ピネン	15.4
トルエン	22.0
リノール酸	3.3
1－モノオレイン	11.7

質をグリコーゲンに変化させてその生命維持や成虫に変わるのに必要なエネルギー源にしているという仮説を唱えている(1978)。

この脂質の消費は一定の割合（一日当たり一％）で起こる。スタンプスとリニットは、カミキリ虫体からの線虫の離脱を制御している内的な要因として、この貯蔵中性脂質に目をつけた。そこで、羽化後の日齢の異なるカミキリを用い、図8の装置を用いて線虫の離脱数を調べた。ただし、この場合離脱した線虫を受ける蒸留水には何も添加されていない。

彼らはこのようにして、カミキリ虫体から離脱した線虫と虫体に残った線虫について、それぞれの体に貯蔵されている脂質を定量した。その際、線虫を一頭ずつオイルレッドという染色剤で処理し、その腸内に貯蔵されている中性脂質を染色し、これを顕微鏡にセットしたビデオカメラでその像を記録し、コンピュータにその像を取り込んだ。その上で、画像解析ソフトを使って、体全体の面積とオイルレッドに染まった中性脂質の部分の面積を測定し、その面積比を計算した。無論、これらの実験は外的な刺激を一掃した条件下で実施された。

彼らは、羽化後一日目を皮切りに、七日目、一四日目と一週間間隔で七〇日目までの日齢のカミキリについて、その体内に保持された（離脱しなかった）線虫と離脱した線虫の体内脂質量を測定した。当然、その量は時間とともに減少した。

ここで興味深いのは、離脱した線虫のほうが、虫体に残っている線虫より、全般に脂質量が少ない点である。その違いは、特に羽化後三週間目までのカミキリから脱出した線虫と体内に残っている線虫の間で顕著であった。この結果は、スタンプスとリニットが想定したとおり、耐久型幼虫の腸内に貯蔵された中性脂質は時間とともに一定の割合で減少するので、線虫はこの中性脂質の変化を体内時計として使い、自発的にカミキリ虫体から離脱していることを示唆している。

彼らが行ったもう一つの実験の結果も、興味深いものである。そこでは、寒天平板の上に先述した五種類の物質を染み込ませたろ紙片を並べておき、これらに集合した線虫の腸内脂質量が比較された。カミキリ虫体に関係の深いトルエンやモノオレインに集合した線虫の貯蔵脂質量は多く、寄主マツから発せられるβ‐ミルセンに反応した線虫は貯蔵脂質がまったく消失していた。この結果を併せて彼らが得た実験事実をまとめると、カミキリ虫体から離脱し、寄主マツの樹体に乗り移る、次のようなしくみが見えてくる。

乗り移りのメカニズム

カミキリ虫体の気管内に侵入した耐久型幼虫の腸内は、貯蔵脂質で満たされている。このような状態の線虫は、カミキリのクチクラ成分のトルエンや排泄物に含まれるモノオレインに強く誘引される反面、マツ枝に刻まれた後食痕から発せられるβ‐ミルセンにはほとんど反応せず、虫体からの離脱は起こらない。やがて時間が経過すると、その腸内脂質は一定の割合で減少してゆき、なかでも貯蔵脂質の減少が進んだ線虫から自発的な離脱が始まるようになる。それに並行して、周囲を取り巻く匂い物質に対する反応性に変化が生じ、マツから発せられるβ‐ミルセンに対して鋭敏に反応するようになり、離脱が一層促進されるようになる。

カミキリに乗り移ってからしばらくは、耐久型線虫はカミキリ虫体に誘引される状態にある。そして、ある程度の時間が経過して初めて、寄主マツにより強く誘引されるようになる。カミキリの体から離れ、マツの枝に付けられた後食痕に乗り移るマツノザイセンチュウの行動にひそむこんな巧妙な仕組みが「マツ枯れ」の感染環を驚くべき巧妙さで回転させているのである。

線虫の頭はどちら向き

さて、カミキリ虫体からの線虫の離脱がそのように時間が来れば自発的に起こるものならば、一つ確認しておかなければならないことがある。カミキリは成虫になってからしばらく蛹室内にとどまっている。その間に蛹室壁に集まったマツノザイセンチュウは、カミキリの気管内に侵入することを述べた。もちろん、積極的にその気管内に入っていくのだから、頭をカミキリの虫体内部に向けている（近藤 1986）。それでは、カミキリの体から離脱するときはどうするのだろうか。気管内を後ずさりして、カミキリムシの体から離脱するのだろうか。それでは、あまり積極的に離脱しているようには見えない。

この疑問について、森林総合研究所の相川拓也（あいかわたくや）は、注意深い観察の結果一つの答えを出した。彼は、羽化後の時期の異なるカミキリムシを磨砕して、その中に含まれる気管の断片を観察し、その内部の線虫がどちらを向いているかを調べることにした。磨砕されてバラバラになった気管は、一見すると前後がわからないただの管のように見えるが、注意して見るとその内部に密生する繊毛が生えていて、その毛先は常に気門の方、つまり虫体から見れば外側を向いているので気管の断片の前後がわかるという。これを手がかりに気管の中での線虫の向きを調べると、羽化直後のカミキリの体内にいる線虫は大部分が頭を虫体内部に向けているが、羽化後の日齢が経つほど、体をUターンさせて、頭を気門の方に向けた線虫が増えてくるという。リニット一門が明らかにした体内時計に従い、線虫が自発的にカミキリ体内から離脱するという考え方を強く支持する証拠と考えて良かろう。

三　マツはなぜ枯れる

マツノマダラカミキリの虫体から離脱した線虫は、カミキリが若枝の皮を摂食したときにできた傷口（後食痕）からマツ樹の体内に侵入して病原性を発揮する。しかし、この過程にもいくつかの疑問がうかぶ。線虫はどうして、その傷口から他へ移動しないのか。また、マツ樹の体内には簡単に侵入できるのだろうか。マツの側はこれに何も反応しないのだろうか。そして、何より、どうして小さな線虫が侵入したことで巨大なマツが数か月のうちに枯れてしまうのだろうか。

ニセマツノザイセンチュウ

この問題を考える場合、マツノザイセンチュウにきわめて近縁の線虫で、同じように枯れマツに生息するにもかかわらずほとんど病原力を持たない、ニセマツノザイセンチュウの存在がヒントになるかもしれない。

この線虫の形態はマツノザイセンチュウにきわめてよく似ているが、雌成虫の尾部末端に突起を持つ点で、マツノザイセンチュウとは区別できる。しかし、この小さな形態的な違いが両線虫の病原力の違いを説明するとは考えられない。この二種の線虫の違いを一つずつ検討して行けば、病原性が何に基因しているかを解くカギが得られるのではないだろうか。

病原力の比較

まず、自分の手で両種の病原力を比較することにした。そのためには、できるだけ同じ条件で接種試験をしてみる必要がある。そこで、両線虫を苗畑に植えられたアカマツとクロマツの三年生実生苗に接種してみ

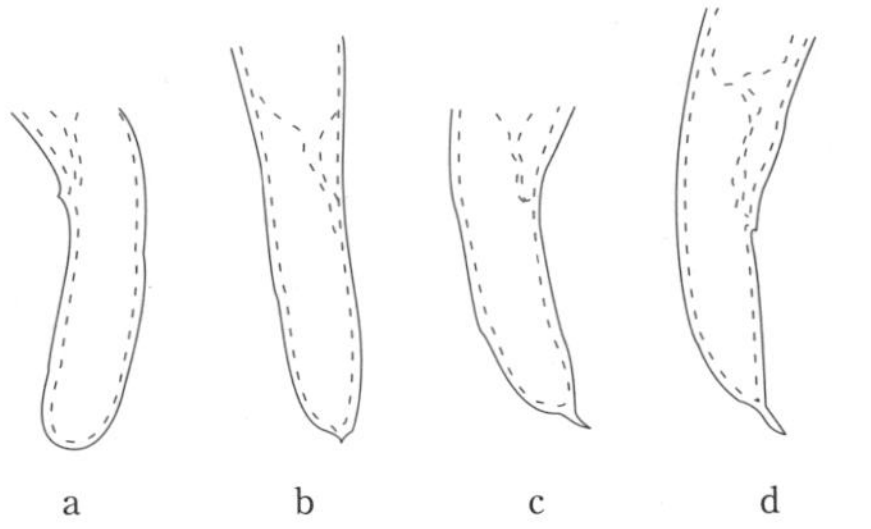

マツノザイセンチュウ雌成虫の尾端の形態
a，b：マツノザイセンチュウ，c：ニセマツノザイセンチュウ，d：ニセマツノザイセンチュウ（フランス産）。突起の有無に注意

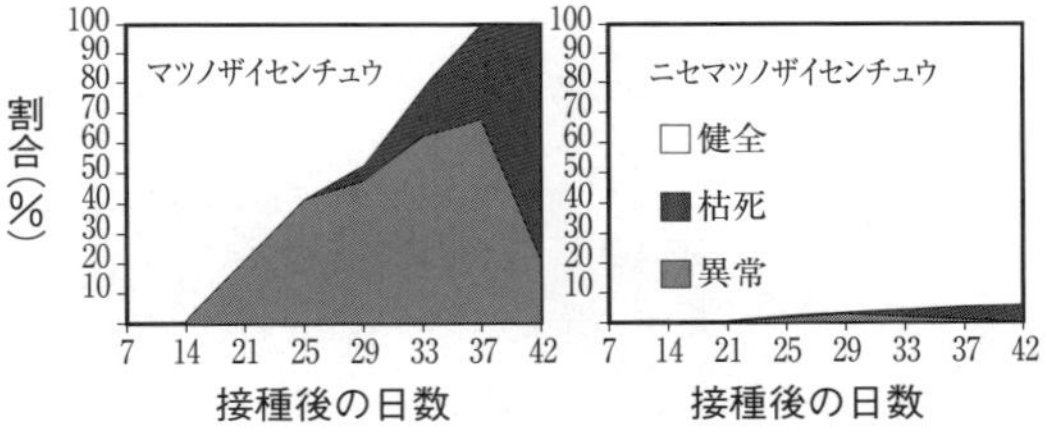

マツノザイセンチュウとニセマツノザイセンチュウの病原性
3年生のクロマツ苗に両種を別々に接種して比較。病徴の進展に歴然としたちがいがあるのがわかる。

た。二種の線虫の病原力の差は歴然としていた。

ここで重要なのは、アカマツ・クロマツ苗体内での、両線虫の増殖力の違いである。病原性の強いマツノザイセンチュウは増殖に成功してその個体数を増やしていたが、病原性の弱いニセマツノザイセンチュウはほとんど増殖していなかった。両種の間に、基本的な増殖力に違いがある可能性がある。また、ニセマツノザイセンチュウを接種したにもかかわらず例外的に枯死した苗の中では、病原性の弱いこの線虫でも増殖していたのは象徴的であった。このように、線虫が樹体内で増殖するか否かが、マツが枯れる原因に強く関与している可能性がある。そこでまず、両者の増殖力のちがいを調べてみることにした。

卵内発生（胚発生）速度の比較

マツノザイセンチュウもニセマツノザイセンチュウも卵生で、長径約六〇マイクロメートル、短径約二〇マイクロメートルの、楕円形の卵を産む。産みつけられた直後の卵はその後卵割をくり返し、いくつかのス

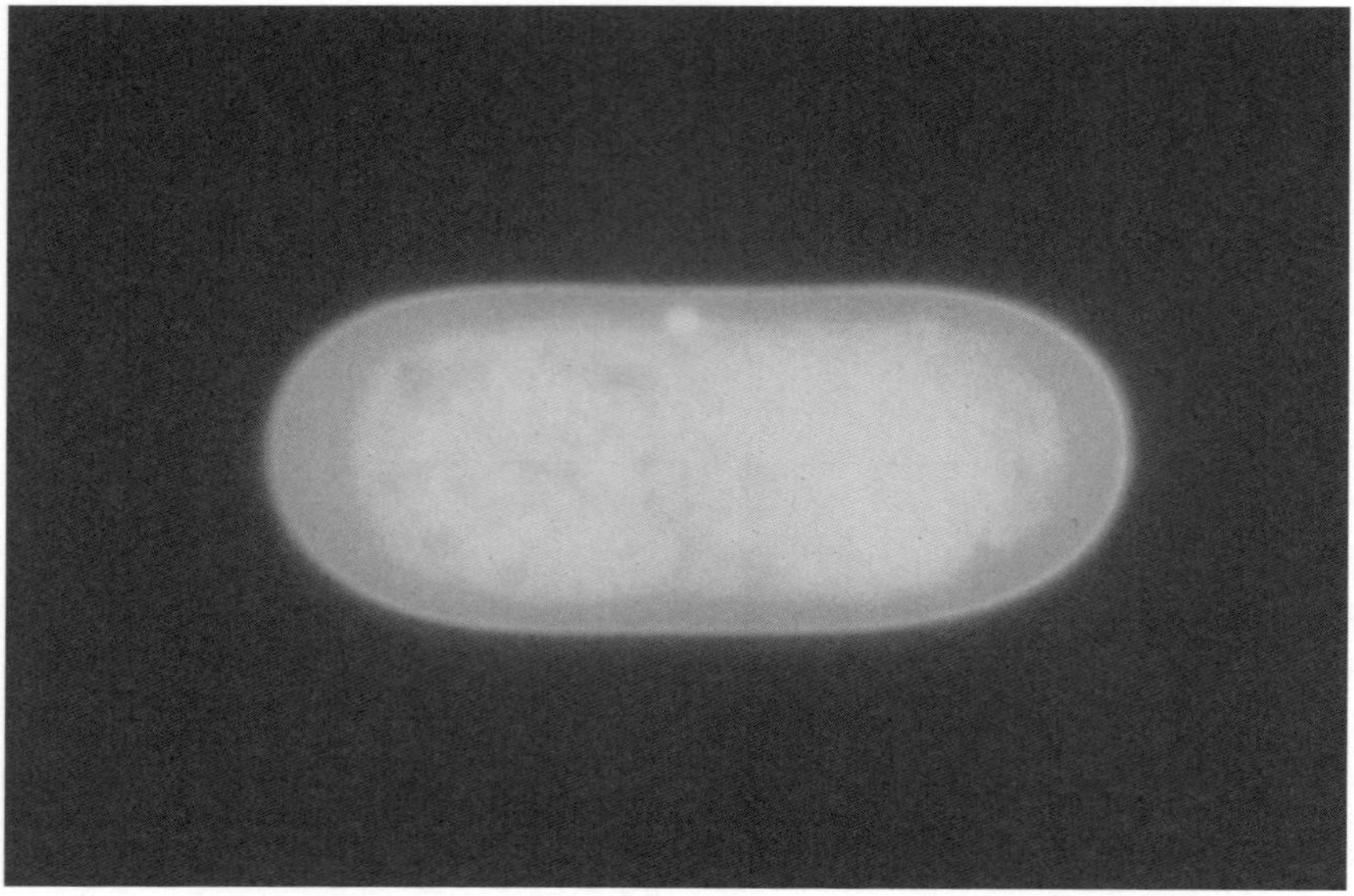

マツノザイセンチュウの卵

テージを経て、卵内で一齢幼虫になる。一齢幼虫は卵内で盛んに活動後、脱皮して二齢幼虫となり、さらに一定時間後ふ化する（真宮 1975）。つまりこれらの線虫は、孵化してきたときにはすでに二齢幼虫になっているのだ。

この卵内（胚）発生速度を両種の間で比較してみることにした。この場合、正確を期すには産卵直後の卵を得、実体顕微鏡下でずっと観察を続ける必要がある。しかし、この方法では一頭ずつの間で違いがあるかもしれないから、それぞれの種に特徴的な発生速度を知るには何個かの卵を観察し、その平均値を求める必要がある。また、このような発生速度は温度により影響を受けるから、そのことを考慮に入れるといくつかの温度条件下でこの観察を繰り返す必要がある。直接観察という方法では能率が悪すぎる。何か良い方法がないものだろうか。

卵の集め方

こんな場合、同時に産まれた卵、つまり、成長の開始点がそろった卵をまとめて観察できれば都合がよい。しかし、卵だけを集める手だてはあるのか。そんなことを考えていた時、森林総合研究所関西支所の田中潔さんに一枚の写真を見せられて、驚いた。たくさんのマツノザイセンチュウの卵が写されているではないか。田中さんは線虫の卵を集めるため、ちょっとした装置を作っていたのだ。

私も、それをまねて卵を集めようとした。しかし、線虫の卵はガラスで作った装置の器壁にくっついてうまく集まらない。まずいなぁと溜息をついたが、ここで一つひらめいた。

ガラス器壁に卵が付着する。線虫の幼虫や成虫はガラスには付着しない。これだ。卵から成虫までを含み、盛んに増殖している線虫の培養器（カルチャー）に水を加え、線虫の懸濁液（サスペンジョン）を得、これをガラス製の時計皿にそっと注ぎ、しばらく静置した後、水道水で上澄みをきれいに洗い去れば、無数の線虫卵が時計皿の上に付着し残るはずだ。ビンゴ！　水道水で洗ったガラス製の時計皿の底に点々と何かが残っている。それはきわめて多数の線虫卵であった。

実に簡単に線虫の卵を集めることができたではないか。しかし、ここで問題が残った。カルチャーから集めた卵の中には今しがた産み落とされた若い卵もあれば、産み落とされてから時間が経ち、もうすぐふ化する直前の卵もあるはずだ。事実、多数の卵を実体顕微鏡の下で観察していると、いくつかの卵からは早々と幼虫がふ化してきた。これでは成長の開始点がそろった卵とは言えない。どうすれば大量の卵を相手に、ふ化速度を観察することができるのか。

考えた末、思いついたのが「ふ化曲線」を求めることであった。つまり、こうだ。二〇〇～三〇〇個の卵を時計皿の上に付着させる。次に、一定の温度に調整した水道水をこれに注ぎ、その温度条件下で、一定時間ごとに、ふ化した卵を数えていく。最後に、ふ化しないで付着したままの卵の数を最初の数から引くことによって、それぞれの観察時間までにふ化した卵の数を求めることができる。

このような操作を一一、一六、二一、二六、二九、

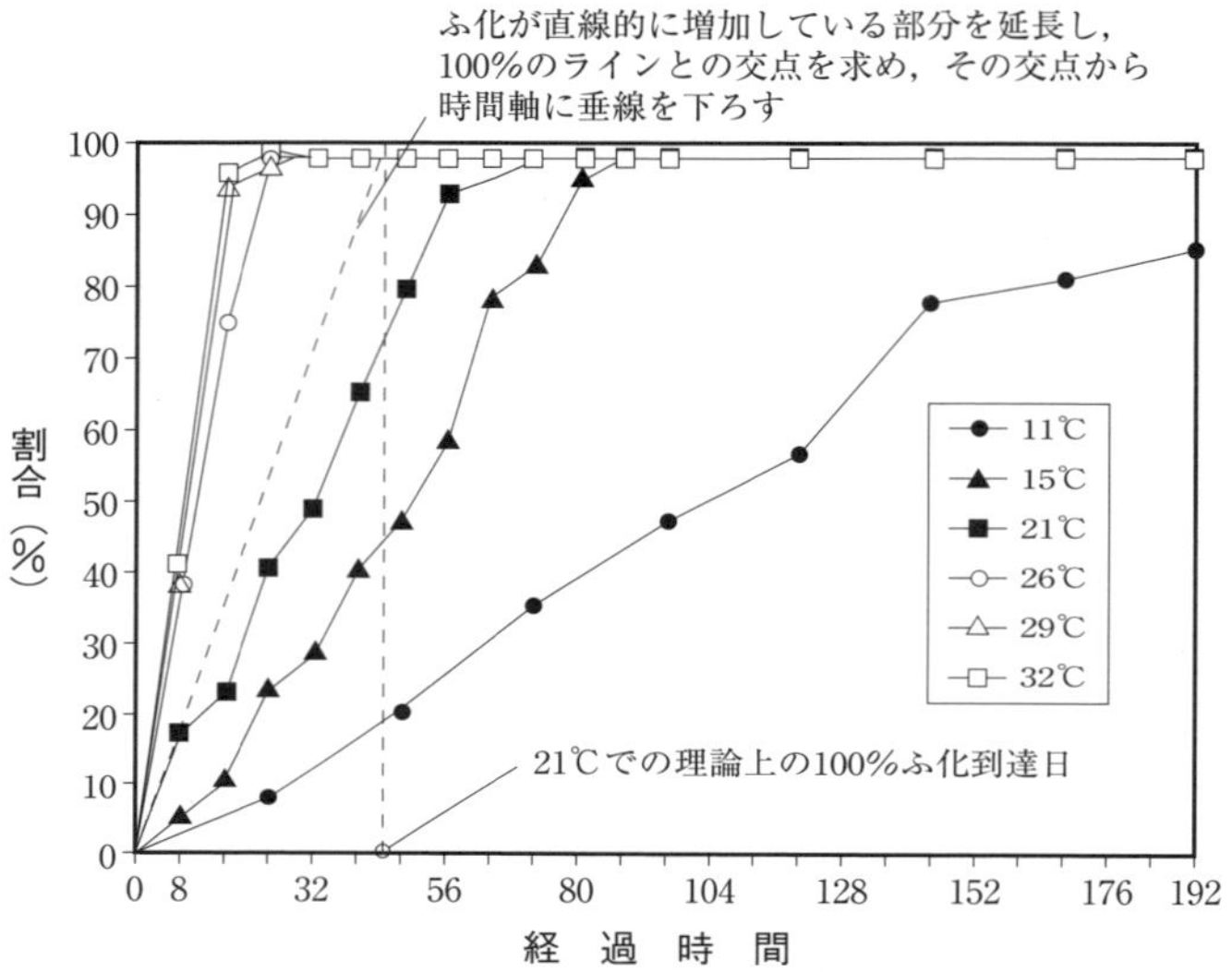

図11　マツノザイセンチュウの累積ふ化曲線
この曲線から卵内での発育速度を求めることができる。

三二度の六つの温度条件で実施した。もちろん、一つの温度条件について二つずつのくり返しを設けた。一六〜三二度の五つの温度条件では、ふ化した卵の数は八時間ごとに数えた。一一度の実験条件下では発育速度はきわめて遅く、二四時間に一度の観察で十分であった。二六、二九、三二度の温度条件下ではふ化は速やかに進み、二日後にはほとんどの卵がふ化してしまった。しかし、この二日間が大変であった。ほとんど徹夜に近い強行軍で、眠い目をこすりながら、八時間を周期に数千の卵を数えたのを覚えている。しかも、実体顕微鏡を置いている部屋の温度は二五度前後と暖かい。あまりゆっくり計数していると、卵を入れている時計皿の水温が変化してしまう。丁寧に、しかも迅速に。徹夜のコンディション下では至難の要求ではあったが、いくつかの壁を乗り越えゴールが見えたとき、研究者は信じられない力を発揮する。こうして求めた各温度条件ごとのふ化曲線を図11に示そう。

　これらの曲線で、ふ化率が直線的に増加している部分を延長し、一〇〇%のラインとの交点を求める。次に、この交点から垂線を下ろし、理論上の一〇〇%ふ化到達日を求めた。当然のことながら、温度が上昇するほどふ化一〇〇%までに要する日数は短くなった。これらの日数をそれぞれの温度条件ごとに求め、その逆数を座標上にプロットしていくと、それらの点は右肩上がりの直線上に並ぶ。

ここで求めた逆数はそれぞれの温度条件下での発育速度だ。この値は温度の上昇にともなって直線的に大きくなる、つまり温度の上昇にともなって発育が速くなることを示している。また、この直線と温度軸との交点では発育速度がゼロということになるから、この温度以下では線虫は発育を停止してしまうことになる。この温度を発育ゼロ点と呼ぶ。

このようにして病原性が決定的に異なる二種の線虫の卵内発育特性を比較してみると、発育ゼロ点には大きな違いはないが、全般に病原性のマツノザイセンチュウのほうが発育速度が速いという結果になった。

ふ化後の発育速度の比較

しかし、ここで求めた発育速度はふ化する前の卵内の発育速度に限られる。ふ化後の発育に関しても、両種の間で違いがあるのであろうか。ふ化後だけの発育速度を求めるにはどうしたらよいだろう。成長のそろったふ化幼虫（二齢幼虫）を用いればよい。

上で述べたのと同じ方法で、大量の卵を集めておき、これを水に浸けたまま、二五〜二八度で一昼夜置いておくとほとんどがふ化し、大量の二齢幼虫が得られる。この二齢幼虫を表面滅菌し、灰色カビ病菌（*Botrytis cinerea*）のような餌となる菌の菌叢上に接種する。これらの線虫が成虫になるまでの時間を計ればよい。

しかし、ここでも問題が起きた。せっかく成長のそろった二齢幼虫を用いてスタートを同調させたのだが、やはり成長の不揃いが起こり、決して同じように成虫になってくれない。どうすればよいか。一定時間ごとに線虫個体群を回収し、その中の卵を除いて全線虫個体数を数える。と同時にその中の成虫の数だけは、こ

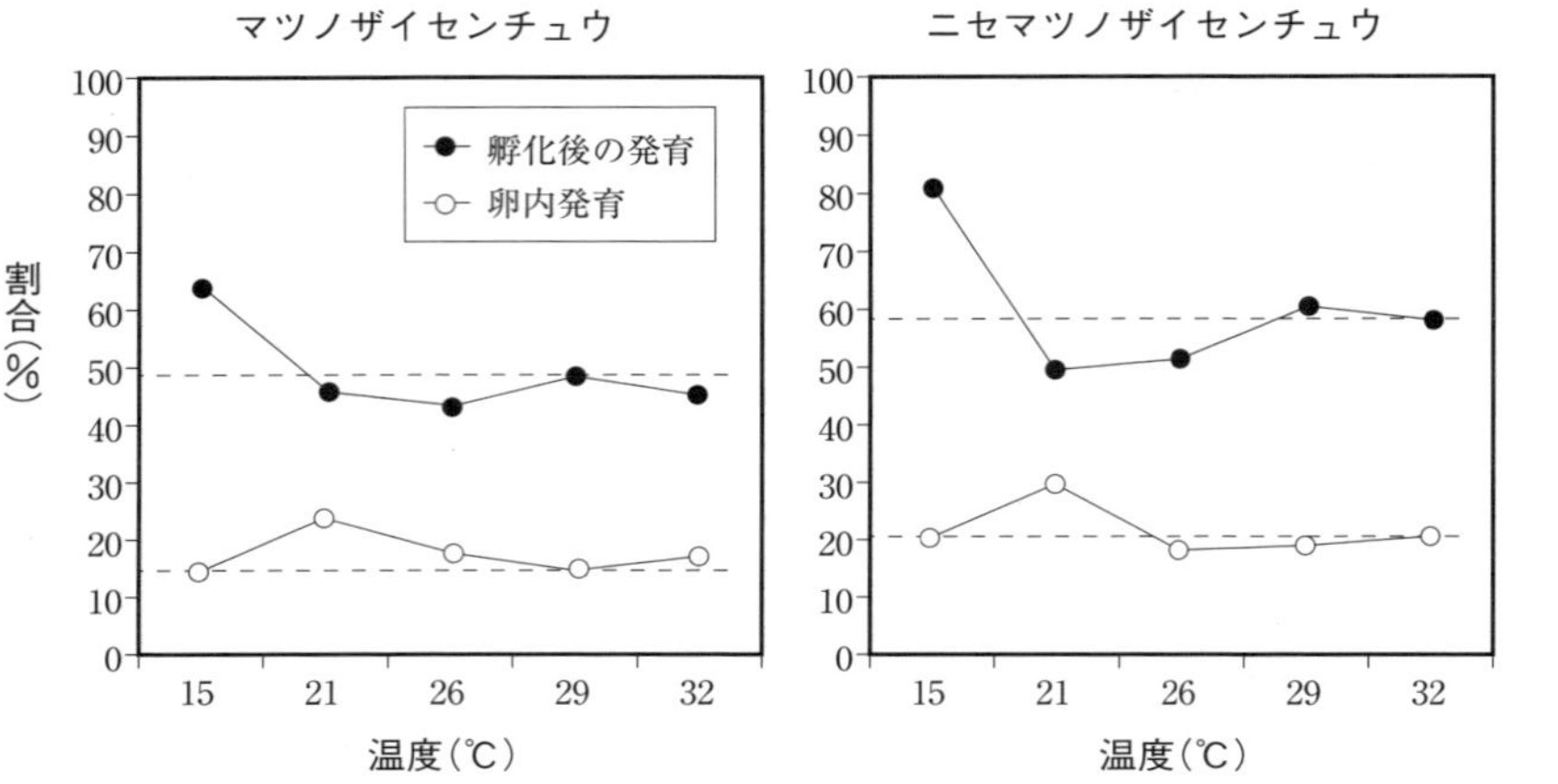

図12　マツノザイセンチュウとニセマツノザイセンチュウのヒート・ユニット
温度条件を変えて，産卵されてからふ化するまで（卵内発育），ふ化した二齢幼虫が成虫になるまでの日数を比較した。どの温度でもマツノザイセンチュウのほうが効率よく発育している（ヒート・ユニットが小さい）

れも別個に数えることにした。接種時にはすべて二齢幼虫からスタートした個体群中の各個体は次第に成長し、やがてそのうちのある割合の個体は成虫になる。この比率を求めるのである。

日が進むにつれ、この値は次第に大きくなる。しかし、その新しく親となった個体が次世代の卵を産み、それがふ化し始めると、この値は急に減少する。そこで、この成虫の比率が最大になるまでの日数をもって、ふ化後成虫になるまでの日数とするのである。以下、それぞれの温度条件で発育速度を求め、発育速度曲線を比較したり、発育ゼロ点を求めたのは胚発生の場合と同様である。こうして求めたふ化後の成長についても、病原性の異なる二種の間で発育ゼロ点には大きな違いは見られなかったが、ふ化後の発育速度もマツノザイセンチュウのほうがやや速いという結果が得られた。

「ヒート・ユニット」という概念

次に、胚発生期とふ化後成長期（後胚子発生期）別に求めた発育ゼロ点（T_0）から興味深い情報が得られる。ある温度（T）でいずれかの発育期を全うするのに要した日数をD日とする。Tと発育ゼロ点（T_0）の差は成長に有効な温量と考えられるが、これに日数Dを乗じた値を「ヒート・ユニット（HeatUnit ＝ D×($T-T_0$))」という。

この値は、それぞれの温度条件がその動物の発育にどれほど適しているかを判断する基準となる。この値が小さいほど、その温度条件がその動物の成長に適していると考えて良かろう。マツノザイセンチュウとニセマツノザイセンチュウの間でこの値を比較したところ、いずれの温度でも、病原性のザイセンチュウのほうがヒート・ユニットが小さく、効率よく発育を遂げていることを示していた。

二種の線虫の個体数の増え方

このようにして、ふ化と成長の二つの発育ステージ別に二種の線虫の発育特性を比較した後、今度は実際に二種の線虫の個体数の増え方を比較することにした。

私の実験計画は、試験管の中にポテトデキストロース寒天培地（ジャガイモの煮汁にブドウ糖を加えた溶液を寒天で固めた培地。腐生性の菌類の培養に標準的に利用される）を用意しておき、これに餌となる灰色カビ病菌を培養しておく。菌がよく繁茂した試験管一本当たりに、二種の線虫を別々に一四〇頭ずつ接種し、一五、二一、二六、二九、三二度の五つの温度条件下で培養する。これを二日に一度ずつ、二〇日目まで合計一〇回、それぞれの温度から五本ずつ試験管を回収し、その中の線虫数を数えるというものであった。つまり、五つの温度条件、一つの温度条件につき一回の測定時に五本の試験管、一〇回の測定回数、二種の線虫、これだけを掛け合わせた試験管が必要不可欠になる。さらに、この他に、常に不測の事態に備えて五〇本ほどの試験管を用意して実験を開始した。つまり、これだけの実験をするのに、約六〇〇本の成長のそろった灰色カビ病菌の試験管培養株を準備したことになる。

こう言えば簡単なことのようだが、実験の開始をス

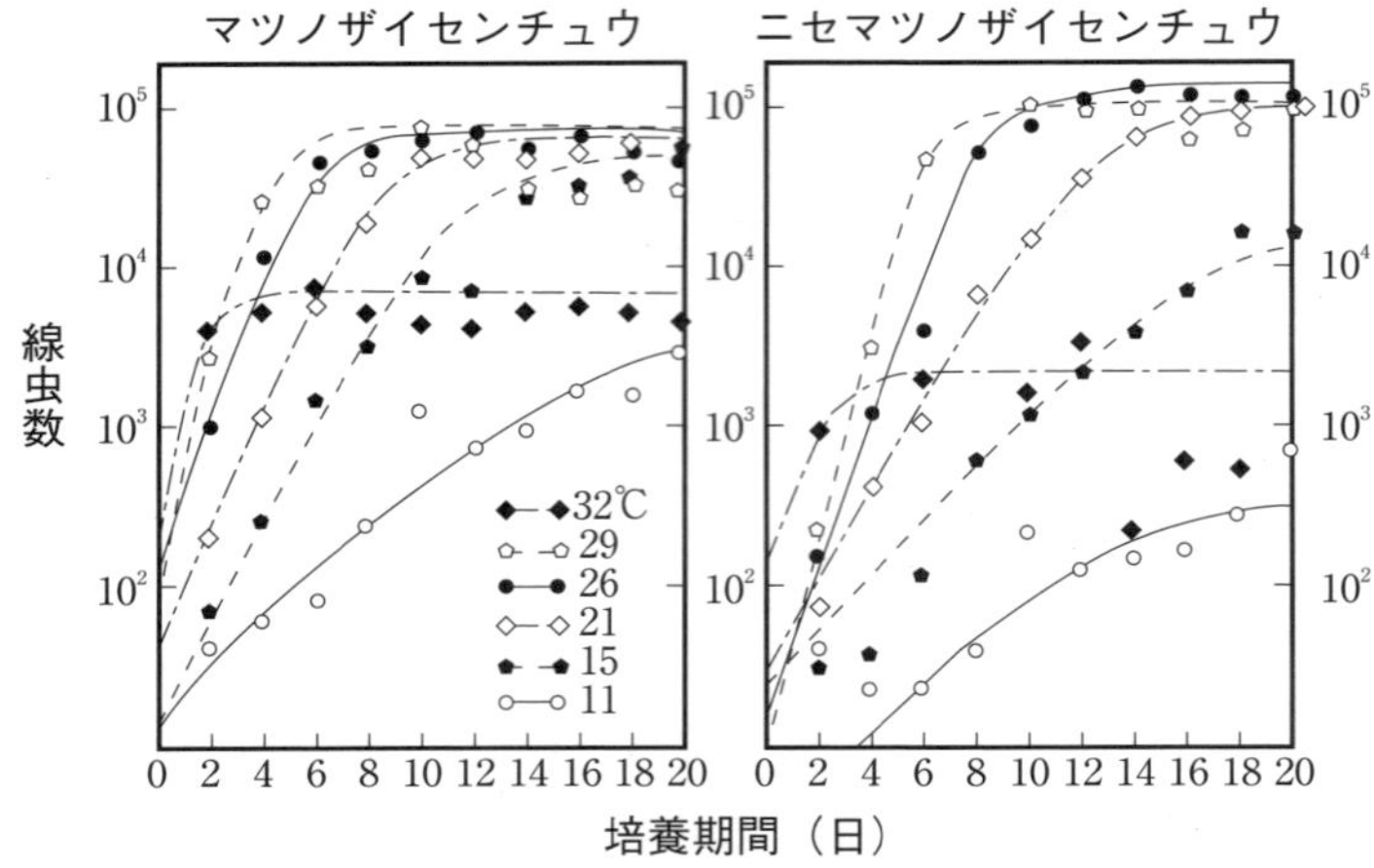

図13　マツノザイセンチュウとニセマツノザイセンチュウの増殖比較
大部分の温度条件でマツノザイセンチュウのほうが増殖率が高い。しかし，最も増殖率の高い状態は，増殖に好適な温度状態ではニセマツノザイセンチュウのほうが長く続いた

ムーズにするには、餌のカビの状態がベストになるようタイミングを見計らう必要がある。そのためには、線虫を接種する七日前に一斉にカビを植え付け、二〇度で培養する必要がある。また、実験に用いる線虫のステージも可能な限りそろっているほうがよいから、卵を大量に集め、これらからふ化した二齢幼虫を接種源に用いることにした。これらの幼虫が、前もって繁茂している菌を餌に増殖を開始するというわけだ。

しかし、線虫という動物を実験に用いる難しさがここに潜んでいる。餌のカビを培地の上に繁茂させているわけだから、そこには他の雑菌が混入し繁殖する可能性も大きい。万一雑菌が混入すると、餌となるべきカビの状態が攪乱（かくらん）されてしまい、それを食べる線虫の増殖も異常になってしまう。そのためには、接種する二齢幼虫の体表を抗生物質で殺菌し、雑菌の混入を防ぐ必要がある。

また、増殖の結果を調べるためには一本の試験管ごとに線虫の数を数えなくてはならないが、これがまたやっかいなのである。飼育中の昆虫のように、眼で直

表12　マツノザイセンチュウとニセマツノザイセンチュウの増殖特性（ロジスティック式より）

	マツノザイセンチュウ						ニセマツノザイセンチュウ					
	11	15	21	26	29	32℃	11	15	21	26	29	32℃
最大密度	3038	50667	69000	72400	83860	7460	385	18625	119333	147800	114800	2320
増殖速度	0.35	0.57	0.86	1.01	1.40	2.14	0.36	0.48	0.60	0.88	1.03	0.56

接観察できるものなら、その数を数えるのはそう困難ではあるまい。しかし、試験管の中で増殖中の線虫の数を数えるのはそうたやすくはない。必ず、ベールマンロート法を用いていちいち培地から線虫を分離し、それを実体顕微鏡の下で数えることになる。

こうして苦労して数えた二種類の線虫の数を、横軸に実験開始後の日数、縦軸に対数目盛りに刻んだ線虫数をとった座標の上にプロットしていくと、いずれの温度条件下でも、またどちらの線虫の場合にも右肩上がりの直線が得られ、やがてそれらの直線は横一直線に傾きを変えた（図13）。つまり、これら二種の線虫は指数関数的に増殖し、やがて飽和密度に達して、その密度を一定期間維持したことがわかる。この右肩上がりの直線の傾きは増殖率の大きさ（あるいは増殖速度）を表す。マツノザイセンチュウの場合、培養温度が上がるほどこの傾きが大きくなったが、ニセマツノザイセンチュウでは二九度が最適値であった。また、大部分の温度条件でマツノザイセンチュウのほうが増殖率が高かった。この二種の線虫の増殖速度の違いは、先に述べた発育速度の違いとよく符合する。一方、増殖に好適な温度条件下（二一、二六、二九度）では、飽和密度は逆に、ニセマツノザイセンチュウのほうが高く、これら二種の線虫の増殖特性に違いがあることをうかがわせた。

どんな菌を食べているのか

マツノザイセンチュウやその近縁のニセマツノザイセンチュウがカビを餌に増殖できることは明らかになったが、どのカビでも同様に増殖するわけではない。表に示すように線虫の増殖力はカビの種類によって実にさまざまなのである（堂薗 1974; 小林・佐々木 1974; 1975）。

表13：健全マツや枯れマツから分離された糸状菌とその菌叢上でのマツノザイセンチュウの増殖

菌　類	線虫の増殖（最低～最高）	平均増殖密度
Pestalotia sp.1	344,000～370,000	358,000
Pestalotia sp.2	130,000～218,000	182,400
Diplodia	68,000～164,000	120,800
Papularia	2,300～4,400	3,533
Cladosporium	940～4,000	2,268
Tritirachium	26,000～48,000	40,400
Penicillium sp.1	160～1,100	636
Penicillium sp.2	1,080～10,500	3,926
Trichoderma sp.	100～340	184
Trichoderma sp.2	0	0
Ceratocystis sp.1	10,100～35,700	18,975
Ceratocystis sp.2	2,700～25,000	13,050
Verticicladiella sp.1	670～1,900	1,320
Verticicladiella sp.2	0～3,040	850
Fusarium	11,000～14,000	12,225
Cephalosporium	0～2	1
*Epicoccum**	3～2,940	753
*Alternaria**	4～210	138
*Botrytis cinerea***	136,000～348,000	202,000

＊：マツノマダラカミキリ成虫の虫体より分離
＊＊：継代培養中の植物病原菌（灰色カビ病菌）
（小林、佐々木、真宮1974；1975より改変）

餌候補の菌としては、枯れたマツやら、健全なマツ、マツノマダラカミキリ成虫の体、その蛹室など、さまざまなところから分離された菌がテストされたが、マツノザイセンチュウがよく増えるかどうかはこれらの菌がどこから分離されたかとは関係なく、どの分離源から採取した菌のなかにもこの線虫の良い餌となるものと餌としては不適なため全く増殖できないものが存在した。

自然界では、マツの樹体上にさまざまな菌類が生息している。たとえば、マツの材内や樹皮下には健全な状態ですでにペスタロチア（*Pestalotia*）やリゾスファエラ（*Rhizosphaera*）などの菌が生息している。そしてこれらの菌はマツノザイセンチュウの感染により、樹体が異常になると青変菌と呼ばれるセラトキスティス（*Ceratocystis*）やヴェルティシクラディエラ（*Verticicladiella*）、ディプロディア（*Diplodia*）などの他の菌により取って代わられ、さらに後には青カビの一種トリコデルマ（*Trichoderma*）やマリアンナエア（*Mariannaea*）、ペニシリウム（*Penicillium*）、さらにはオオシワタケやキカイガラタケのような褐色腐朽菌、ヒトクチタケやアズマタケのような白色腐朽菌が優占するようになる。これらの中にも、線虫の増殖に適する菌とまったく適さぬ菌がいることを、表は教えている。

植物のカルス組織の上でも増殖する線虫

それでは、マツノマダラカミキリがアカマツやクロマツの若い枝につけた後食痕から樹体内に侵入した線虫は、一体何を餌にしているのだろう。これらの線虫は、侵入後しばらくの間は、主に形成層の外側、柔細胞からなる皮層部分に分布している。また、移動は主として細胞の間隙にできた樹脂道を利用している。この樹脂道を取り巻くように、「エピセリウム細胞」と呼ばれる樹脂分泌細胞がある。線虫は、柔細胞やこれらエピセリウム細胞を摂食していると考えられている。

そのことを強く支持する証拠として、マツノザイセンチュウもニセマツノザイセンチュウも、植物のカルス細胞でよく増殖する点を上げることができる。植物のカルス組織とは、植物ホルモンを調整し添加した培地上で、切り取った植物体の一部を培養したとき、その切り口などから形成される不定形の細胞の塊のことだ。脱分化しているため当の植物の本来の特性の多くを失っているが、細胞を直接観察できるという利点があるため、多くの研究者によってさまざまな目的に用いられている。

私どもの研究室にいた岩掘英晶（いわほりひであき）君（現・農水省九州農業試験場）は植物をこよなく愛する男で、それだけに植物の扱いがきわだって巧みであった。彼に植物カルスの上での線虫の増殖を比較する研究を勧めたのは、そんな彼の特技を知っていたからであったが、彼は私の期待以上に、この仕事を見事にやり遂げた。

彼が使ったのは、アカマツ、クロマツ、テーダマツ、マッソニアーナマツ、それにアルファルファのカルスであるが、一種類のカルスを継代培養するだけでも大変なのに、かれは五種類のカルスを状態が揃うように育て、しかも大量に準備した。そうして準備のできたカルスの上で、これら二種の線虫の増殖の比較を行った。両線虫とも、これらのいずれのカルス上でもよく増殖した。残念ながら、その増殖パターンには用いた樹種の抵抗性の違いや両線虫の病原性の違いはあまり明瞭に反映されなかったが、少なくとも、これら二種の線虫が植物細胞、なかでもマツ類の生細胞を摂食して増殖できることを証明するには充分なデータとなった（Iwahori and Futai 1990）。

カルス上での増殖試験が示すように、この線虫はマツ樹体内に侵入後しばらくは、その柔細胞やエピセリウム細胞などの生きた細胞を餌に増殖しているにちがいない。しかし、やがてそのマツが異常になり枯死すると、たちまち青変菌に代表される木材劣化菌が

ら見いだされ、植物性血球凝集素と呼ばれたこともある糖結合性のタンパク質である。レクチンは動植物細胞表面に分布する糖鎖と結合することにより、これら細胞を凝集させるが、この時それぞれのレクチンの種類によって結合する糖の種類に特異性があるため、何種類かのレクチンを用いれば、ある細胞の表面糖鎖を特定できる。さらに、蛍光標識物質が結合しているレクチンを用いれば、表面の蛍光によって結合しているかどうかを確認できるというわけだ。

二種の線虫の卵表面の特性を比較するのには、D-マンノースやグルコースと結合するコンカナバリンＡ、ＮアセチルグルコサミンとСнкする小麦胚芽レクチン（ＷＧＡ）、ＮアセチルＤガラクトースアミンやガラクトースと結合するダイズレクチン（ＳＢＡ）の三種を用いることにした。このうち、コンカナバリンＡはどちらの線虫の卵ともよく結合し、違いを見いだすことはできなかったが、ＷＧＡについては違いが見られた。マツノザイセンチュウの卵はＷＧＡによく結合し、蛍光を発したが、ニセマツノザイセンチュウの卵はほとんど結合しなかった。やはり、両種の線虫の卵の表面物質に違いがあるらしいのである（Fukushige and Futai 1985）。

侵入してくる。これらは樹木が枯死すると一番最初に現れる一群の菌類で、腐朽菌とは異なり木材のセルロースやリグニンのような細胞壁成分は利用できず、細胞質中にわずかに含まれるデンプンや糖類、アミノ酸、タンパク質を栄養源とする。マツノザイセンチュウはこうした菌類を餌にすることにより繁殖を確実に行える。

卵表面比較

マツノザイセンチュウの卵の表面に粘着性があったおかげで大量の卵を集めることが可能になり、発育や増殖の研究がうまく行くようになった。この性質はニセマツノザイセンチュウにもあり、この線虫についても同じような操作で生育特性を調べることができた。しかし、ある時、ふだん使っているガラスシャーレの代わりにスチロール製のシャーレを使ったところ、その底に集めた卵の様子がマツノザイセンチュウと違うのである。マツノザイセンチュウの卵はガラスシャーレの場合と同じように、スチロールシャーレの底に粘着しているのだが、ニセマツノザイセンチュウの卵はあまり接着性が良くない。どうやら、この二種の線虫の卵の表面の性質には違いがありそうなのだ。粘着性の違いを説明するような表面構造の違いがあるのではないか。走査電子顕微鏡で調べても、これら線虫卵の表面は平滑で、その粘着性を説明するような違いはない。どうやら、もっと化学的なレベルの違いが両種の卵の表面には存在しているらしい。そこで、蛍光標識物質 FITC （フルオレセインイソチオシアネート）を結合させたレクチンを用いて卵の表皮の化学的な性質を調べることにした。

レクチンというのは、最初ヒマの実の抽出液が動物の血球を凝集させることか

四　抵抗性のメカニズム

枯れるマツと枯れないマツ

「マツ枯れ」の病原体であるマツノザイセンチュウはマツ類にしか感染しないのだろうか。実はそうではないのだ。マツ類以外にモミ類（*Abies* spp.）やトウヒ類（*Picea* spp.）、カラマツ類（*Larix* spp.）、ヒマラヤスギ（*Cedrus deodara*）も、数は少ないが野外でマツノザイセンチュウに感染し、枯死したという報告（海老根 1980; 1981など）がある。しかし、野外で自然に感染し、多くの樹が枯れたという例は、アカマツ、クロマツなどマツ類（マツ属）樹種にほぼ限定される。では、なぜ野外ではマツ類にだけに「マツ枯れ」が発生するのだろう。

それは、病原体であるマツノザイセンチュウの寄主樹木への侵入経路がマツノマダラカミキリの後食痕であるということを考えれば明らかである。

発病の前提条件として、マツノマダラカミキリがその樹を後食する必要がある。野外でこのカミキリ成虫が後食するのが確認された樹種はマツ科樹種だけである（前出のヒマラヤスギは、「スギ」の名はついているが、れっきとしたマツ科の植物である）。しかも、このカミキリが主に活動する平地から低山に林分として分布するマツ科樹木はアカマツやクロマツなどマツ属樹種だけだ。

マツノマダラカミキリの寄主樹種であるためには、成虫が摂食対象として選好するだけではなく、産卵も行えるということが条件に含まれる。つまり、彼らは次世代の幼虫が生育し、摂食できる餌資源でもある樹種を選んで産卵対象木としている。

このようにマツノマダラカミキリ成虫の摂食対象木で、かつ産卵対象木でもある範囲に樹種を限定すると、マツ属各種、トウヒ類、モミ類、カラマツ、ヒマラヤスギなど、マツ科の樹木だけが残り、これらの樹種だけが「マツ枯れ」に感染する可能性があるということになる。したがって同じ針葉樹でも、マツ科以外のスギやヒノキが枯れる恐れはない。それでは、もし人の手で無理矢理マツノザイセンチュウをスギやヒノキに接種してやればどうなるのか。これは、病原線虫発見後、清原・徳重（1971）の手でただちに実施され、日本における主要植林樹種であるこれら二種の針葉樹が「マツ枯れ」には安全であることが明らかにされたことはすでに紹介した。

抵抗性とカミキリの好み

清原と徳重は、一九七〇年に実施した周到な接種実験の中ですでに、マツ属樹種の間に「マツ枯れ」に対する抵抗性に明瞭な差があることも明らかにしていた。しかし、ある樹種が野外でも抵抗性であるか否かは、そのマツ属樹種に対するマツノマダラカミキリの後食選好性に支配される。したがって、野外で枯れないマツ属樹種がある場合、マツノマダラカミキリが後食しないのかもしれないし、あるいはカミキリが後食して線虫がその傷口に侵入しても、なおかつ枯れないのかもしれない。

京都大学付属演習林の白浜試験地には北米のフロリダ半島原産のスラッシュマツの人工林が、自生のクロマツ林と隣接して存在していた。激化する「マツ枯れ」のため、この自生のクロマツ林は次第に枯損が進んでいたが、スラッシュマツの方はほとんど枯れない。そこで、このクロマツとスラッシュマツから任意に枝が集められ、マツノマダラカミキリの後食痕の数が調べられた。すると、両樹種の枝にはほぼ同じ密度の後食痕が見つかった（古野・上中 1979）。マツノマダラカミキリは隣接する二つのマツ樹種に同じ頻度で訪れ、後食をしていたことがわかる。つまり、マツ属内の樹種間に存在する「マツ枯れ」に対する抵抗性の差は、カミ

激害をこうむり枯死が進むクロマツ林（撮影：古野東洲）
隣接する同じマツ属のスラッシュマツ林（左奥）は健全なままだ

キリの後食選好性によって決まるのではなく、病原線虫そのものに対する反応の違いとして説明できることを示している。

接種試験が教えるもの

線虫の研究を進めようと大学院に進学した私は、森林総合研究所関西支所の樹病研究者、田中潔さんから「マツ枯れ」に関する一つのアドバイスを受けた。それは、マツ属の「マツ枯れ」抵抗性についてはまだ明らかになっていないことが多いということだった。そこで、先行研究を踏まえ、上賀茂試験地の苗圃で育苗中の各種マツの中から不要なものを使わせてもらって、さっそく接種試験を開始することにした。それは、試験地の主任で、森林保護学の専門家でもある古野東洲（ふるのとうしゅう）先生との共同研究という形で進められた（Futai and Furuno 1979）。

実験に供したのはマツ属二九種と種間雑種が一種類で、このうちメキシコなど中央アメリカの高山地帯原産のピヌス・エンゲルマニイ（*P. engelmanii*）とピヌス・

カミキリの後食痕をまねて樹皮に傷をつけ，マツノザイセンチュウを人工接種する

ルディス（*P. rudis*）、オーカルパマツ（*P. oocarpa*）の三種については、和歌山県の白浜試験地にあるものを使わせていただいた。接種には灰色カビ病菌の上で継代培養した線虫を用い、接種密度を一本当たり二〇〇〇頭になるよう調整し、懸濁液のかたちで接種した。フロリダ半島に自生するテーダマツ（*P. taeda*）と北米東部原産のストローブマツ（*P. strobus*）については抵抗性である（枯れにくい）ことが報告されていたので、一本当たり二〇〇〇頭ずつ三か所、六〇〇〇頭接種する区も設けた。接種にあたっては、野外での線虫の侵入経路である後食痕にできるだけ似せて、樹幹部に木部に達するようナイフで樹皮を剥ぎ、その部位に脱脂綿の小片を固定し、これにピペットで線虫懸濁液を注入した。線虫の接種後、二週目と五週目に樹脂調査を行った。第一部で述べたように、罹病木の最初の病徴として、樹脂分泌が減退ないし停止することが知られている。この反応は鋭敏であり、感染の有無を知るうえで極めて有用なのだ。樹脂調査は初日に各供試木の幹にナイフで小さな傷を付けておいて、翌日その傷口から

しみ出る樹脂の量を観察し、判定した。また、線虫接種後月に一〜二回の割合で病徴を観察し、病気の進み具合を追跡した。

マツノザイセンチュウ接種木では、その後の外見的な病徴発現とは無関係に、樹脂の浸出量が少なくなった。枯死という激しい病徴に至らなくとも、マツノザイセンチュウの感染により、マツ属樹種が何らかの生理的攪乱を受けていたといえるであろう。一方、外見的異常がどのように進行したかを図14に示した。この図を見ると、樹種間での枯死傾向についていくつかの特徴的な点に気がつく。一つはマツの分類群と枯死傾向に一定の傾向が読みとれることで、他の一つは一つの樹種の中でも系統間で枯損率に違いがある点である。

分類体系と接種試験の結果

マツ属は北半球にだけ自然分布し、その数は約一〇〇種類におよぶ。その分類については何人かの分類学者による異なった体系がある。これらの分類体系のうち、クリッチフィールドとリトルが一九六六年に出版した書物の中で発表した体系が、最もうまく樹種間の病徴発現の違いを反映していた（Critchfield and Little 1966）。たとえば、マツ属はピヌス亜属（二・三葉マツのなかま）とストローブス亜属（五葉マツのなかま）に二分されているが、ストローブス亜属の樹種には感受性の（枯れやすい）樹種が多かった。一方、ピヌス亜属の中では、オーストラーレス亜節やコントルタエ亜節の樹種は抵抗性（枯れにくい）であった。例えば、オーストラーレス亜節のテーダマツの場合、線虫を三倍量接種した処理木も含めて二七本の供試木中、枯れたのは三本だけであった。また、アカマツやクロマツが含まれるシルベストレス亜節には感受性樹種が集中していた。ただし、この亜節の中にはレジノーサマツ（*P. resinosa*）やニイタカアカマツ（*P. taiwanensis*）のような抵抗性の樹種も含まれている。

分類群のなかで、ストローブス亜属の樹種、つまり五葉マツのなかまは、軟松類とも呼ばれるように材質がピヌス亜属（二・三葉マツのなかま、硬松類）に比べて柔らかいという特徴がある。また、若い枝の樹皮

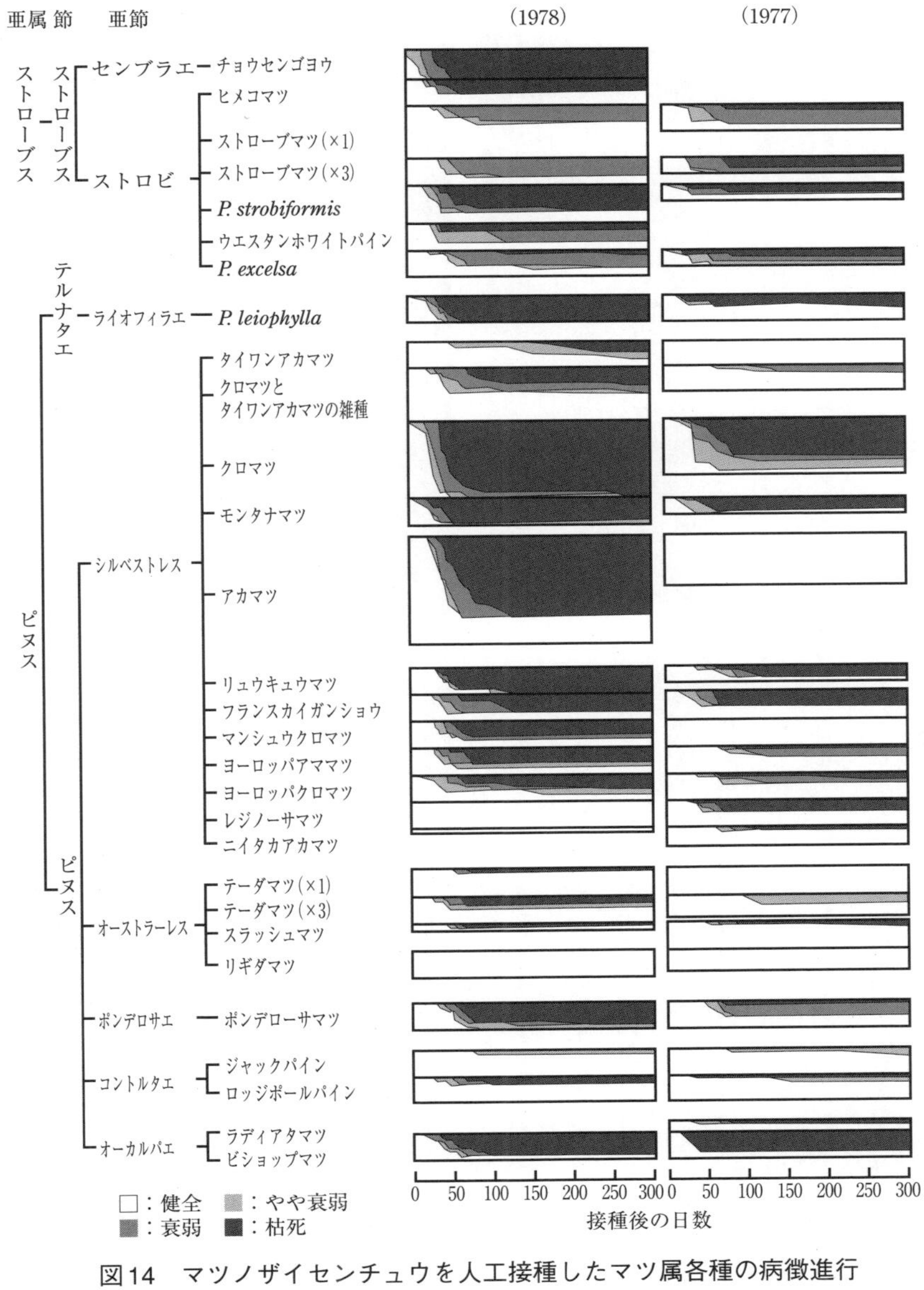

図14　マツノザイセンチュウを人工接種したマツ属各種の病徴進行

五葉マツのなかま（ストローブス亜属）には枯れやすい樹種が多く，北米産のリギダマツなどを含オーストラーレス亜節，同じく北米産のロッジポールパインなどを含むコントルタエ亜節は枯れにくいという結果が得られた

ストローブマツ（左）とクロマツ（右）の幹に現れた火傷症状

はきわめてなめらかである。そんな特徴が反映したと思われる特異な病徴を示した。それは、若い幹や枝の表面に生じた火傷状の症状で、マツノザイセンチュウ接種により、表皮内部の組織に起こっている異常を示すものと考えられる。

家系間での抵抗性の違い

マツ属各種に対する接種試験は二年にわたって行ったが、年度によりその結果が異なる種が現れた。特にアカマツでは、接種試験の結果が年度により明瞭に異なった。この樹種の場合、最初の年には二家系を用いたが、接種した合計一四本のうち、二本しか枯れなかった。ところが、翌年になって用いる家系を五家系に増やして接種試験を行ったところ、三家系ではそれぞれ七本の接種木のうち五～七本が枯れたが、二家系では七本中三本、とか、一二本中二本というように高い抵抗性を示した。

なかでも興味深い結果になったのは「浅間」という家系で、最初の年に接種したときは七本中一本しか枯死しなかったので、二年目には新たに七本に接種するとともに、前年に生き残った六本の中から五本を選び、これにも再び接種を行ってみた。すると、この年に新たに接種した樹はすべて枯死したのに、前年生き残りの五本は一本が枯死しただけであった。どうやら、この家系のばあい、「マツ枯れ」抵抗性に関して二つ以上の異なるフェノタイプ（表現型。形態的・生理的な性質）を含んでいるようである。このように、同じ樹種の中にも「マツ枯れ」に対する抵抗性（あるいは感受性）に関して異なったフェノタイプが存在する事実は、日本産のアカマツやクロマツの中から、「マツ枯れ」に抵抗力のある家系を選抜育種し、それを植林することによってマツ枯れ」に強いマツ林を造成することができる可能性があることを示唆している。

抵抗性系統育種事業

この可能性に基づいて、国を挙げての「マツ枯れ」抵抗性系統の選抜育種事業が開始されたのは一九七六年のことで、二年間をかけて西日本の一四の県の「マツ枯れ」激害林や内陸部で集団的に生残している特異林分から抵抗性候補木、合計九万七〇〇〇本を選び、一九七八年から一九八五年までの七年間をかけて、本格的な育種事業が展開された。この事業の手順を戸田の総説（1997）からかいつまんで紹介してみよう。

まず選抜された抵抗性家系の候補木から接ぎ穂を採取し、これを接ぎ台に接ぎ木してクローン苗木（遺伝的に均一な苗木）を育て、これにマツノザイセンチュウを人工接種し（一次検定）、生存率や健全率が判定された。判定の基準は抵抗性樹種のテーダマツで、この樹種と同等以上の生存率や健全率を示した個体が第一次検定合格木とされた。合格木については、再度元の親樹から接ぎ穂を採取し、二〇本の接ぎ木苗が育成され、再度線虫接種試験に供された。ただし、この回はクロマツについてはテーダマツの生存率や健全率の六〇％以上あればよいことに検定基準がゆるめられた（二次検定）。こうして接種検定を生き残った個体は、種子をとる個体として親木まで育て、種子をとってこれから育苗し、抵抗性品種として造林に供するのである。ただし、これでは育苗して種子が採れる成木まで育てるのに時間がかかるので、二回目の検定が終了し、成績の良かった場合には、その接ぎ穂を得た元の個体から直接種子を採取し、これからも育苗したうえで線虫接種検定を行い、生き残ったものを抵抗性苗という ことで造林に提供するというバイパスも用意された。結局、この事業で二回の検定に耐えたのは、アカマツで九二クローン、クロマツで一六クローンで、これらのクローンが抵抗性品種として造林に供すべく、一般に配布されるようになっている。

ここで、アカマツとクロマツの間で得られた抵抗性クローンの数に大きな違いがあることに気づかれたであろうか。しかも、二次検定ではクロマツに関してはテーダマツの生存率や健全率の六〇%以上あればよいことに検定基準を緩和したにもかかわらず、この少なさである。実際、アカマツとクロマツの間には「マツ枯れ」に対する抵抗性に明瞭な差があり、クロマツは抵抗性がかなり低い。そのことは、両種の苗を同じ苗畑に植栽したうえで一斉に病原線虫を接種した時、クロマツのほうが速やかに病徴が進行し、より多くの個体が枯死したという事実からも明らかである（Futai 1980 a）。

生き残り木が見せる成長減衰

上賀茂試験地で始めた各種マツへの接種試験はその後、演習林の白浜試験地や、農学部キャンパス内にある本部試験地へも拡大され、最初の接種試験に洩れた樹種に対する追加試験が繰り返された。そんなある日、われわれは線虫を接種しながら枯死を免れたクロマツの樹形がおかしいことに気がついた。まるで、房のようになって、針葉が梢端や各枝の先に密集しているではないか。よく観察してみると、これは接種翌年の各枝、主軸の伸長成長が著しく減退してしまったため、普通なら十分に伸長した枝に整然と並んで展開すべき針葉がその短くなった節間にかたまって展開したための姿であった。気がついてみると、その他にも生き残ったクロマツには接種翌年の伸長成長が減衰している個体が目立つのだった。さらに、調査をアカマツなど他の樹種にも広げたところ、アカマツで五〇%程度、タイワンアカマツで二〇%ほどの成長減衰が見られた(古野・二井、一九八三・一九八六)。マツノザイセンチュウを接種されたマツ属樹種の多くは、たとえ枯れなくとも一時的に樹脂分泌が少なくなるという現象を上で述べたが、ここで明らかになった成長減衰の現象も、この線虫に感染するとマツ属樹種は生理機能に異常をきたし、樹脂分泌の低下、成長の減衰などの症状を現し、抵抗性が低いとそのまま枯死にまで至ることになることを示唆しているのであろう。抵抗性と感受性の関係は、このような寄主マツの連続した生理状態のうちの一つの相としてとらえるべきであろう。

線虫に対する誘引　定着作用と抵抗性の関係

カミキリムシの虫体に潜む線虫がマツの若枝につけられた後食痕に乗り移るとき、その傷口から放出される匂いが線虫を誘引する (Stamps and Linit 1998)。しかし、抵抗性の樹種の場合は、線虫はその匂いを忌避するのではないか。マツノザイセンチュウの寄主(の匂い)に対するそんな好みによって寄主の抵抗性が制御されているのではなかろうか。そんなアイデアを確認するため、簡単な実験を試みた。

用いたのは、直径九センチのシャーレに一・五%の寒天プレートを用意したものと、クロマツの枝の表面を流水下でよく洗浄後、よく切れる剪定バサミで一センチの長さに細切した、円筒状の枝小片(セグメント)である。この二つは、私が寒天プレート上で行った多くの線虫行動実験の基本的な道具となった。

さて、シャーレの中心から三センチ離れた位置に長さ一センチ、径五ミリのクロマツのセグメントを八時間静置して、クロマツ成分を寒天プレートに染み込ませた後、セグメントを除き、プレートの中心に脱脂綿の小片を置いて、ここに三〇〇〇頭の線虫を接種する。その後、一時間ごとに六時間まで、プレートの中心からマツセグメントを静置しておいた側と、その反対側に向けて一、二、三センチの部分の寒天をコルクボーラーで合計六個くりぬき、その上にいる線虫数を数えた。すると、線虫は一時間後にはすでにクロマツセグ

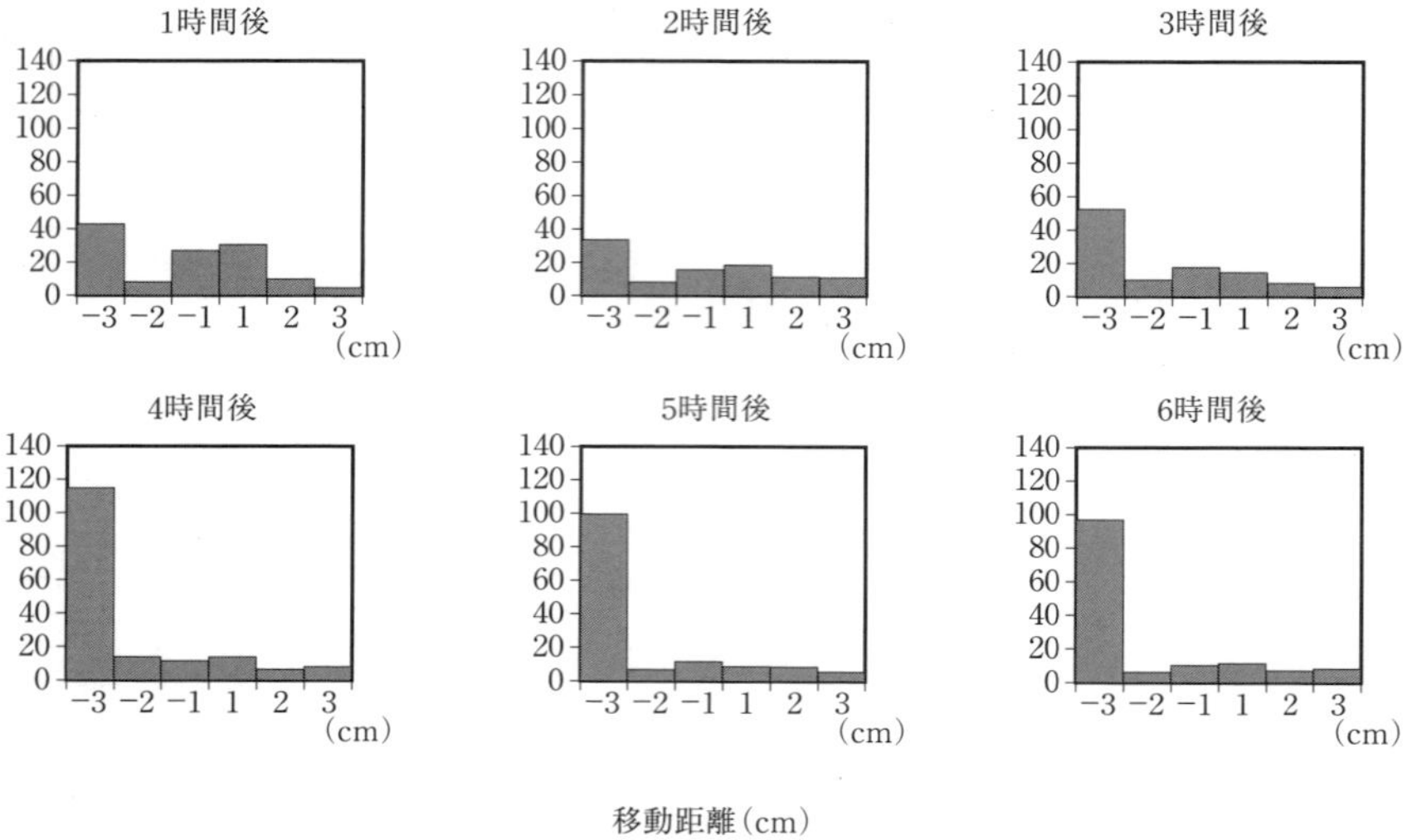

図15　クロマツ樹液への集合行動
線虫は一時間後には，3cm先のクロマツの枝を置いてあった位置に到達していた。この位置でみられた線虫の数は時間を追って増えていく。線虫はクロマツの樹液に集まるのだ

メントの置いてあった部位に集まり、四時間目まで次第にその部位へ集まる線虫の数が増えた。このように、マツノザイセンチュウはクロマツの枝の横断面から染み出る物質に集合することが明らかになった。

そこで、この実験系を使ってマツ属樹種間に見られた「マツ枯れ」抵抗性の違いを判定してみることにした。ただし、今回は中心から両方向三センチのところに、一方にはクロマツのセグメントを、他方には調べるべき樹種のセグメントを置いた。各マツの枝セグメントを寒天平板に八時間静置した後、これらセグメントを除き、プレートの中央に三〇〇〇頭の線虫を接種し、一二時間二五度で静置した後、クロマツとそれぞれの樹種のセグメントの樹液に集まった線虫の数を調べた。

調べた樹種は、マツ属の中から接種試験でさまざまな抵抗性の程度を示した八種で、比較のためにマツノザイセンチュウの影響を受けないブナ科の樹種、ウバメガシも試験に用いた。また、線虫としてはマツノザイセンチュウとニセマツノザイセンチュウを用いたが、

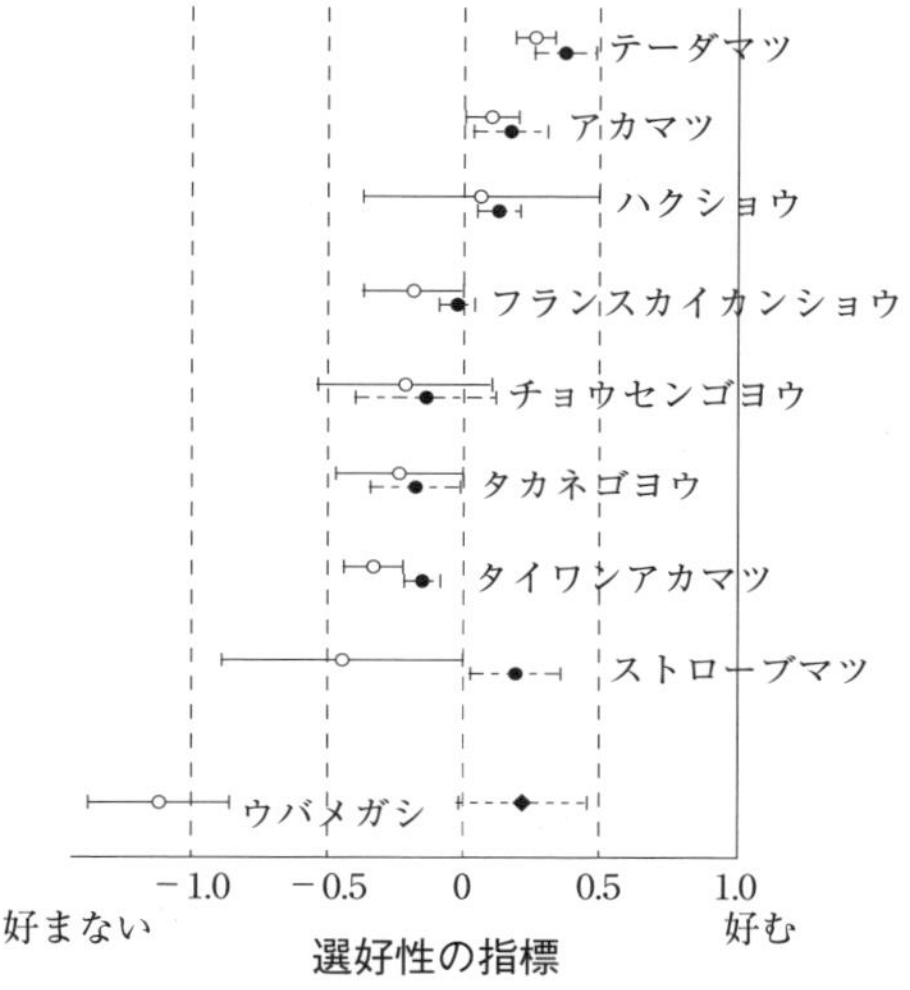

図16　マツノザイセンチュウとニセマツノザイセンチュウの選好行動

マツ属8種とブナ科のウバメガシのセグメントを用い，2種の線虫の反応を観察した。意外なことに，選好行動と抵抗性との間に関連はみられなかった。選好性の指標とは，調べるべき樹種の樹液に集まった線虫数と，クロマツのそれに集まった線虫数の比の対数である

ウバメガシの樹液に対する反応についてはマツノザイセンチュウと、この線虫に比較的近縁で、土壌中に生息する菌食性のアフェレンクス属（*Aphelenchus*）の一種の間で比較を行った。

この結果は意外なもので、強い抵抗性のテーダマツに一番多くのマツノザイセンチュウが集合するなど、この線虫の各種マツの樹液への集合行動にはそれぞれの樹種の抵抗性は反映されていなかった。ただ興味深い点は、マツノザイセンチュウとニセマツノザイセンチュウが見せた選好性は驚くほどよく似ていたという事実である。両種の間で見られた唯一の違いは、ストローブマツに対する反応で、マツノザイセンチュウはクロマツの樹液に多くが集合したのに対して、ニセマツノザイセンチュウはストローブマツに選好性を示した。

ウバメガシへの集合反応はさらに示唆的であった。すなわち、マツノザイセンチュウはウバメガシにはクロマツの十分の一しか集まらなかったが、アフェレンクス属の一種はかえってウバメガシのほうによく集ま

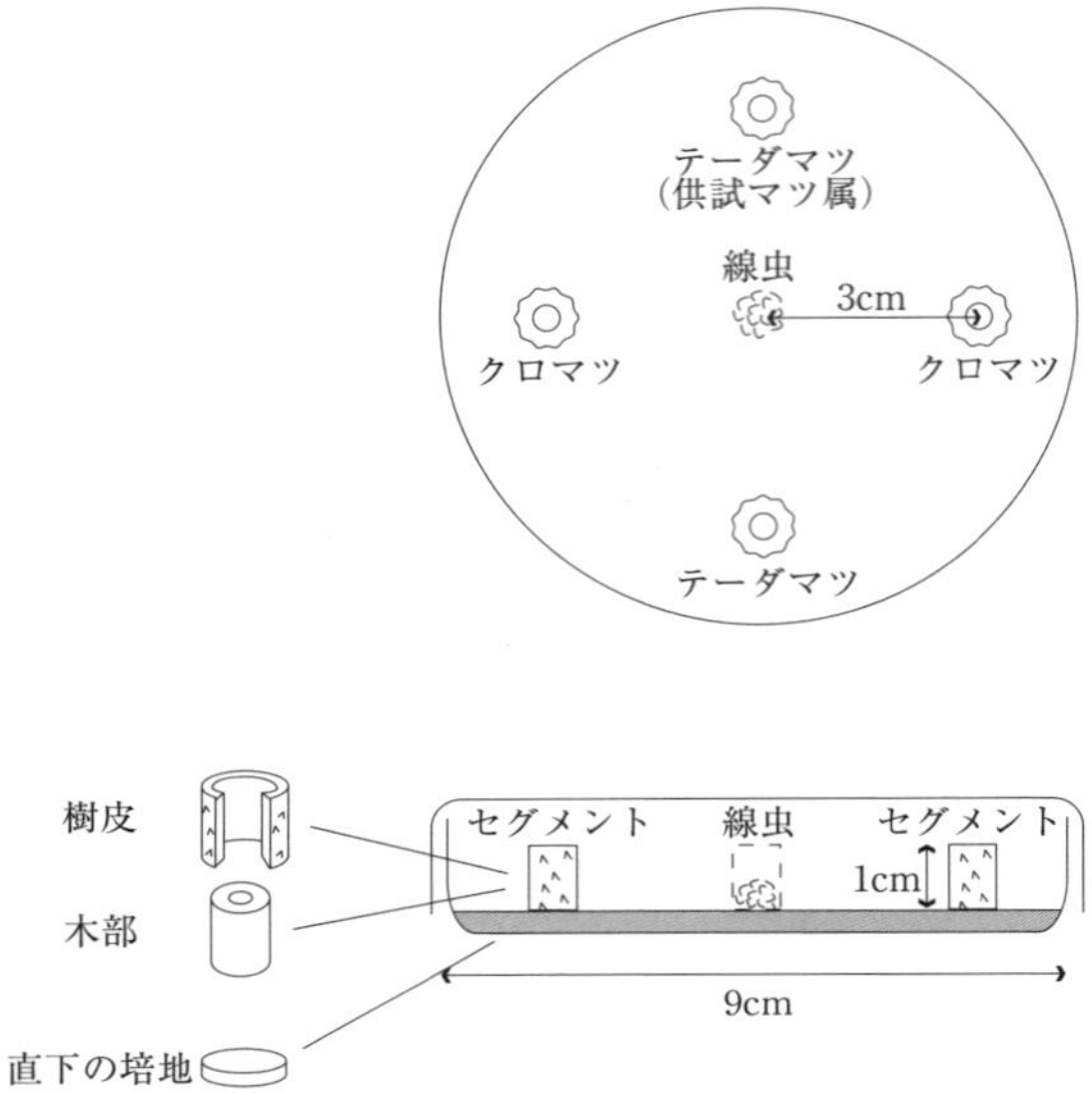

図17　線虫の集合行動・侵入行動を調べるための実験系
シャーレの中央に，線虫3000頭を含んだ脱脂綿を置く。そこから3cm離れたところに，クロマツと他のマツ属のセグメントを2個ずつ，向かい合わせになるように置き，12時間後，それぞれのセグメントと直下の培地を回収し，樹皮，木部，培地内の線虫数を調べた。これにより，線虫がクロマツともう1種のマツ属のどちらに寄っていくか（どちらを好むか），侵入できるか，できた場合どこに侵入するかがわかる

った。これらのことから、マツノザイセンチュウもニセマツノザイセンチュウもマツ属樹種の樹液に好んで集合するが、その時に見られる選好性と樹木の抵抗性の間には関係がないと結論づけてもよかろう（Futai 1980b）。

かつて、マツ類に含まれるモノテルペンの一種β-ミルセンがマツノザイセンチュウに対して強い誘引力があること（Ishikawa *et al.* 1986）やその増殖を促進する作用があることが見いだされ（Hinode *et al.* 1987）、それらの事実に基づきマツ属樹種間に存在する「マツ枯れ」抵抗性の違いをβ-ミルセンの含有量で説明しようとしたグループがある（Ishikawa *et al.* 1987）。しかし、樹液への線虫の行動を見ているとどうもそのようなことはなさそうである。

この実験で得たいくつかの結果から、寒天プレートの上での実験がかなり精度の高い結果をもたらすという自信を持った。ただ、この実験で用いた樹液は、時間が経てばその成分が揮散してしまうだろう。より自然に近づけるには、それぞれの樹の枝セグメント（直

径一センチ前後の細い枝を長さ一センチに細断したもの）そのものに対する集合性を調べる必要があるのではないか。

そこで、ひとまずクロマツとテーダマツのセグメントを用いて、寒天プレートの中心から三センチの位置に、クロマツのセグメント二個、テーダマツのセグメント二個がそれぞれ向かい合うように、合計四個を並べ、その中心にマツノザイセンチュウを接種して翌朝を待った（図17）。後食痕の状態に近いクロマツセグメントの横断面が寒天面に接しているから、テーダマツよりはるかに多くの線虫がクロマツセグメントの下に集合していることを期待した。

しかし、実体顕微鏡の下でそっとクロマツのセグメントを持ち上げて観察してみると、集合している線虫数は意外に少ない。それに比べて、テーダマツのセグメントの下にははるかに多数の線虫が集合しているではないか。予備試験とはいえ、同じ組み合わせのシャーレを一〇枚用意していた。次から次へとシャーレを検査した。多少の違いは見られたが、いずれのシャーレでもクロマツのセグメントの下に集合している線虫数はテーダマツに比べて少なかった。やはり、樹液への集合の場合と同じで、線虫はむしろテーダマツのほうに強く誘引されるということなのであろうか。それにしても、クロマツのセグメントに集まった線虫の数は少なすぎる。

マツ樹体内への侵入

何回かの試行錯誤を繰り返した。そしてあるときひらめいた。ひょっとして、クロマツのセグメントに集まった線虫はセグメントの中に侵入してしまったのではないか。テーダマツに集まった線虫はクロマツに比べて侵入が困難なため、セグメントの底にたまっていたのではないか。次にすることは簡単だ。同じようにクロマツとテーダマツのセグメントを並べ、線虫を中央に接種した後、時間を置きセグメントと寒天両方から線虫を回収し、その数を見ればよいのだ。

この予想は見事に当たった。セグメントの下に残っ

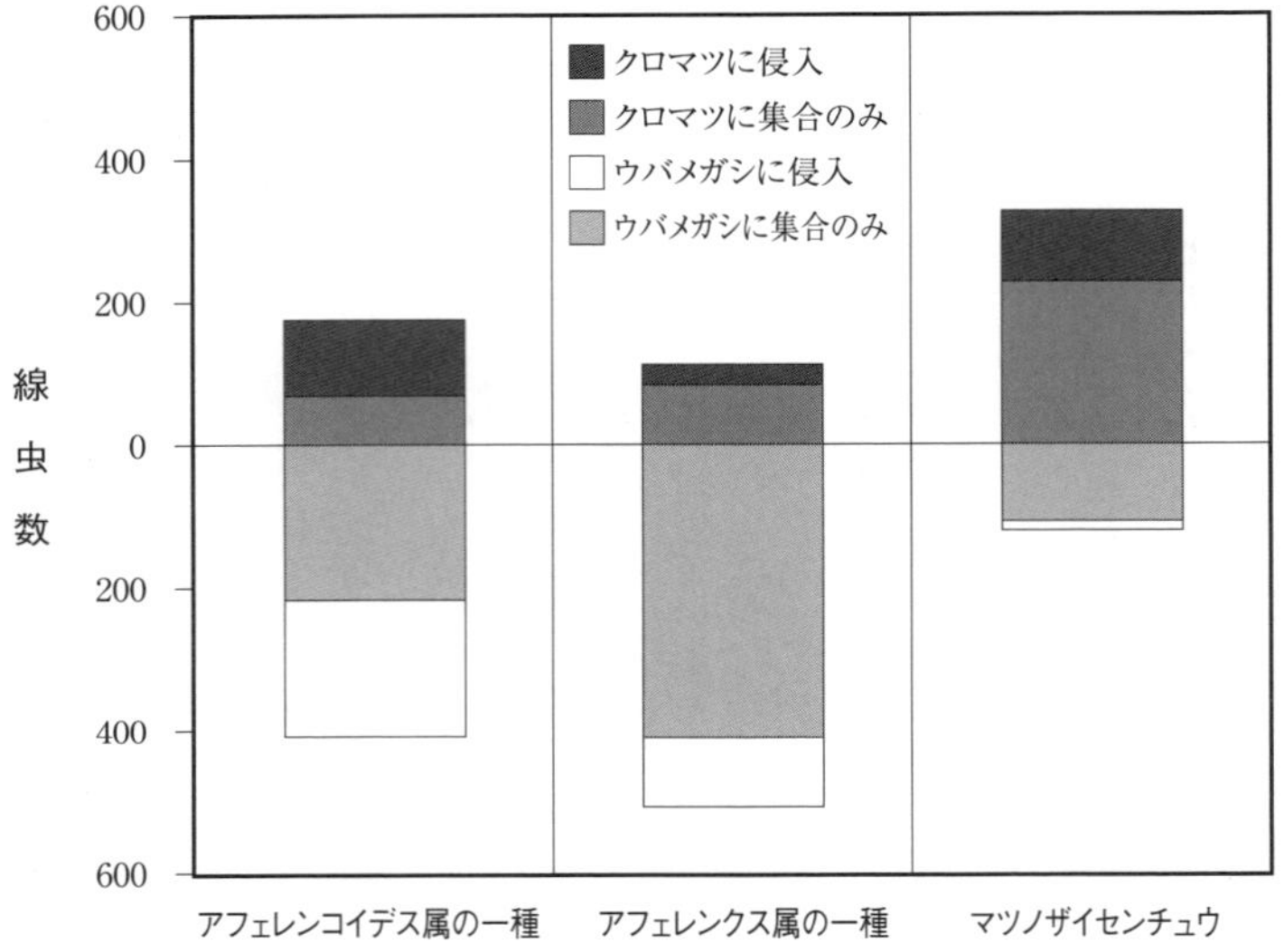

図18　マツノザイセンチュウと2種の類縁線虫の行動

た線虫数、つまりセグメントの直下の寒天から切り抜いた寒天ディスクの上の線虫数はテーダマツのほうがずっと多かったが、逆にセグメントそのものから回収された線虫数はクロマツのほうがずっと多かったのだ。その両者、つまりセグメントの下に残った線虫数とセグメントの中に侵入した線虫数の合計が、このセグメントに集合した総線虫数ということになる。そのうち内部に侵入した線虫の割合を求めれば、その樹種への侵入のし易さを求める指標になるだろう。この点について調べてみたい、あの点についてはどうだろうと、さまざまなアイデアが一時に頭に浮かんでくる。研究をやっていて、最も面白い一瞬とはこのような時なのだろう。

まず、クロマツとウバメガシのセグメントの間で、マツノザイセンチュウの集合数と侵入数を比べてみた。対照として、アフェレンクス属の一種とアフェレンコイデス属（*Aphelenchoides*）の一種を用いることにした。両種とも、マツノザイセンチュウに比較的近い、菌食性の土壌線虫である。マツノザイセンチュウはクロマツのセグメントに好んで集まり、しかもクロマツのセグメントに高い割合で侵入した。つまりこの結果は、マツノザイセンチュウのクロマツなどマツ属植物に対する親和性の高さをうかがわせる。

これに対しては、それはマツの材が線虫一般にとって構造的に侵入しやすいからではないか、という疑問が出るかもしれない。しかしそうではないことは、対照として用いたアフェレンクス属の土壌線虫とアフェレンコイデス属の土壌線虫では、クロマツよりウバメガシのほうにより多数が集まり、多数が侵入したことからも明らかであろう。

続いて、マツ属の一七種類の枝を用いてそのセグメントへの集合率と侵入率を比較した。この際、常にクロマツを対照に用いた。つまり、同じ寒天プレート上に二個のクロマツ枝セグメントと、試験すべき樹種の枝セグメント二個を並べたことになる。しかもここでは、少し丁寧に調べてみることにした。せっかくセグメントから線虫を分離するのだ。若いマツの枝の場合、樹皮と木部に分けるのは難しくない。線虫はそれぞれから別々に回収し、どちらの部位に侵入するのか調べることにしたのだ。

その結果をまとめるにあたり、最初にシャーレの中央に接種した総線虫数三〇〇〇頭のうち、それぞれの種のセグメントに何頭集まったかを比率で表し、これを集合率とした。さらに集合した総線虫数のうち、セグメントの樹皮部と木部それぞれに侵入した割合をもとめ、それぞれの部位への侵入率とした。x軸（横軸）上に集合率、y軸（縦軸）上に侵入率をとった座標上にそれぞれの樹種について求められた値を樹皮部と木部を別々にプロットした。実験は六月と九月に行ったが、ここでは六月の、樹皮部のデータだけを示した（図19）。

この図では、それぞれの樹種のデータは縦に長く並んでいる。これは、集合率は樹種間であまり大きなばらつきはないが、侵入率に関しては大きな違いがあることを示している。ところが、九月に同じような調査をしたときは、各樹種のデータは座標上に横に大きく広がって分布するようになった。つまり、九月になる

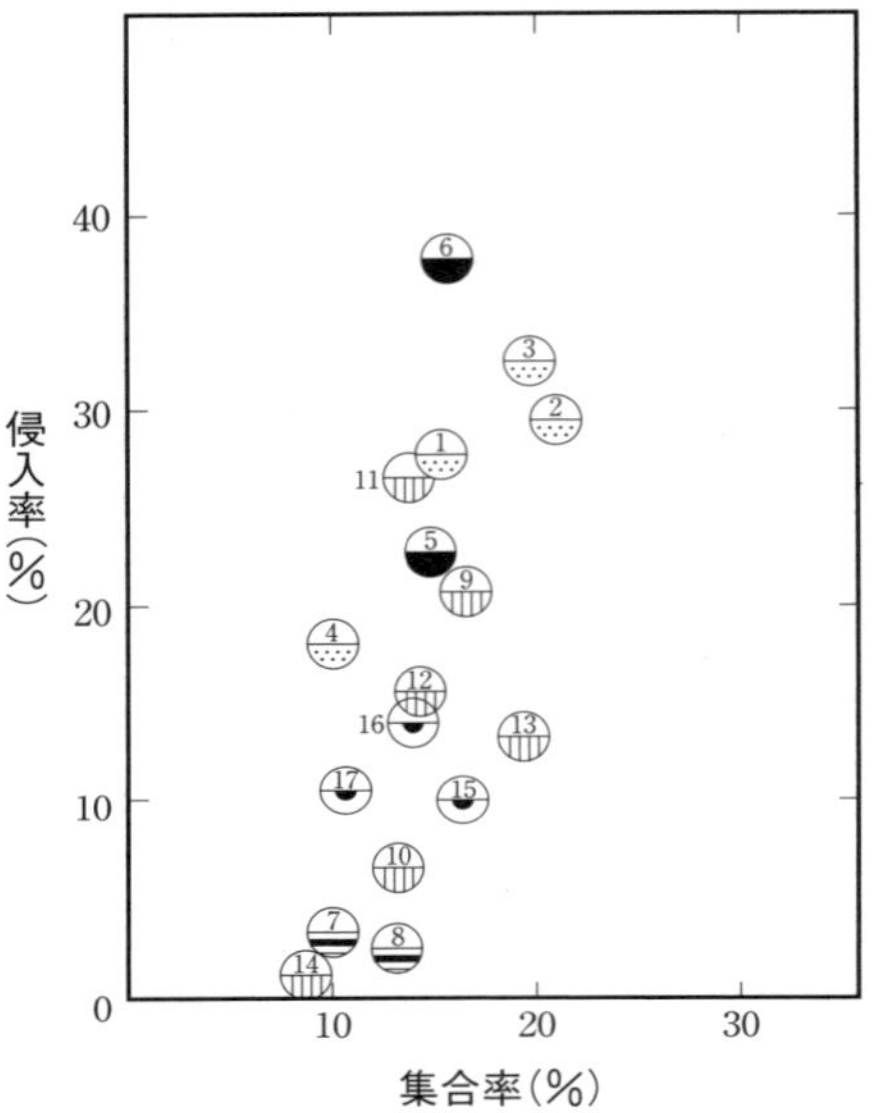

図19　マツ属のセグメントの集合行動と樹皮部への侵入行動
記号中に示された番号は、それぞれ以下のマツの種類を表す。1：チョウセンゴヨウマツ、2：ストローブマツ、3：キタゴヨウ、4：ヤクタネゴヨウ、5：マキシマルツィネッツィマツ、6：ハクショウ、7：ロクスブルギイマツ、8：イタリアカサマツ、9：ヨーロッパクロマツ、10：ヨーロッパアカマツ、11：クロマツ、12：フランスカイガンショウ、13：アカマツ、14：リュウキュウマツ、15：テーダマツ、16：スラッシュマツ、17：パツラマツ。同じ記号で表されたマツの種は、同じ分類群に属し、系統関係が近い。

と、六月に比べて侵入率は樹種間での違いが小さくなるが、集合率は樹種間差が大きくなったことを示している。そして、これらの実験から、マツノザイセンチュウの集合行動や侵入行動を制御しているマツ属樹種の化学成分についていくつかの重要な性質が明らかになった。それは次のように整理できる。

マツノザイセンチュウの集合行動と侵入行動を制御しているマツ属樹種の成分は、

① 樹種間で異なるが、分類系統上近い関係にある樹種どうしでは類似するらしく、マツノザイセンチュウは同じように反応する（図19の座標上で互いに近くに分布する）。
② 樹皮部と木部の間で線虫の侵入行動は異なる。
③ 季節の間で変動する。
④ 二つは、互いに別の物質に違いない。

さらに重要なのは、六月に樹皮部あるいは木部へのマツノザイセンチュウの侵入率が高い樹種は、全般に「マツ枯れ」に対して感受性が強く枯れやすい樹種である点である。このことは、マツザイセンチュウがマツノマダラカミキリが若枝につけた後食痕から樹体内へ侵入するとき抵抗がはたらき、その大きさでその樹種の抵抗性がある程度説明できることを示唆している。

侵入におよぼす線虫の密度の影響

しかし、ここで問題が出てくる。これらの実験では用いた線虫密度は三〇〇〇頭に統一されている。しかし、野外でカミキリに運ばれる線虫の数はゼロから二〇数万頭までと大きな変異がある。侵入のしやすさに、この密度が関係するかもしれない。そこで次の実験では、シャーレの中央に接種する線虫密度を、一六〇〇、二五〇〇、四〇〇〇、六三〇〇、一万頭の五段階に変化させてみた。用いたのはクロマツ、アカマツ、地中海沿岸に分布するフランスカイガンショウ、テーダマツ、ストローブマツの五種類だ。これらの樹種の直径七〜九ミリほどの太さの若い枝から長さ一センチのセグメントを作り、寒天プレートの中央から三センチ離したところに二個、向かい合うように並べる。これまでの方法とほぼ同じだ。違うのは、プレート中央に接種する線虫密度が五段階に幅を持たせてある点だ。接種後、一八時間・二五度で静置し、線虫を樹皮と木部から別々に分離する。もちろん、セグメント直下に集まり、侵入できなかった線虫も回収した。セグメントに集合した総線虫数を横軸に、それぞれの部位に侵入した線虫数を縦軸にとって、座標上にプロットした。しかし、この実験では接種密度が一六〇〇〜一万頭と大きな幅があるので、座標は対数座標になっている。

この実験では、実際にはマツノザイセンチュウとニセマツノザイセンチュウを用いて、それらの集合、侵入行動を比較した。また、五種のマツについてはそれぞれの樹種の樹皮部と木部への侵入率を別個に求めた。しかし、そのすべてを紹介するのはあまりに煩雑である。ここでは、マツノザイセンチュウがこれら五種の樹種の樹皮部にどのように侵入したかという点に絞って話を進めよう。

求めたデータは、座標上にプロットした。もちろん、接種密度が多くなると集合線虫数は多くなり、樹皮部への侵入数もそれにともなって多くなる。したがって、

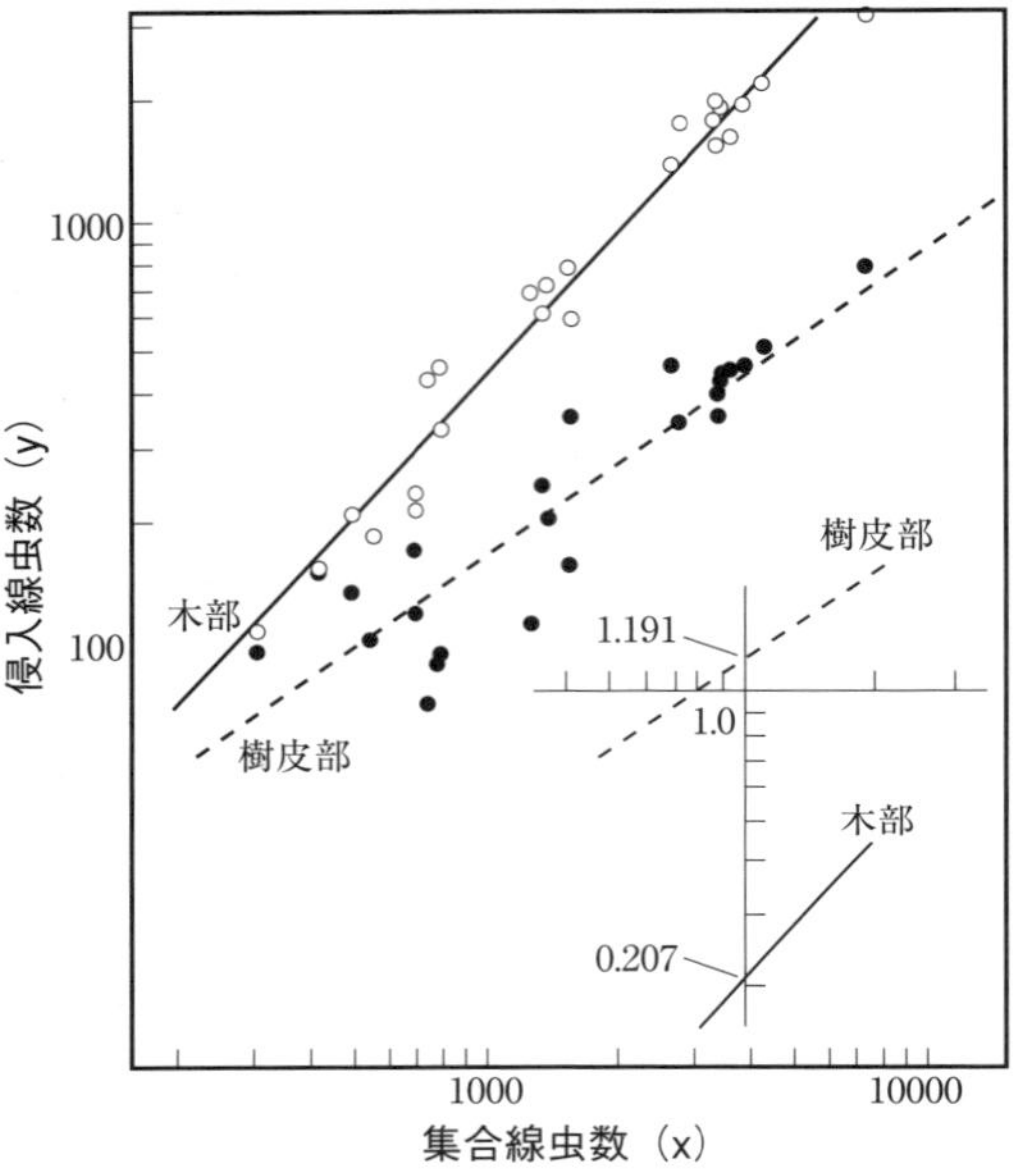

図20　集合線虫数と侵入線虫数の関係

どの樹種の場合もデータは座標上で左下から右肩上がりに並ぶことになる（図20）。これらのデータを直線に回帰してみると、この直線からいろいろな情報を読みとることができる。少し理屈っぽくなるがおつきあい願いたい。

この直線がy軸と交わる点（y切片）の値は、線虫一頭が侵入するときの侵入率、つまり密度の影響とは関係のない、この種本来の侵入のしやすさを表すものと考えることができる。つまり、この値が一より大きければマツノザイセンチュウはその樹種の樹皮部には自由に侵入できる。ところが、この値が一よりも小さければ線虫は侵入時に抵抗を受けることになる。

興味深いことに、樹皮部について求めたこの値は、用いた五種類の樹種のうち、抵抗性のテーダマツで最も小さく（〇・三）、感受性のクロマツでは比較的大きな値（一・八）になった。念のため、他の三樹種の樹皮部について求めたy切片の値はアカマツで一・五、フランスカイガンショウで一二・五、ストローブマツで三・七となり、フランスカイガンショウやストロー

表14　5種のマツの樹皮部へのマツノザイセンチュウの集合数と侵入数の回帰直線

マツの種類	y 切片の値＊	回帰直線の傾き＊＊
クロマツ	1.80	0.67
アカマツ	1.48	0.66
フランスカイガンショウ	12.47	0.28
テーダマツ	0.30	0.72
ストローブマツ	3.71	0.52

＊：線虫１頭が侵入するときの侵入率（密度が作用しない本来の侵入率）
＊＊：集合密度（接種密度）が侵入率に及ぼす影響（本文参照）。

ブマツでの大きな値が気になる。

しかし、ここでこれら回帰直線の傾きを考慮すると、侵入率についてもう一つの点が見えてくる。対数座標上で回帰したので、この直線の傾きは次のように解釈することができる。例えば、一〇〇頭集合した線虫のうち一〇頭が侵入したなら、侵入率は一〇％となり、一〇〇〇頭集合した線虫のうち一〇〇頭が侵入したなら、やはり侵入率は一〇％となる。この二つの値を対数座標上で結べば、傾き一の直線になる。つまり、回帰直線の傾きが一ならば、集合密度にかかわりなく、侵入率はいつも同じになる。もし密度が多くなるほど侵入率が下がればこの傾きが一より小さくなり、逆に密度が多くなるほど侵入率が上がれば、この値は一より大きくなるはずである。つまり、回帰直線の傾きは集合密度が侵入率におよぼす影響（密度効果）を表す指標なのである。この値は、クロマツでは〇・六七であるのに対し、フランスカイガンショウでは〇・二八、ストローブマツでは〇・五二と小さくなった。特にフランスカイガンショウの例では、一頭の線虫に対する侵入抵抗はまったくないが、侵入線虫数が多くなると急激に抵抗性が大きくなり、侵入率が小さくなることを教えてくれている。

このように、ある樹種のある部位へのマツノザイセンチュウの侵入のし易さを判断するためには、この二つの指標、つまり一頭の線虫の場合の侵入率と、その数が増えたときその侵入率がどう変化するのかという点を考慮しなくてはならない。用いた五つの樹種の樹

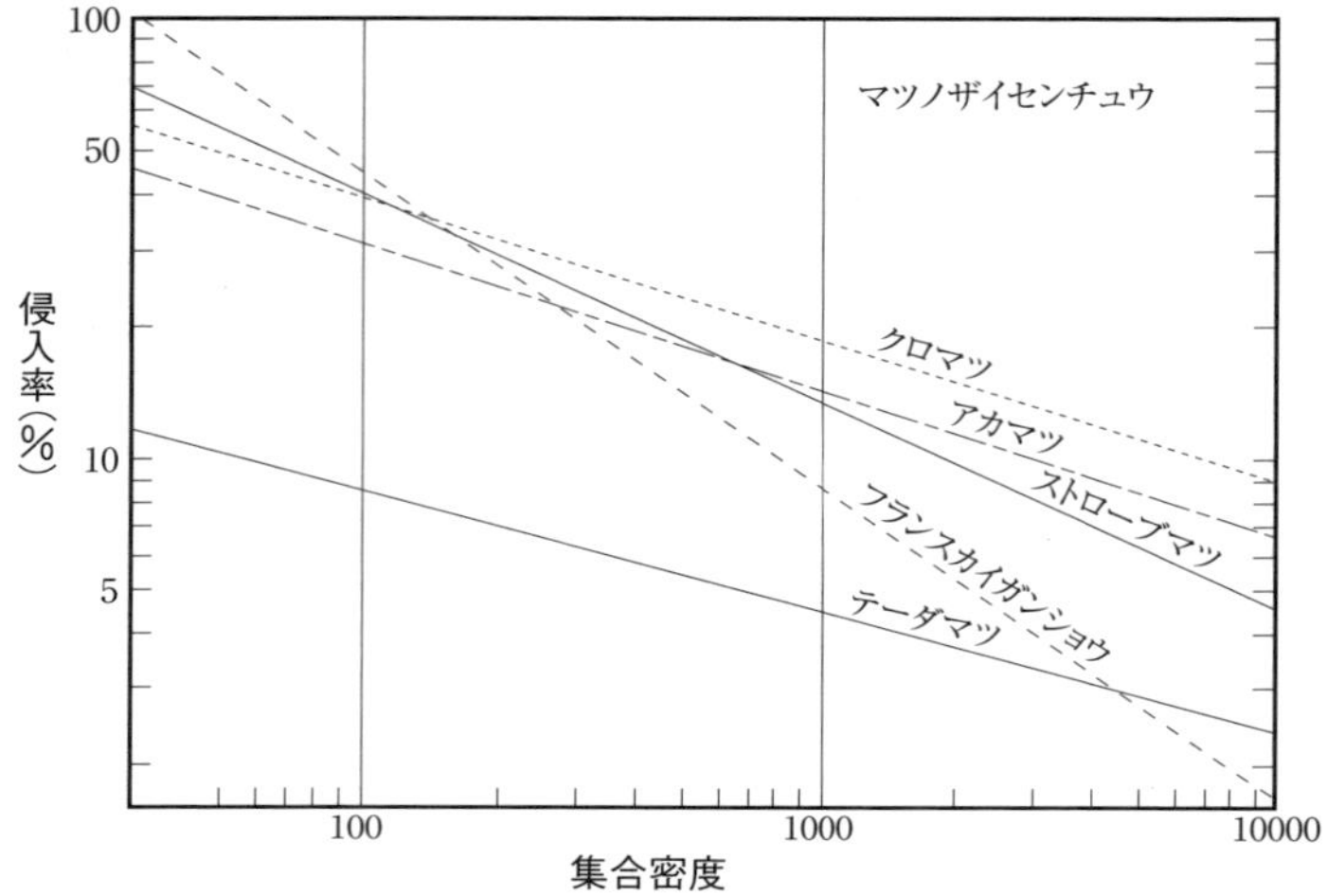

図21　線虫の密度が侵入率におよぼす影響
密度の効果は侵入する相手の樹種によって異なり，密度が高くなると侵入しずらくなるものもある

皮部に対する侵入率についてこれらの値を整理して、表にまとめておこう。集合密度（接種密度に相当する）が侵入率にどのように影響するかを知るには、縦軸に侵入数の代わりに侵入率（の対数値）をプロットすればよい。こうして、五種のマツの樹皮部への侵入率の変化を表したのが図21である。この図を見れば、マツノザイセンチュウのこれら五種のマツの樹皮部への侵入率は、集合密度が大きくなるほど低下することがわかる。また、フランスカイガンショウではその下がり方が急激なこと、テーダマツはいずれの集合密度でも侵入率が低いことなどがわかる。特に、私が接種試験で用いた二〇〇〇頭から三〇〇〇頭という密度では、クロマツ樹皮部への侵入率が最も高く、テーダマツへの侵入率が低いことが明らかになった（Futai 1985 a; b）。

集合・侵入行動を制御する物質とは？

以上の実験で明らかになったマツノザイセンチュウのマツ属各種の若枝セグメントへの集合行動と侵入行動はそれぞれ、マツノマダラカミキリが若い枝につけた後食痕への線虫の乗り移り行動と後食痕から樹体内部への侵入行動をシミュレートしている。それでは、マツノザイセンチュウの集合、侵入行動の制御因子とは何なのだろうか。季節の進行によって変化する樹皮の堅さの変化などの因子も考えられなくもないが、やはり一番に思いつくのはその化学成分であろう。

これまでマツの枝のセグメントに対する線虫の行動を調べるのに使ってきた寒天プレート上での実験系は、さまざまな物質に対する線虫の行動を調べるのにうってつけである。早速、マツの成分に対する線虫の行動を調べることにした（Futai 1979）。全体の計画は二つのパートからなる。一つは、マツのセグメントから物質を抽出し去り、残ったセグメントへの集合と侵入行動を調べる実験であり、他の一つは抽出した物質そのものへの線虫の集合行動を調べる実験である。二つの実験は相補的なものであるから、それらの結果の間には整合性がなければならない。

まず、寄主マツとしてはマツノザイセンチュウに抵抗性のテーダマツと、感受性のクロマツを用いることにした。両樹種の直径八〜一〇ミリほどの若い枝を用意し、針葉を除いた後、これを長さ一センチのセグメントに細断する。ここまでの準備はこれまで述べた実験と同じ手順である。ただ今回は、こうして用意した多数のセグメントを三つに分け、一つの処理区ではエーテルに六時間、もう一つの処理区ではエチルアルコールに同じく六時間、残りの三分の一は蒸留水に二昼夜浸漬しておいた。エーテル、蒸留水はそれぞれ疎水性の成分と親水性の成分を溶出する溶媒で、エチルアルコールはその中間的な性質がある。これらの溶媒にテーダマツやクロマツのセグメントを浸漬しておくと、疎水性の成分や親水性の成分が溶け出し、残りのセグメントからは一部の物質がなくなっていることになる。

こうして三通りの溶媒で内容物を抽出したセグメントは、すべて通風条件下で一二時間放置し、用いたエーテルやエチルアルコールを揮散させた。こうして、いずれかの溶媒で成分の一部を除去したセグメント二個と、まったく抽出処理をしていない対照セグメント二個を、それぞれ中心をはさんで向かい合うように並

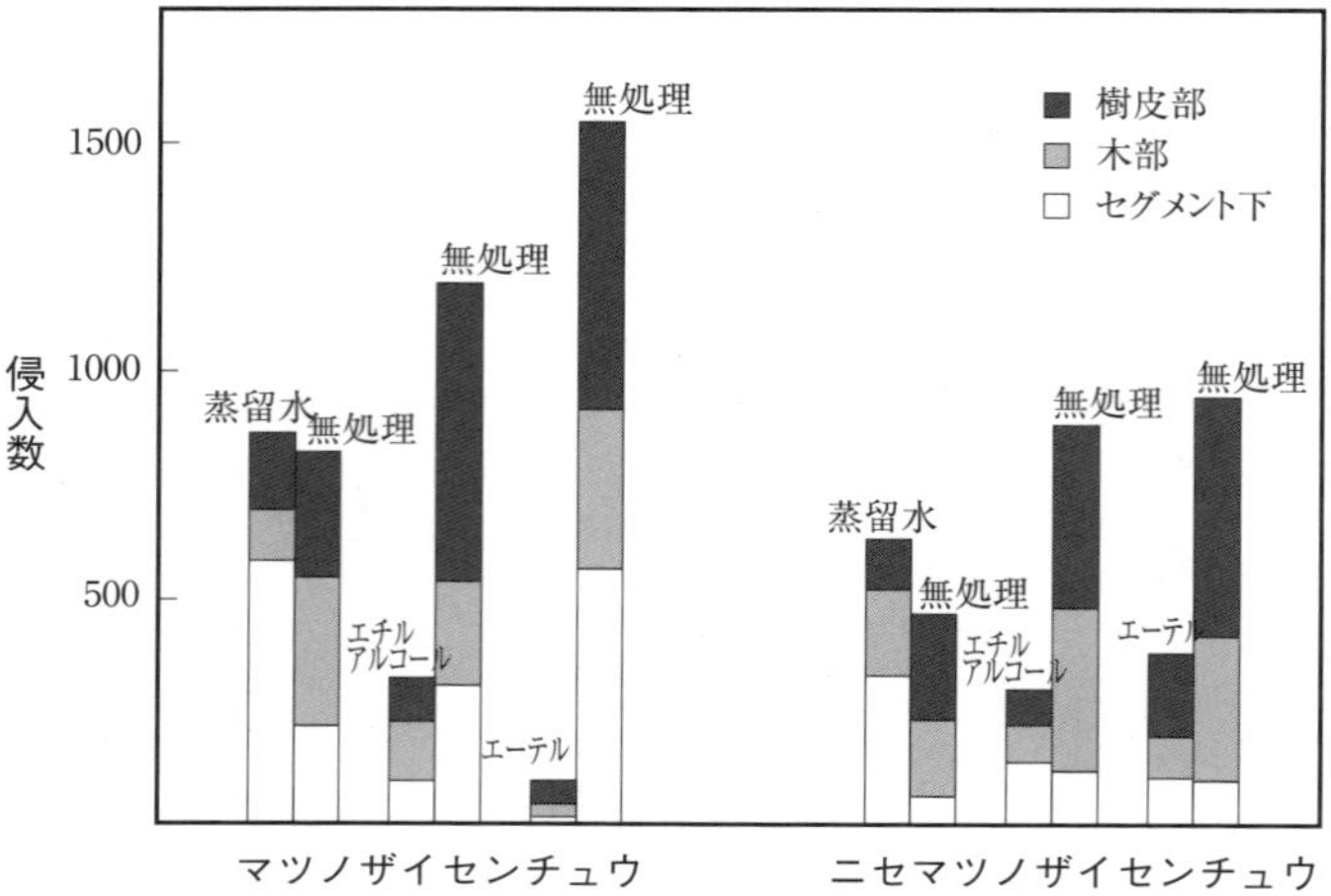

図22　成分と線虫の行動

水，エチルアルコール，エーテルに漬けて，それぞれに溶ける物質を取り除いたセグメントに対する線虫の行動を調べた。エチルアルコールやエーテルに漬けたセグメントには，線虫はあまり集まってこない。これらに溶ける物質が，線虫を誘引しているようだ

べた。さらに、これら四個のセグメントの中心に三千頭のマツノザイセンチュウを、これまでの実験で行ったのと同じ方法で接種した。二五度の温度条件で一二時間放置した後、樹皮部と、木部のそれぞれに侵入した線虫、セグメントの下に集まったまま侵入できなかった線虫、に分けて数を数えた。

この実験の結果を図22にまとめてみた。この図はいわゆる棒グラフだが、一本の棒はそれぞれ三種類に塗り分けられている。上から、樹皮に侵入した線虫、木部に侵入した線虫、セグメントに集合したが侵入できずにその底に残っていた線虫の数である。つまり、これらを合計した棒の高さは、そのセグメントに集合したすべての線虫の数を表している。それぞれの抽出処理をしたセグメントへの集合数を表す棒グラフの高さからおわかりいただけるように、クロマツの場合もテーダマツの場合も、エーテルで処理をしたセグメントへ集まる線虫の数は著しく少なくなるが、蒸留水で処理をしたセグメントへは無処理のセグメントへとほぼ同数の線虫が集合することが明らかである。また、エ

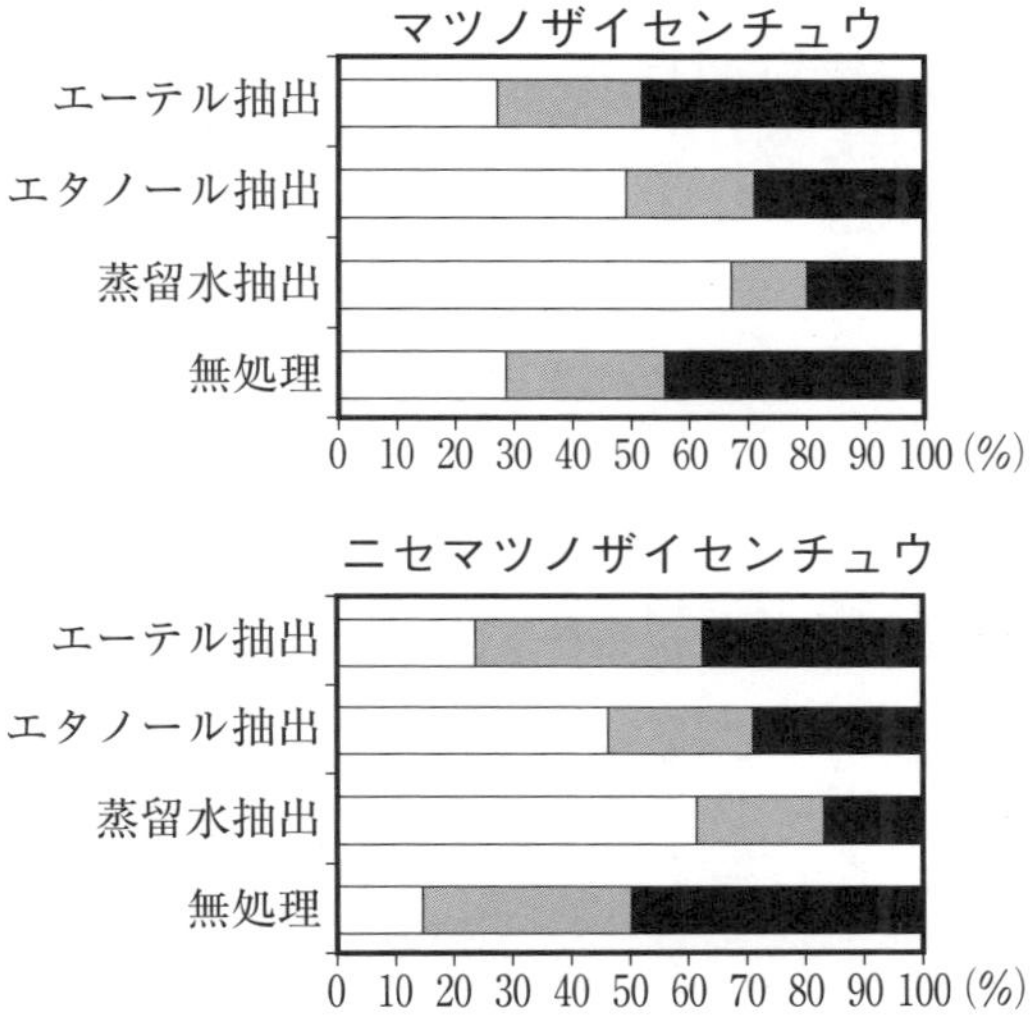

図23　成分と線虫の侵入率
水，エチルアルコール，エーテルに漬けて，それぞれに溶ける物質を取り除いたセグメントに，線虫がどれだけ侵入できるかを調べた。エチルアルコールやエーテルに漬けておいたセグメントには，線虫はあまり集まってこないが，侵入率は高い。一方，水に漬けておいたセグメントには線虫は多く集まるが，あまり侵入しない。侵入を促す物質は，水によく溶ける性質を持っているようだ

チルアルコールで処理をしたセグメントへ集合した線虫の数はそれらの中間の値を示した。

　これらの結果から次のようなことが言える。線虫をセグメントへ集めていた物質はエーテルによく溶け、エチルアルコールにもかなり溶け、蒸留水にはほとんど溶けない、つまり疎水性の（水に溶けにくい）物質で、それらの物質を失ったセグメントはそれだけ集まる線虫が少なくなった。

　次に、それぞれのセグメントに集まった線虫のうち、樹皮部と木部へ侵入した線虫の数について検討してみよう。しかし、図22のままでは、棒の高さ自体が著しく異なるから、抽出処理ごとの違いを判定することができない。そこで、それぞれの部位への侵入した線虫の数を、集合した線虫の数に対する割合（侵入率）で評価すれば、棒の高さ、すなわち集合数に影響されずに抽出処理間の比較ができるようになる。そのように結果を整理し直したのが図23である。

　この図を注意して見てみると、ただちに不思議なことに気がつく。整理前の棒グラフで見ると、集合した

線虫の数はエーテルやエタノールによる処理で著しく減少する。しかし、いったん集まった線虫がセグメントの各部位へ侵入した率は、何も処理をしていない対照のセグメントへの侵入率とほとんど同じである。一方、蒸留水で処理したセグメントには対照の無処理セグメントへと同じくらいの数の線虫が集まったが、樹皮部や木部に侵入した線虫の数はかなり減少していた。どうやら、樹皮部や木部へ線虫の侵入を促している物質は水に可溶性（親水性）の物質らしい。

上で述べたさまざまなマツ属樹種のセグメントへの集合率と侵入率を比較した実験の結果（一一八ページ、図19）は、マツ類のセグメントへの線虫の集合と侵入が別の物質に制御されることを予想していたが、ここで得られた実験結果は見事にその予想を証明するものとなった。

もう一つ、図19でテーダマツとクロマツのセグメントを比較すると、抽出処理の如何にかかわらず、マツノザイセンチュウはクロマツの樹皮部には容易に侵入するが、テーダマツの樹皮部への侵入は困難なように見える。テーダマツの場合、逆に木部への侵入が多いこと、そしてその部分に水に可溶性の侵入促進物質が存在することがうかがわれる。

物質を絞り込む

樹体への線虫の行動を制御する物質を調べる二つ目の実験は、さらに物質に焦点を絞ったものにした。溶媒で抽出成分を除去したセグメントへの行動を調べた一つめの実験では、除去した成分の作用を間接的に証明したことにしかならない。直接的な証明をするには、抽出した成分そのものへの線虫の行動を調べるしかない。そこで、二つ目の実験ではクロマツとテーダマツの枝を樹皮部と木部に分け、それらを切り刻んだものをエーテルに六時間、あるいは一〇〇ミリリットルの蒸留水に四八時間浸した。さらにこれらエーテル抽出液と蒸留水抽出液をそれぞれろ過し、そのろ液に直径八ミリの小さなろ紙ディスク（円盤）を一時間浸した後、溶媒（エーテルと蒸留水）を十分に除いた。もちろん、ここでも蒸留水にだけ浸したろ紙ディスクを用

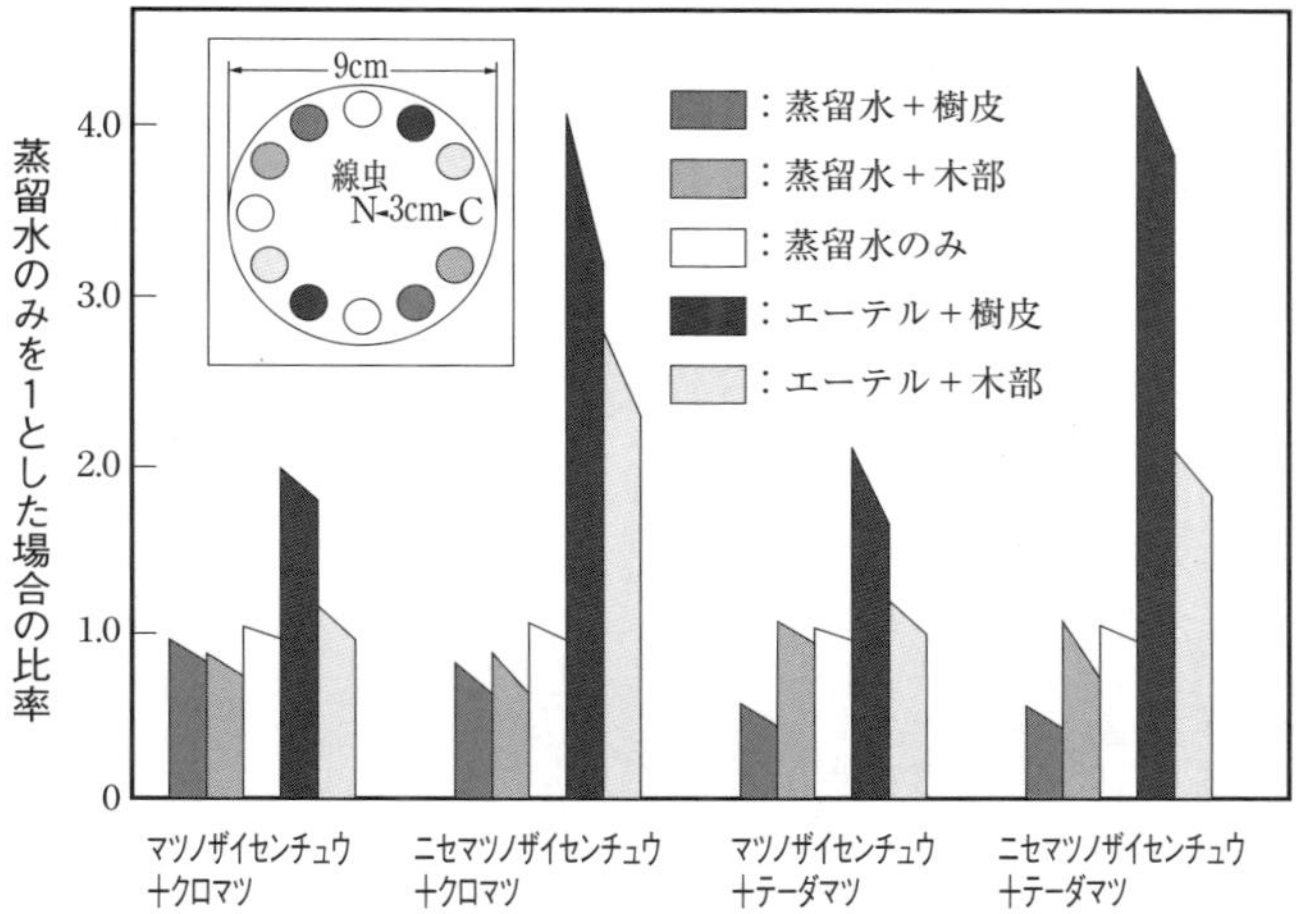

図24　マツ抽出物に対する線虫の行動を調べる

樹皮と木部を別々に蒸留水とエーテルに漬けておき，その漬け汁をろ紙に染みこませて線虫の行動を調べた。グラフは，何も漬けておかなかった蒸留水に集まった線虫の数を1とし，それとの比率を示している。抵抗性のテーダマツにも線虫が集まることがわかる

意し、これを比較用の対照とした。つまり、ろ紙に染み込ませた成分は、樹皮部のエーテルおよび蒸留水抽出物、木部のエーテルおよび蒸留水抽出物、そして対照としての蒸留水だけで処理した何も含んでいないものの五種類である。

これら五種のろ紙ディスクを図24のように寒天プレート上に配置し、その中央にマツノザイセンチュウ三千頭を接種し、一二時間・二五度の条件に置いて、線虫がどのディスクにどれだけ集まるかを調べた。結果は図に示した。この図では、それぞれのディスクに集まった線虫の数を、蒸留水だけで処理し何も含んでいないろ紙ディスクに集まった線虫の数に対する割合で示してある。

この図から、クロマツの場合もテーダマツの場合も、明らかにその木部のエーテル抽出物には多数の線虫が集合していることがわかる。このことは、エーテルでクロマツやテーダマツのセグメントを抽出処理すると（エーテルに溶ける成分を除去すると）集合する線虫の数が激減してしまった先の実験の結果とつじつまがあ

う。もう一つ、この図から興味深いことが明らかになった。それは、クロマツの場合もテーダマツの場合も、その蒸留水抽出成分に集まる線虫の数が対照のディスクに集まった数より少ない点である。

タキシスとキネシス

ここで、線虫の行動について少し説明が必要かもしれない。外部からの刺激に反応して動物が運動し、その運動に方向性があるとき、その運動を「走性」と呼ぶ。そしてさらに、刺激の種類により、化学走性、光走性、接触走性、重力走性などと呼ぶ。線虫がマツのセグメントに集まる走性は、化学走性と接触走性の二つの運動の複合したものであると考えられる。この実験で、蒸留水に浸すだけの処理をした対照のろ紙ディスクに多くの線虫が集合する行動は、化学走性というより、接触走性によるものと考えられるからである。

走性には、その運動がもともと方向性のある指向走性（トポタキシス）と、もともとは方向性なく移動しているものの運動の方向転換の頻度や度合いが変わったり（クリノキネシス）、運動の速さが変わる（オルトキネシス）ことにより結果的に定位的になる無定位運動性（キネシス）と呼ばれるものがある。マツのセグメントを置いた寒天プレートの中央に線虫を接種した後、その行動を見ていると、線虫は接種点からあらゆる方向に運動している。ところが、一定時間後に調べると、セグメントのところに多くの線虫が集合している。明らかに線虫のセグメントへの集合行動は指向走性ではなく、無定位運動性である（六六ページコラム参照）。

さて、話を本題に戻そう。接触走性のため何も含んでいないろ紙ディスク（対照）にも線虫が集合したのに、樹皮部の水溶性物質を含むディスクにはそれよりも少ない線虫しか集まらなかった。特に、テーダマツの樹皮部の水溶性物質を含むディスクには、対照ディスクに集まった線虫の数の半分ほどしか集まらなかった。これは明らかに、このディスクに染み込んだ物質、つまり樹皮部の水溶性物質に、マツノザイセンチュウが忌避する性質があることを示している。しかも、「マツ枯れ」に抵抗性のテーダマツの樹皮部にその性質が顕著に見られた。

ここで、先に述べた事実を思い出していただきたい。五種のマツ属樹種のセグメントへのマツノザイセンチュウの侵入率を調べた実験についてである。テーダマツの樹皮部への線虫の侵入率は、その他の樹種の樹皮部や木部への侵入率に比べてはるかに低い値を示していた。テーダマツが持つマツノザイセンチュウへの抵抗性は、どうやら線虫がその樹皮部に侵入しようとするときに発揮されるらしく、そのはたらきを持つのは樹皮部に含まれる水溶性成分だと言って良さそうである。その後、ベントレイたち（Bentley *et al.* 1985）も、テーダマツ水溶性成分にマツノザイセンチュウを不動化させる物質が存在することを見いだしている。

マツ属樹種間に存在する抵抗性の違いや、そのメカニズムに関する研究は、ここで一応の結論を得たように思えた。しかし、それ以外の研究の中にも未解決の点がいくつかある。たとえば、線虫のマツ樹体内への侵入を制御する物質がどのような成分なのかについては、間接的な証拠は得たが直接的な証拠を得ることができなかった。また、テーダマツの樹皮部に含まれるマツノザイセンチュウに対して抵抗性を発揮するであろう水溶性成分についても、まだその同定はなされていない。これらが解明できれば、抵抗性樹種の選定指標に使えるかもしれないし、マツ属樹種に害の少ない防除剤の開発に道が開けるかもしれない。

五　小さな線虫が巨大なマツを枯らすメカニズム

運び屋（ベクター）であるマツノマダラカミキリがマツの若い枝に付けた摂食痕から病原体マツノザイセンチュウがマツ樹の体内に侵入すると、やがてこの樹は発病し、数か月のうちに枯死してしまう。長さ一ミリほどの小さなマツノザイセンチュウのどのようなはたらきによって、大きなマツの樹が発病し急激に枯れてしまうのだろうか。「マツ枯れ」の中心テーマであるこの発病と枯死のメカニズムについては、多くの研究者がさまざまな視点から研究を重ね、多くの仮説を提唱している。ここでは、それらの仮説を整理し、できるだけ話が煩雑にならないように、私たちが考えている一つの仮説に沿って、「マツ枯れ」のメカニズムに関する考え方を紹介しようと思う。しかし、それぞれの考え方の周りには、多くの異説があることも承知しておいていただきたい。それほどにこの問題は難しく、現状はいまだ混沌とした状況を脱していないからである。

「マツ枯れ」、正式には「マツ材線虫病」に感染したマツ属樹種が発病し枯死に至る過程にはいくつかの生理現象が現れるが、まずそれらを整理し、大きく三つのステージに分けて、この病気の進行を追ってみよう。

発病初期の出来事

第一のステージは、「病徴前期」と呼ばれる発病初期の段階で、この時期には樹体内への侵入を果たした線虫のうち少数が樹体内を移動することにより、寄主組織にいくつかの変化が生じる。

マツノザイセンチュウが寄主マツの樹体内に侵入す

るのは若い枝からであり、侵入後の主な樹体内移動経路は樹皮部に分布する樹脂道である。樹脂道というのは細胞どうしのすき間にできたトンネル状の構造で、その周囲をエピセリウム細胞という分泌細胞が取り囲んでいる。マツ属の樹脂道のうち、枝や幹の中を軸方向に伸びる垂直樹脂道の直径は一〇〇～二〇〇マイクロメートルと大きく、体の幅が二五マイクロメートルほどのマツノザイセンチュウにとっては充分な広さの通路となる。また、このエピセリウム細胞の細胞壁は薄く、マツノザイセンチュウが移動した部位ではこのエピセリウム細胞が破壊され、他の柔細胞にも変性や壊死が起こる（Mamiya 1985）。これが原因となってか、マツノザイセンチュウを人工的に接種すると、比較的速やかに一時的な樹脂分泌の低下が起こり、また成熟や老化に関連する植物ホルモンであるエチレンの一時的な発生が見られる（森・井上 1986）。この時期、樹体内に侵入し移動する線虫の数はきわめて少ないが、樹体全体に分散している。

過敏感反応期

やがて初期の樹脂浸出異常やエチレン生成はおさまり、外見的には病徴の進展が停止しているように見える時期が続く。しかし、この時期に線虫の活動に対する寄主組織の過度の反応（過敏感反応）が静かに進行して、植物の色素や苦味成分、あるいは防御物質として知られているポリフェノールなどの異常代謝産物が生成され柔細胞中に蓄積し、やがて細胞は壊死し、その内容物が細胞外に放出されるようになる。これがどのようにして明らかになったかは、後で触れることにしたい。

萎凋枯死期

細胞内容物が漏出し、水分通導の場である仮導管を次第に閉塞したり、その仮導管に気泡が詰まる「キャビテーション」を起こしたりするようになる。やがて完全に水が樹冠に供給されなくなり、マツ類は萎凋・枯死する。高温、乾燥は、ここで起こる水分ストレスを介して、感染したマツを枯死に追いやることになる。福田（1997）によると、弱病原性のマツノザイセンチュウでも木部断面のある程度の部分を閉塞することがあるが、木部の最も外側に閉塞していない部分が必ず残るため、水分が通導できると報告している。

線虫分離液に色が

さて、感受性のクロマツと抵抗性のテーダマツの三年生の苗の中での線虫の移動や増殖がどのように違うかを調べるため、これらの苗に線虫を接種し、一定時間を経た後、その主軸を室内に持ち帰り、表面を水洗した後、三センチずつ五つのセグメントに切り分け、それぞれのセグメントをさらに細かく切り刻んで、小型のベールマンロートに用意された水に浸漬した。そうして一晩おいてから游出してくる線虫を数えるという操作を繰り返していた。ロートの底に敷かれたフィルターをくぐり抜けてきた線虫は、ロート内の水もろとも下のゴム管からシラキュース時計皿という小さなガラス製の容器に移し、実体顕微鏡の下でその数を数える。しかし、ある時奇妙なことに気がついた。この水が黄色く、あるいは茶色に着色しているのだ。注意してみると、感受性のクロマツでその色が濃く、抵抗性のテーダマツではその色が淡いのだ。しかも、計数の終わった時計皿をそのまま放置しておくと、クロマツセグメントからの抽出液は数日のうちにその色が黄色から濃褐色に変色する。何かが、これら抽出液には含まれているに違いない。しかもその物質は、空気中の酸素に触れて自動酸化するような物質に違いない。試しに茶色く変色した水溶液に還元剤を少し加えると、見事にその色は淡黄色に変化した。間違いなく、そこには酸化しやすい物質が含まれている。

その溶液の吸収スペクトルを調べると、波長二八〇ナノメートル付近に吸収のピークがある。ポリフェノール性の物質なら、アルカリ性にしてやるとその吸収ピークが長波長側にずれるという特徴がある。そこで、アルカリ性の水酸化ナトリウムを少量加えてみると、このピークは二九二ナノメートルまでずれることが明らかになった。

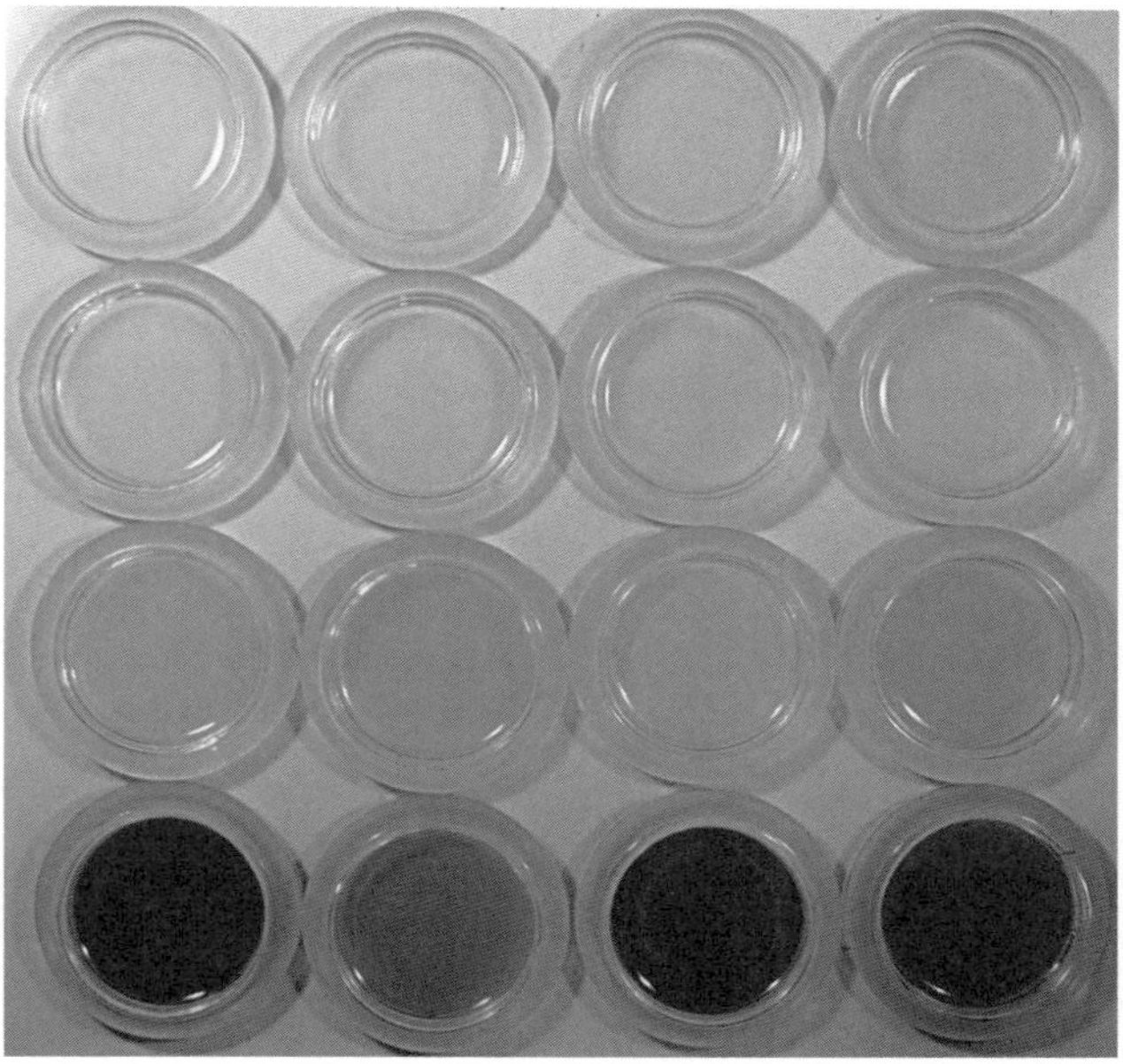

線虫分離液の色
上から，テーダマツ（抵抗性）にニセマツノザイセンチュウ（非病原性）を接種，テーダマツにマツノザイセンチュウ（病原性）を接種，クロマツ（感受性）にニセマツノザイセンチュウを接種，クロマツにマツノザイセンチュウを接種。「マツ枯れ」があらわれやすい組み合わせほど色が濃くなっている

樹体内の変化

このような化学的な性質を持つマツ属の成分として思いついたのが、縮合型のタンニンであった。それまでに、アカマツやクロマツの抵抗性との関連でポリフェノール性物質のタンニン含有量が検討されていたからである（斉藤 1970）。そこで、次にタンニン含有量の変化に的を絞って実験を始めることにした。人工的に線虫を接種してから、樹体内のタンニン量の時間的、空間的な変化を追うことにしたのだ。もちろん、方法はこれまで通りでよい。ただし今回は、同じセグメントを使ってまず線虫を分離し、その分離液を用いてタンニンの定量を行うという面倒な仕事になった。しかし、その甲斐あって、結果は興味深いものとなった（図25）。線虫接種後二週間目までは接種点付近でやや多数の線虫が見られる他は、ほとんど増殖は見られない。ところが、樹体内のタンニン量は二週間目から全体に濃度が高まり、さらにその傾向は三週間目、四週間目へと続く（二井 1984）。一方、線虫密度は三週間目になると樹

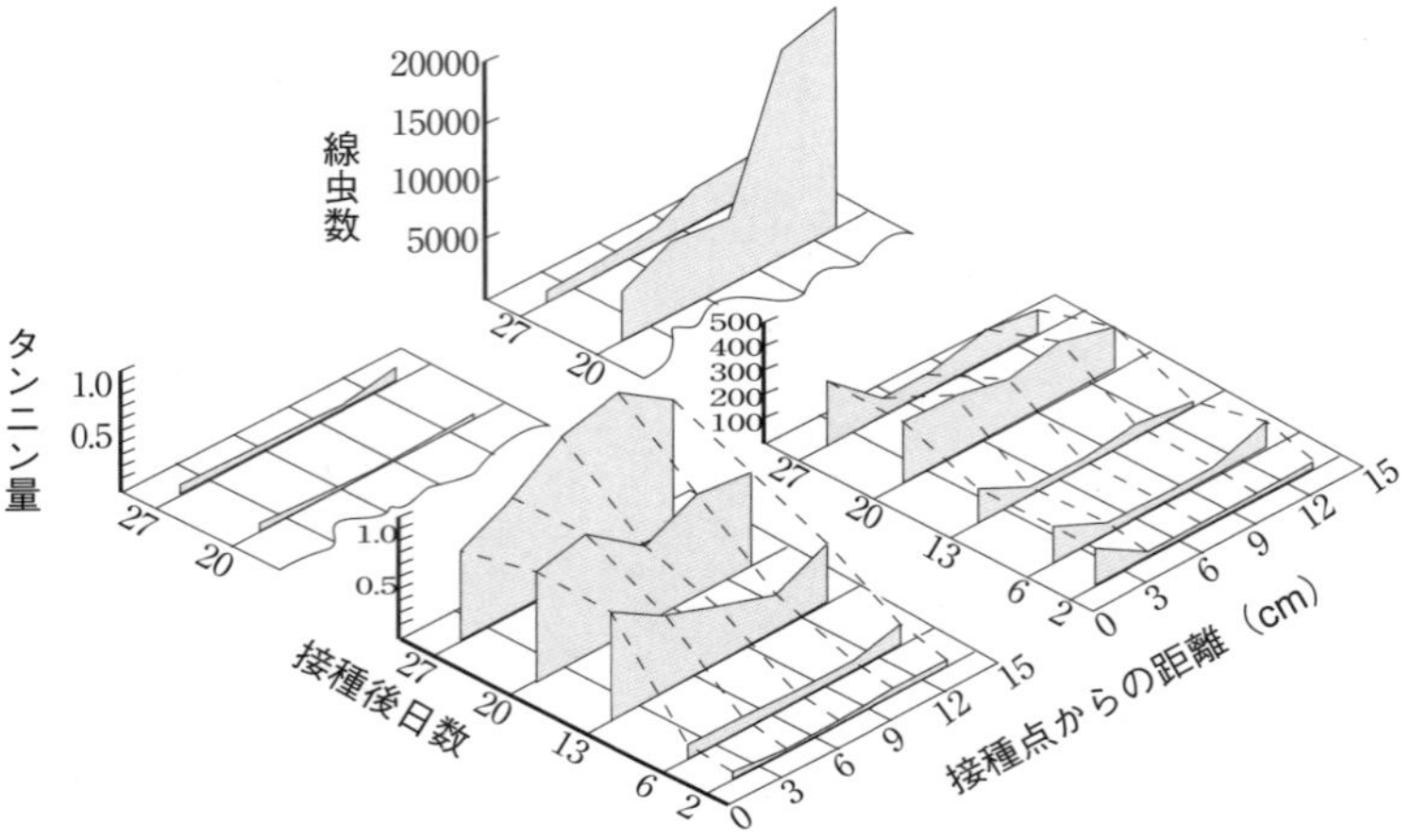

図25　クロマツ苗木主幹内のタンニン量と線虫数の変化
線虫の増加に先立ってタンニンの増加が見られる。線虫分離液の着色は，これによるものだ。いったいなぜ，タンニンはこのような増加を示すのだろう。

幹全体に少し上昇するが、四週間目になっても比較的低い値のものまである。しかし、三週目になって萎凋症状を示した個体の中では線虫は爆発的に増殖しており、逆にタンニン量はほとんど検出できないほど低レベルに下がっていた。

　このようなタンニン量の変化と線虫数の増減は何を意味するのだろう。少なくとも、タンニン量の増加が線虫数が増加したから起こったとは考えにくい。むしろ、線虫数の増加に対抗するように、前もって増加している。その量が減少すると初めて線虫数の急増が見られる点も、このような解釈を支持する。つまり、タンニンの量の変化は寄主マツ組織の枯死過程で見られる現象と言うよりは、病原体侵入に対する積極的な防御反応であるように見える。ここで、断りなく「線虫」と言ってきたのは、病原性のマツノザイセンチュウである。非病原性のニセマツノザイセンチュウを同じように接種した場合、樹幹内ではタンニン量はそれほど増加しない。それでは、マツの樹幹（苗の幹）の一体どこでこのようなタンニン量の変化が生じているのであろうか。樹木構造の専門家で、特に樹木の心材化過程の研究で実績のある野渕（のぶちただし）正博士の協力を得て、この問題に取り組むことになった。これによって、研究は意外な方面に展開することになる（Nobuchi *et al.* 1984）。

線虫の動きを時間とともに追う

マツノザイセンチュウの近縁種で、ほとんど病原性がない、ニセマツノザイセンチュウという線虫がいることを先に紹介した。両種は明らかに別種であるが、両種実験的に交雑させると、F_1 雑種ができる。また、両種ともマツ属樹種の枯死木で増殖し、カミキリのなかまを運び屋として利用するなど、その生活史には多くの共通点がある。この両種の違いを明らかにすれば、マツノザイセンチュウの病原力が何に起因しているのかが明らかになるのではないか。先にも述べたように、これが「マツ枯れ」の仕事を始めて以来の私の研究戦略であった。そこで手始めに、その動物学的な属性を比較し、いくつかの違いを検討したのだった。例えば増殖特性や、行動、卵の表面の性質などで、それらの点についてはこれまでに述べてきたとおりである。

しかしこれらの違いだけでは、両種の間に存在する病原力の違いを説明するのに充分なものではなかった。ならば、樹体内での個体数の変化と分布を比較してみよう。それが、私が次に選んだテーマであった。

野渕氏と相談しながら実施した実験は、ざっと次のようなものであった。まず、三年生ないし四年生のクロマツ鉢植え苗木の主軸（幹）のうち、当年に伸長した部分を切り落とし、残った主軸の先端の切断面に病原性のマツノザイセンチュウ、あるいは非病原性のニセマツノザイセンチュウをそれぞれ二〇〇〇頭接種した。このようにすることにより、線虫の動きを下向き一方向に限定することができる。そうして、二日、一週間、二週間、三週間、四週間後に、それぞれ接種点から下部一五センチの主軸を切断し、さらにそれを三センチのセグメント五つに切り分けた。続いて、各セグメントは縦方向にカミソリの刃で二等分し、一方を直ちに固定液に漬け、固定後、組織切片を作り顕微鏡観察に用いた。もう一方はそれぞれの部位に分布する

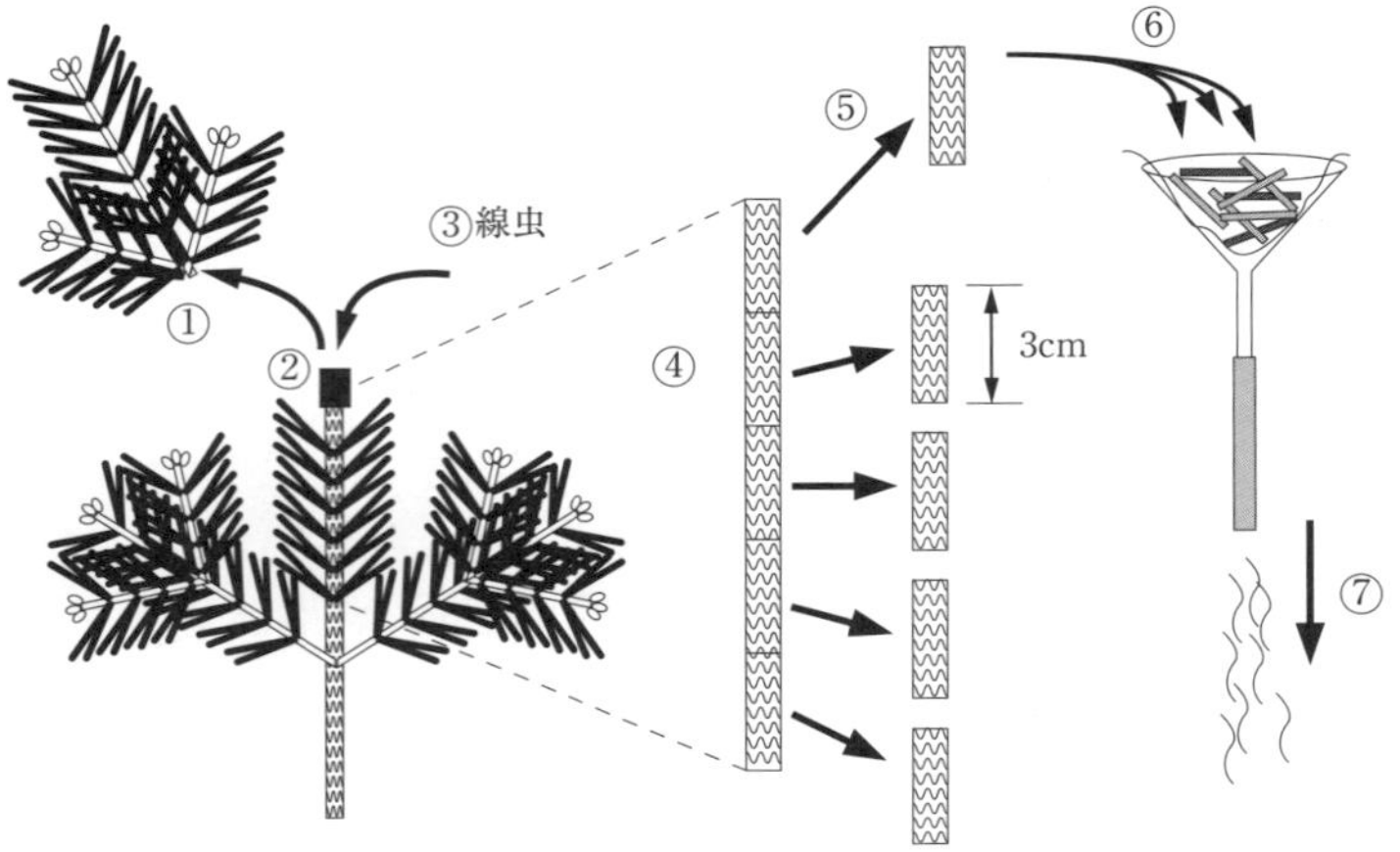

図26　樹体内での線虫の移動を調べるための手順
クロマツ苗木の頂端を切り落とし，そこに線虫を接種する。こうすれば，線虫は下方にしか移動できない。時間をおいて接種点から15センチを切り取り，さらに3センチずつに切り分け，それぞれの線虫数を調べれば，線虫がどれくらいの速度で樹体内を移動しているかを知ることができる

線虫の数を調べるために用いた（図26）。この方法により、線虫の樹体侵入後の時間的、空間的な動態が比較でき、またそのような線虫の樹体内の分布と関連させてクロマツ苗の幹部で起こっている細胞学的変化を、時間を追って、また接種点からの距離を考慮して明らかにすることができる。もちろん、組織観察は専門家の野渕氏の仕事である。

そして線虫の数を調べるためにはそれぞれのセグメントを細かく切り刻み、小さなベールマン装置にセットした。

余談になるが、ここで私が使ってきた小さなロートについて少し触れておこう。土壌中の線虫を分離することの多い植物寄生線虫の研究者は、土壌中の線虫相をいかに正確に推定するかに頭を悩ませてきた。そこで、土壌中の線虫の数を調べたり、その種類構成を調べるためのさまざまな方法が開発され、検討が加えられてきた。それぞれの方法には一長一短があるが、ベールマンロート法という簡便な線虫分離法が今も多く

の研究者に使われている。それは、まさにその方法の簡便性に理由がある。

普通この方法で土壌中の線虫を分離する場合、大きく開いた上部の直径が九〜一一センチのロートが使われることが多い。しかし、プレートの上で線虫の行動を実験する場合、小さなセグメントの樹皮部や木部だけから線虫を分離するわけだから、そんなに大きなロートは不要である。むしろ、一時に多数の試料から別々に線虫を分離することが多かったから、とにかく多数のロートが必要であった。結局、直径三センチという小さなロートが二〇個並ぶロート台を一五台揃えた。一度に最大三〇〇の試料から、別々に線虫の分離ができるというわけだ。これは、実験スペースを節約するうえでも大いに役立った。

そのうえ、大きなロートには太いゴム管をつけるため、水がこぼれないようにしっかりしたピンチコックをつける必要がある。簡単なバネ式のピンチコックでは水漏れする可能性があり、大事をとるためには高価なスクリュー式のものが必要で、コストがかかる。しかし、この問題も小さなロートを使うことにより氷解した。小さなロートには細いゴム管で充分で、その分小さな力でそれを封じることができる。結局、市販のプラスチック製の洗濯バサミのうち、バネが二つついた安価なものが、使い良さでも、水を止める効率でも、最も適当であることがわかった。しかし、洗濯バサミを一度に三〇〇個も注文したときには、研究室出入りの業者も、さすがに不思議そうにその目的を尋ねたものである。

細胞の変化

野渕氏の観察結果を要約しよう。まず、マツノザイセンチュウを接種後、比較的早い段階で木部の放射柔細胞に液胞が出現した。この液胞の出現範囲は、接種点から急速に下方に向けて広がった。組織をニトロソ反応試薬で染色すると液胞は桃赤色に染まり、この液胞の内容物の一部にタンニン様物質が含まれていることが明らかになった。まったく別の角度から明らかになっていた、マツノザイセンチュウ感染後のタンニン

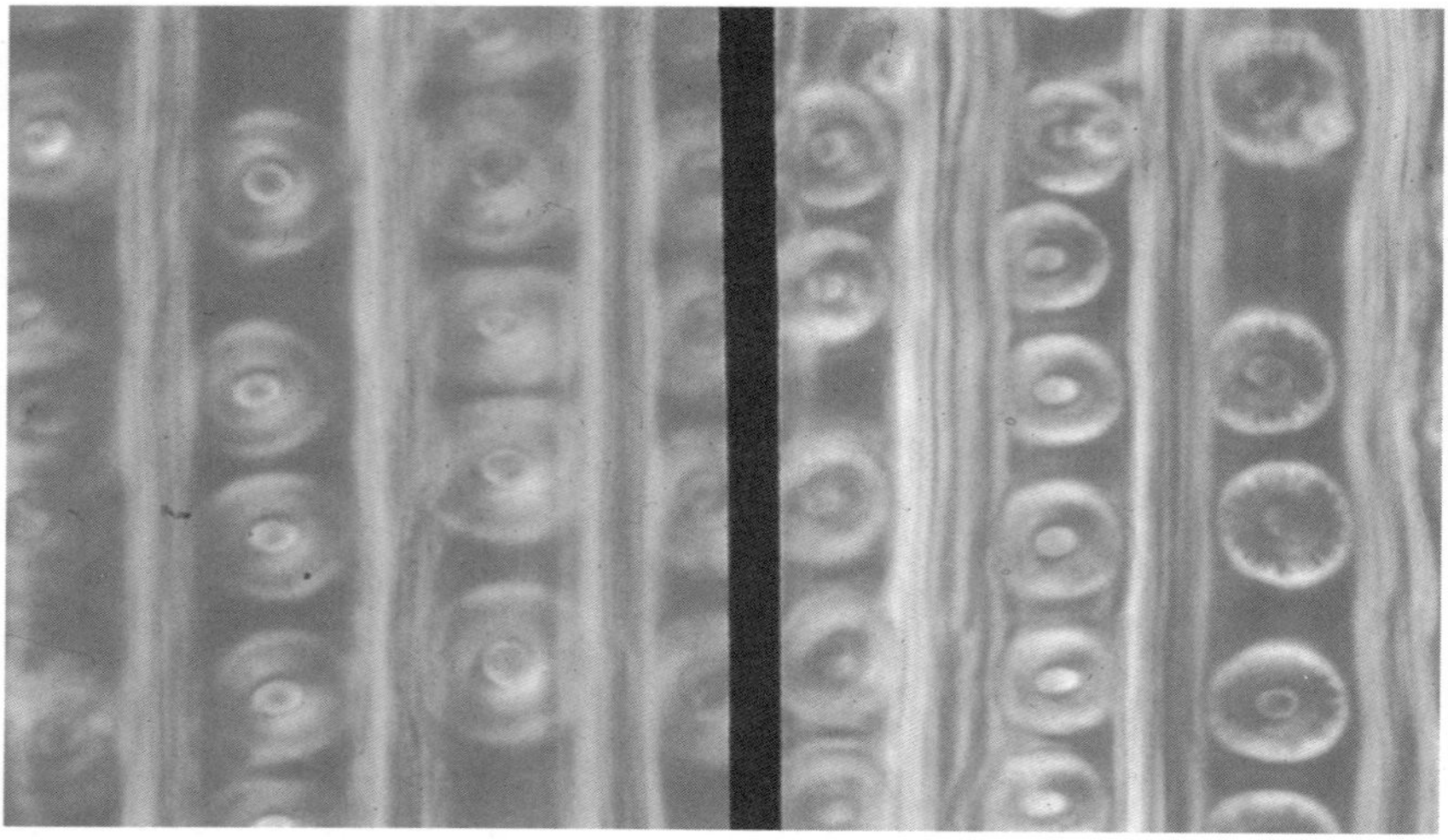

木部仮導管に並ぶ有縁壁孔（撮影：野渕正）
左：健全木。マルゴの部分が一様に見える。右：マツノザイセンチュウ接種木。マルゴの部分がぎざぎざの繊維状に見える

量の増加が、細胞学的にも証明されたことになる。この液胞は、接種後時間が経過するほど大きくなり、最後には崩壊した。こうなった柔細胞は壊死状態になっているのだろう、やがて仮導管の中に柔細胞から浸出したと思われる物質が蓄積した。

これら木部仮導管に広く広がる物質は、水分通導機能を低下させていると考えられた。そのような考えを導いたのには根拠がある。マツノザイセンチュウを接種したクロマツ苗木の主軸（幹）の柾目（まさめ）切片（樹心を通るよう縦方向に切った切片）を位相差顕微鏡で観察すると、仮導管細胞どうしを連絡する微小な孔、有縁（ゆうえん）壁孔（へきこう）が仮導管細胞の側面に無数に並んでいるのが見られるが、その様子が少々異常なのだ。健全な苗の有縁壁孔では、中心の弁構造（トールス）の周囲が均一に見えるのに、マツノザイセンチュウを接種した苗木のそれは、トールスの周囲に放射状にギザギザの線が見えるのだ。この部分には細い繊維でできた網目構造（マルゴ）があり、トールスを支えている。と同時に、この網目を通って水が下の仮導管細胞から隣接する上

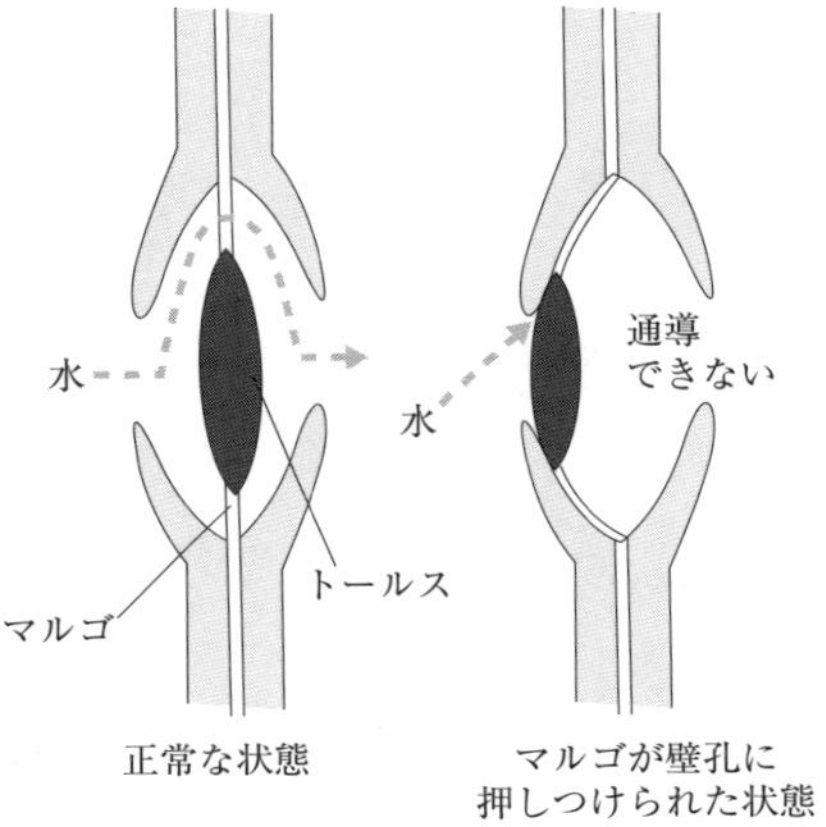

図27　有縁壁孔の構造

有縁壁孔の側面図。トールスが正常な位置にあれば，水は仮導管細胞間を移動できる（左）。しかし，マルゴの柔軟性が失われてトールスが壁孔壁に押しつけられると，壁孔は完全にふさがり，水はマツ体内を移動できなくなってしまう（右）

の仮導管細胞に移動する。健全なものならこの繊維は非常に細いので、全体が均一に見えるわけだ。そこにギザギザの線が見えると言うことは、繊維がよほど太くなっているに違いない。走査電子顕微鏡でこの有縁壁孔部分を観察するとこの網目部分や真ん中のトールス部分に異物がびっしり付着している様子がとらえられた。予想どおり、網目がすっかり太くなっていたのだ。

萎凋・枯死のメカニズム

アカマツやクロマツなど針葉樹の水の通路は仮導管であるが、その最も狭くなった部分が有縁壁孔にある網目で、そこに異物が詰まっていれば水の通りは悪くなる。また、このトールスは弁の機能を果たしていて、いずれかの仮導管に気泡が発生した場合、その気泡が隣接する仮導管細胞に広がらないようにしている。というのも、針葉樹体内では、根から仮導管（幹）さらには気孔（葉）へと、しっかりと連なった細い水の糸の束といった状態で水が存在し、蒸散作用によって生

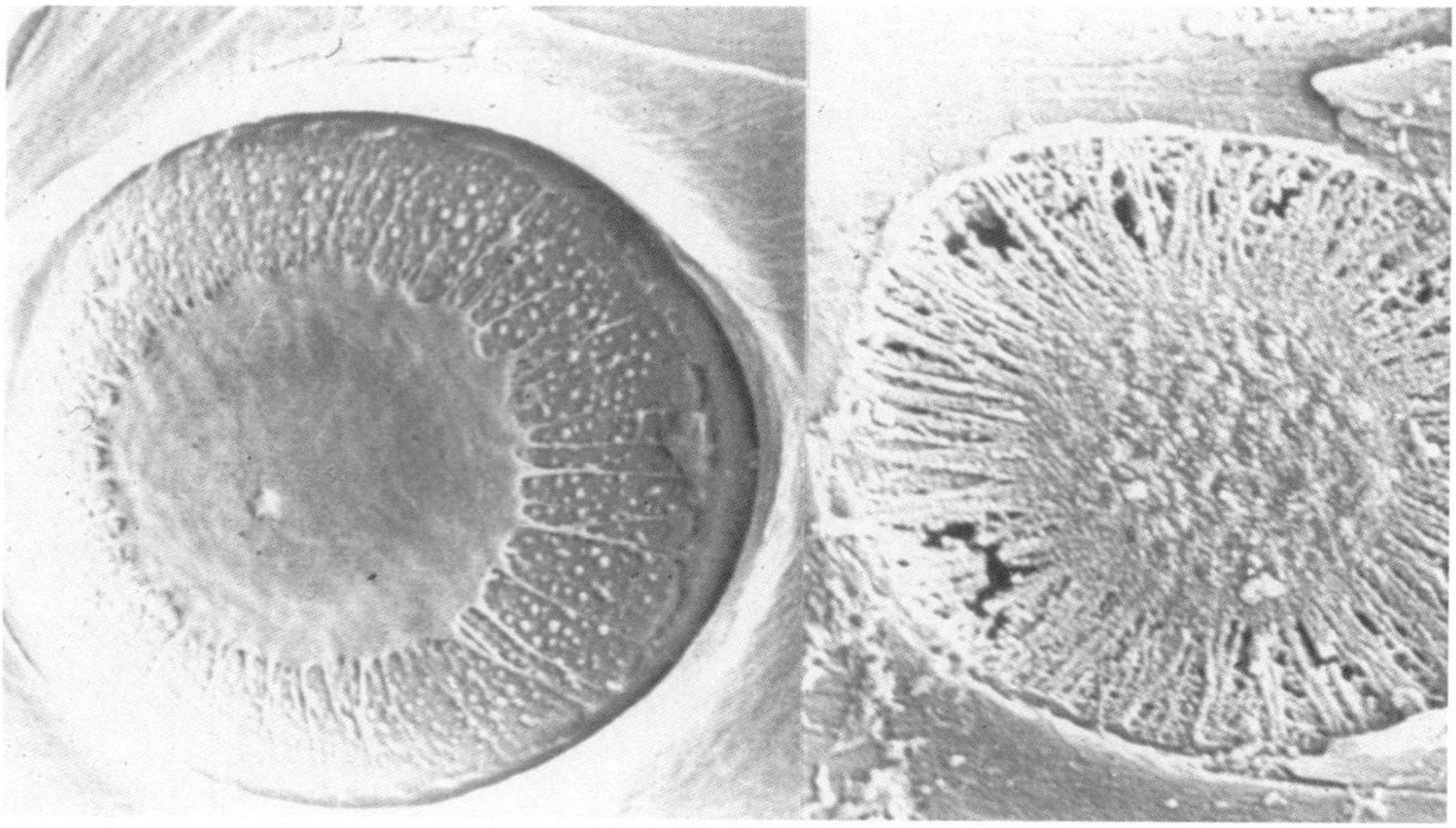

トールスとマルゴ（撮影：野渕正）
左：健全木，右：マツノザイセンチュウ接種木。マツノザイセンチュウ接種木ではマルゴやトールスにびっしりと物質が付着している

じた引っぱりあげる力がこれらの水の糸を上向きに通導させている。したがって、気泡の発生によりこの細い水の糸が切れると、もはやその水の糸は上向きの流れを止めてしまうことになる（キャビテーション）。

そこで、いったん気泡が発生した場合には、その仮道管を他から隔離し、水が通らない部分を最小限にとどめる必要がある。トールスの弁機能が重要な役割を果たしているという理由はそこにある。そして、この弁機能を可能にしているのが、トールスを吊っている周辺の網目状の繊維構造、すなわちマルゴで、そのしなやかな繊維構造こそが、トールスの動きを保証し、弁の開閉を可能にしている。

ところが、マツノザイセンチュウに感染したクロマツの木部ではマルゴの網目状繊維が異物で覆われていた。当然、本来の柔軟性は損なわれているに違いなく、弁機能は働かなくなっているであろう。その結果、気泡による仮導管の閉塞（キャビテーション）が起こりやすくなり、水分通導に支障をきたすことになるのであろう。これが、われわれが描いた萎凋・枯死のメカニズムである。

一方、非病原性のニセマツノザイセンチュウを接種したクロマツ苗木での変化を見てみると、マツノザイセンチュウの場合と同じように接種部位近くから液胞が出現したが、マツノザイセンチュウの場合ほどその範囲は広がらず、液胞の崩壊も起こらなかった。明らかに、この液胞崩壊に連なる組織変化は病原性のマツノザイセンチュウの感染に特異的な反応であった。

液胞の崩壊をもたらすもの

萎凋・枯死のメカニズムについて一応の仮説ができあがったが、それをもたらす液胞の膨張、崩壊という現象はどうして起こるのだろうか。また、これがどうして病原性のマツノザイセンチュウを接種したときだけに起こり、非病原性のニセマツノザイセンチュウを接種したときには起こらないのであろうか。

病原体が感染したときに寄主植物が示す反応については植物病理学の分野で集中的に研究されてきており、多くの現象が分子レベル、遺伝子レベルで説明できるようになっている。しかし、それらの研究の大部分は病原体として菌類や細菌、あるいはウィルスを想定しており、植物寄生線虫が感染した場合の植物の反応については研究が遅れていた（最近ではネコブセンチュウの研究を中心に感染生理の研究が飛躍的に進歩してきている）。ここでは病原体に感染したときの寄主反応の概略を理解するため、ジャガイモ疫病菌の感染にともないジャガイモ塊茎組織が示す寄主反応を例に話を進めよう。

ジャガイモ疫病に学ぶ

ジャガイモ疫病菌のうち、寄主を発病させることができない（非親和性）レース（系統）に感染したジャガイモ塊茎（芋の部分）の組織では、その菌から遊離した細胞壁成分（グルカン）が引き金になって、感染後数分のうちに細胞で原形質凝縮が起こり、活性酸素（O_2^-）の発生、細胞膜の膜電位の脱分極、電解質の漏出などが見られるようになる。このように、寄主側の動的な抵抗反応を開始させる引き金となる物質のことを

「エリシター」と呼ぶ。

やがて三〇分もすると、脂質の過酸化反応が進み、原形質分離能が失われ、細胞が死んだことが明らかになる（過敏感細胞死）。その後、細胞壁成分のリグニンの形成や植物色素のフラボノイドの形成にかかわるフェニルアラニンアンモニアリアーゼ（ＰＡＬ）遺伝子が発現し始め、二～三時間経つと、ＰＡＬ活性が増大する。さらに感染後六時間ほど経つと、細胞の褐変が起こり、ファイトアレキシン（病原体の侵入後に新たに生産される低分子の防御物質）が蓄積されるようになり、このなかに菌糸は閉じこめられ成長を停止する。

一方、ジャガイモ塊茎に病気を起こさせる（親和性）レースの場合も、非親和性の菌の場合と同様、寄主側の抵抗反応を誘導するエリシターを持っている。しかし、親和性のレースが感染した場合はそのような抵抗反応が起こらない。それは、この親和性の菌の場合、寄主細胞がこのような抵抗性反応を始動させないような物質（これを「サプレッサー」と呼ぶ）を継続的に生産し、感染の成立・持続を達成するからである。

ざっと、このように感染時の寄主反応を理解することができるであろう。しかし、親和性のレースが感染したときに起こる寄主の反応と非親和性のレースが感染したときに起こる寄主反応を比べたとき、最も最初にあらわれ、それ以降の両レースの反応の際だった違いを生み出す分岐点というべき違いとは何であろうか。それは、非親和的なレースが感染したときにのみ見られる、活性酸素を急速に生成する反応（オキシダティブバースト）で、親和性レースの場合には決してこのオキシダティブバーストが起こらない（道家 1996, 1999）。このように考えると、寄主側の抵抗反応の第一段階の反応として、活性酸素の発生が始動するか否かが問題となる。次に、いったんオキシダティブバーストが始動し活性酸素が発生すると、続いて電解質の漏出や脂質の過酸化反応、さらには組織の褐変などが起こるはずである。

「マツ枯れ」でもオキシダティブバーストが

ここで、断っておかねばならないことがある。ここで述べた一連の寄主反応が起こるのは、ジャガイモの疫病の場合は非親和性のレースに感染した場合で、感染しても発病に至らないという特徴がある。しかし、「マツ枯れ」は寄主を枯死させるのだから、その感染過程は発病に至る親和性レースの反応に相当するのではないか。非親和性レースの話を「マツ枯れ」のモデルとして取り上げるのはおかしいのではないかと考えられるかもしれない。この矛盾については、次のように考えている。

アカマツやクロマツにとって、この抵抗反応は植物寄生線虫のために用意されたものではなく、これらのマツが最も頻繁に遭遇する、菌類や細菌のような病原体のために用意されたものにちがいない。日本のマツ類がかって経験したことのない外来の病原体と遭遇したとき、やむをえず他の病原体のために用意された抵抗反応を援用して身を守ろうとした。そんな急場しのぎの抵抗反応だと考えると、自らを死に追いやるこの矛盾した反応が理解できる。すなわち、「マツ枯れ」による枯損は寄主マツが非親和性の異物として線虫を認識し、抵抗性反応を発揮して線虫の活動を抑制しようとしながらうまくいかず、その抵抗反応の結果として、みずから枯死してしまう現象なのだ。

マツノザイセンチュウに感染したクロマツ苗の細胞学的な観察は、液胞の崩壊とともに、細胞内容物の漏出を示唆するような現象もとらえている。そこで、実験的に細胞内容物の漏出を調べることにした。これまでと同じように、線虫接種後さまざまな時間に、線虫を接種したマツ苗主軸の、接種点からの距離が異なるいくつかの部位から植物組織を切り出し、一定時間小さな容器に入ったイオン交換水に浸けておき、その後その液の電気伝導度を計るのである。細胞液はさまざまなイオンを含む電解質であるため、電気伝導度が高い。このような細胞液が漏出してくれば、植物組織を浸けておいた液の電気伝導度も高い値になるはずである。予想は見事に当たり、線虫接種後時間が経つほど、また接種点の近くから遠くへその範囲が広がるように、細胞内容物の漏出が観察された。また、同時に、脂質の過酸化も測定したが、この値も細胞内容物の漏出と同じような変化を示し、マツノザイセンチュウの感染部位で細胞の脂質過酸化が進行していることが明らかになった。

そこでいよいよ、活性酸素が発生しているか否かを調べる必要が出てきた。ここで用いた詳しい測定については専門的に過ぎるので、結果だけを紹介しよう。柔細胞が多い樹皮部を対象に活性酸素の発生量を調べたところ、脂質の過酸化や、細胞内容物の漏出といった現象よりも早い段階で活性酸素の生成が起こった。これは、先に述べた感染生理で一般に知られている抵抗反応の順番どおりである。これらの結果は一九八七年の林学会で発表したが、論文の形では発表していない。その後、それぞれの現象については他の人たちによっても実験され、同様の結果が報告されているので、ここで明らかにした現象が「マツ枯れ」の感染過程で起こっていることは間違いない。

ところで、線虫に感染したアカマツやクロマツの組織でどうして活性酸素が発生するのだろう。植物がその生体にとって不利、危険と思われるストレス刺激に遭遇したとき、誘導抵抗をもたらすさまざまな酵素の活性が高まり、新規な遺伝子の発現が促されるが、それと同時に、あるいはそれよりもいち早く、活性酸素を発生させる。活性酸素の発生は、細菌などの異物が侵入したとき、その強力な酸化作用で異物を殺菌する直接的なはたらきと、それに続く抵抗反応を導くためのシグナルとしてのはたらきの両面があると考えられている。しかし、活性酸素はそれ自体非常に反応性が高い。余分な活性酸素があると、次々とドミノ的な反応を繰り返しながら、細胞成分までも酸化してしまう。そしてそれは、やがて障害となって現れることになる。たとえば、生体膜成分である不飽和脂質は活性酸素によって酸化される分子だ。この脂質が過酸化されると、膜機能に障害が起こる。このような障害を避けるため、生物は長い進化の歴史の中で、細胞内の活性酸素濃度を低く抑えるようにさまざまな仕組みを獲得してきた。たとえば、活性酸素を消去する一連の「スカベンジャー（掃除屋）」と呼ばれる分子群がそれである。その中には、ＳＯＤ（スーパーオキシドディスムターゼ）

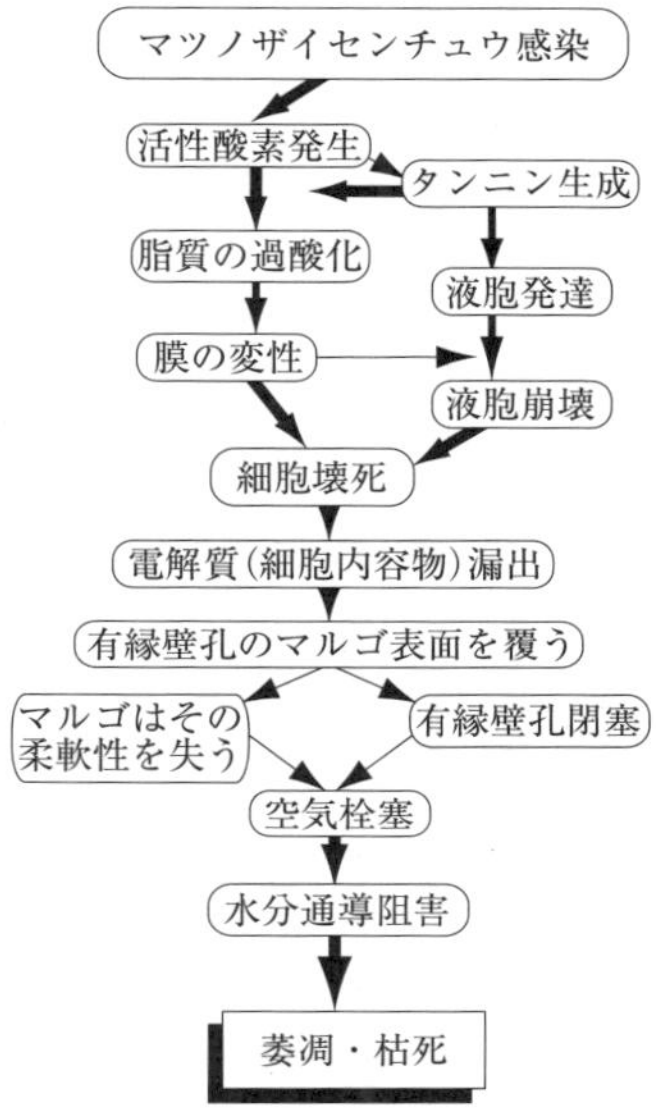

図28　線虫がマツを枯らすメカニズムに関する仮説

やカタラーゼといった酵素類、カロチン、ポリフェノール、フラボノイドなどの抗酸化物質が含まれる。実は、ポリフェノールの一種であるタンニンにも、このスカベンジャーの機能がある。

細胞レベルのドミノ死

このように見てくると、マツノザイセンチュウ感染後、液胞内にタンニン様物質が増加し、やがて崩壊する過程に一応の説明がつく。まず、マツノザイセンチュウが感染すると、これを除去するためにオキシダティブバーストが起こる。さらに、発生した大量の活性酸素がシグナルとなり、誘導抵抗システムが励起される。これらの初動反応は感染部位にマツノザイセンチュウを閉じこめるべく始動するが、線虫の動きはこのシステムより早いため、かれらを封殺できない。結果として、線虫の移動を追いかけるように活性酸素が連続的かつ高濃度に生産されることになってしまう。これを消去するためスカベンジャーであるタンニンなどの生産が増加するが、発生する活性酸素量が多すぎるため、結局その能力を超えてしまう。やがて、膜脂質の酸化が進行すると液胞が崩壊し、細胞自体も壊死することになる。これは細胞内容物の漏出につながり、さらに仮導管への流入、有縁壁孔への付着へと進み、上でも触れたように萎凋・枯死というる最悪のシナリオをたどることになる。これが、実験結果に基づいて作った、マツノザイセンチュウ感染後、枯死に至るメカニズムについての仮説である。

線虫が樹体内を動き回るにしたがって、これを追いかけるように発動する抵抗反応が次々にマツ自身の細胞を死に導き、結局自らを枯死させてしまう。「マツ枯れ」の本質とは、いわば組織レベルのドミノ反応であるといえよう。

実験系はきわめて簡単だ。まず、ベールマンロート法で分離した多数のマツノザイセンチュウの中から四齢幼虫だけを集める（こう言えば簡単だが、実体顕微鏡の下で線虫を１頭ずつつり上げる作業は根気がいる）。こうして集めた四齢幼虫を１頭ずつ、25℃で培養すると、24時間後には処女雌と未交尾の雄が得られる。

彼らは、固さ１％、長さ3cm、幅6mm、厚さ1.2mmの細長い寒天小片をシャーレの中に用意した。最初の実験では、その上に未交尾雄、あるいは処女雌を20頭放ち10分間放置すると、20頭の線虫はその寒天小片上にランダムに分布するようになる。次に、この寒天小片の一端に１頭の処女雌（逆の場合は１頭の未交尾雄）を載せ、5、10、15分後に20頭の雄（あるいは雌）がその寒天小片のどこにいるかを調べた。分布域を区分するため、シャーレの底に平行線を入れ、寒天を五つの部分に等分することができるようにしてある。

二つ目の実験では線虫の体から寒天基質中へ分泌あるいは排泄された物質の中にフェロモン活性があるか否かが調べられ、三つ目の実験では線虫の体から揮散するガスにフェロモン活性があるか否かが調べられた。いずれの実験でも、雄は処女雌やその体から出る物質に強く誘引され、逆に雌は未交尾雄やその体から出る物質に強く誘引された。ただし、雄、雌いずれも同じ性の個体には誘引されなかったという。

「マツ枯れ」はどのようにして起こり、どのように広がるか

太平洋戦争の戦中、戦後を通して激化した「マツ枯れ」を沈静化するため一九六八年から始まった研究プロジェクトのなかで病原性線虫が発見され、その運び屋、マツノマダラカミキリが特定された。その後、多くの研究者によって集中的に進められた研究が明らかにしたこの流行病の全貌のなかに、私たちが考えた抵抗性・感受性のメカニズムや、発病・枯死のメカニズムを位置づけると、おおよそ次のようにまとめることができる。

毎年五月から七月にかけて、前年度に枯死したマツ材からマツノマダラカミキリがその気管系に多数の病

マツノザイセンチュウの性フェロモン

最初のマツノザイセンチュウの本格的な接種試験（Kiyohara and Tokushige, 1971）以来、接種密度と枯損率の関係については多くの研究者が関心を持ってきた。それはとりもなおさず、野外でマツノマダラカミキリから何頭の線虫が後食痕に入ったらマツが枯れるのかという素朴な疑問に通じるからである。

清原と徳重の研究の中では、1本の供試木当たり30、300、1000、3000、3万頭という広い範囲で行われたが、10本ずつ供試されたアカマツとクロマツを合わせた枯死率は、それぞれ5、20、25、50、80％と、接種密度に依存して高くなることを示している。しかし、マツノザイセンチュウの雌雄成虫の間では性フェロモンが存在することが知られており（Kiyohara, 1982）、両性を効果的に結びつける仕組みとなっているので、比較的少数の線虫しか侵入できなくとも、増殖が保証される可能性は高い。侵入した線虫個体群がその後遭遇する寄主マツの抵抗反応を打ち破ることさえできれば、少数の線虫であっても寄主マツは枯れてしまうことになるのであろう。しかし、接種密度が多いほど枯損率が高くなる事実は明瞭で、その後に続く線虫の樹体侵入の時点でこの密度が作用してくることが理解される。ここでは、マツノザイセンチュウの性誘引に関する清原の興味深い実験を簡単に紹介しよう。

原線虫（マツノザイセンチュウ）を宿して羽化脱出してくる。このようなカミキリは生殖腺を発達させるため、栄養分豊かなマツの若枝の皮を摂食する（後食）。この間、カミキリの気管系に潜んでいた多数の線虫は、貯蔵脂質の消費量を目安にした体内時計の進行に伴い覚醒し、マツの若枝につけられたカミキリによる後食痕へと乗り移り、マツの樹体内に侵入する。

　マツ樹体に侵入した病原線虫は最初、樹皮部の樹脂道を通ってマツの樹体内を移動するが、この樹皮部への侵入と、そしておそらく移動の難易が、マツ樹の側の抵抗性の強さを決めている。やがて、線虫の樹体内分散に対して、マツは一連の動的な抵抗性を発動してこれに対処しようとする。しかし、線虫の動きは早く、マツが用意した防御反応をしり目に樹体内に広がる。線虫の移動・増殖の後には、マツ自身が発した反応による傷跡が広がることになり、樹木の生命線である水分通導の場を閉塞してしまうことになる。このように、「マツ枯れ」のメカニズムは、活性酸素の発生を起点とする分子レベルのドミノ反応と、病原体マツノザイセンチュウの動きを封殺できない防御システムが次々に始動する、組織レベルのドミノ反応により説明することができる。

　線虫の感染から発病まではきわめて早く、夏の終わりから秋にかけて針葉は退色し、褐変する。この過程で、マツ樹体から発散される揮発性の匂いに誘引され、性的に成熟した雌雄のカミキリが発病マツに集まり、このようなマツの幹の樹皮下に産卵し次世代を残す。孵化した幼虫は樹皮下の組織や材を摂食しながら脱皮を繰り返し、秋口になると四齢幼虫となって材深く穴を穿ち蛹室を形成し、越冬の準備をする。この蛹室の壁はカミキリの生活残滓（排泄物や食べかす）のため、有機分に富み、適当な湿度もあるのでカビがさかんに繁殖する。樹体内に広く分布、増殖していた線虫はやがてこの蛹室周辺に定着・集合し、そこに繁殖するカビを餌に生活しながら翌春を待つ。このとき、蛹室壁に繁茂するカビの種類が線虫の増殖に好適か否かによって蛹室壁周辺の線虫密度が決定され、ひいては翌年そこから羽化するカミキリが保持する線虫の数が決まる。

翌春、気温が上がる五月頃にはカミキリ幼虫は蛹へと変態する。この頃、その蛹室の周辺に集合していた分散型線虫はカミキリが羽化する前後にさらに「耐久型」という特殊なステージになって蛹室の壁面で待機し、カミキリが羽化後しばらく蛹室内にとどまる期間にカミキリ虫体に乗り移る。そして、すっかり枯損の進んだマツ樹体から健全な次のマツへと病気は広がって行く。

次に、このようなマツ材線虫病が流行病として蔓延していく過程で環境要因がどのように影響したかという点について考えてみよう。

第三部　「マツ枯れ」の蔓延と環境要因

一　菌根共生と「マツ枯れ」

出なくなったショウゲンジ

アカマツの林には、アカマツの林に特有のキノコが発生する。なかでもマツタケは有名であるが、ほかにもヌメリイグチやベニタケのなかま、ホウキタケなど多くの種類が発生する。これらの中には、アカマツ（の根）との間で共生関係を結ぶ菌根菌と呼ばれる一群のキノコがある。たとえばショウゲンジもアカマツと共生する菌根菌で、見かけは地味だが、マツタケとはひと味違った美味しいキノコである。わが家の近くにちょっとしたアカマツとコナラの混交林があって、毎年秋になるとこのショウゲンジが発生して私を喜ばせてくれた。ところが、残念なことに年々このショウゲンジが採れなくなって来たのである。そしてふと気がつくと、アカマツが次から次へと枯れていた。

これは明らかに、「マツ枯れ」のためアカマツが枯れ、それに伴いマツの根に共生していた菌根菌ショウゲンジも消滅の道をたどっているものと考えられた。

マツタケの減産と「マツ枯れ」被害

「マツ枯れ」を中心テーマとして研究を続けてきた私には、戦後のマツタケの減産の理由を「マツ枯れ」に直結して考えてしまうようなところがあった。ちょうどショウゲンジが採れなくなった林で想定したように、マツが枯れたからマツタケも採れなくなったのだ、と。

しかし、マツタケの研究者はまったく逆の立場から「マツ枯れ」を見てきた。マツタケが採れなくなった最

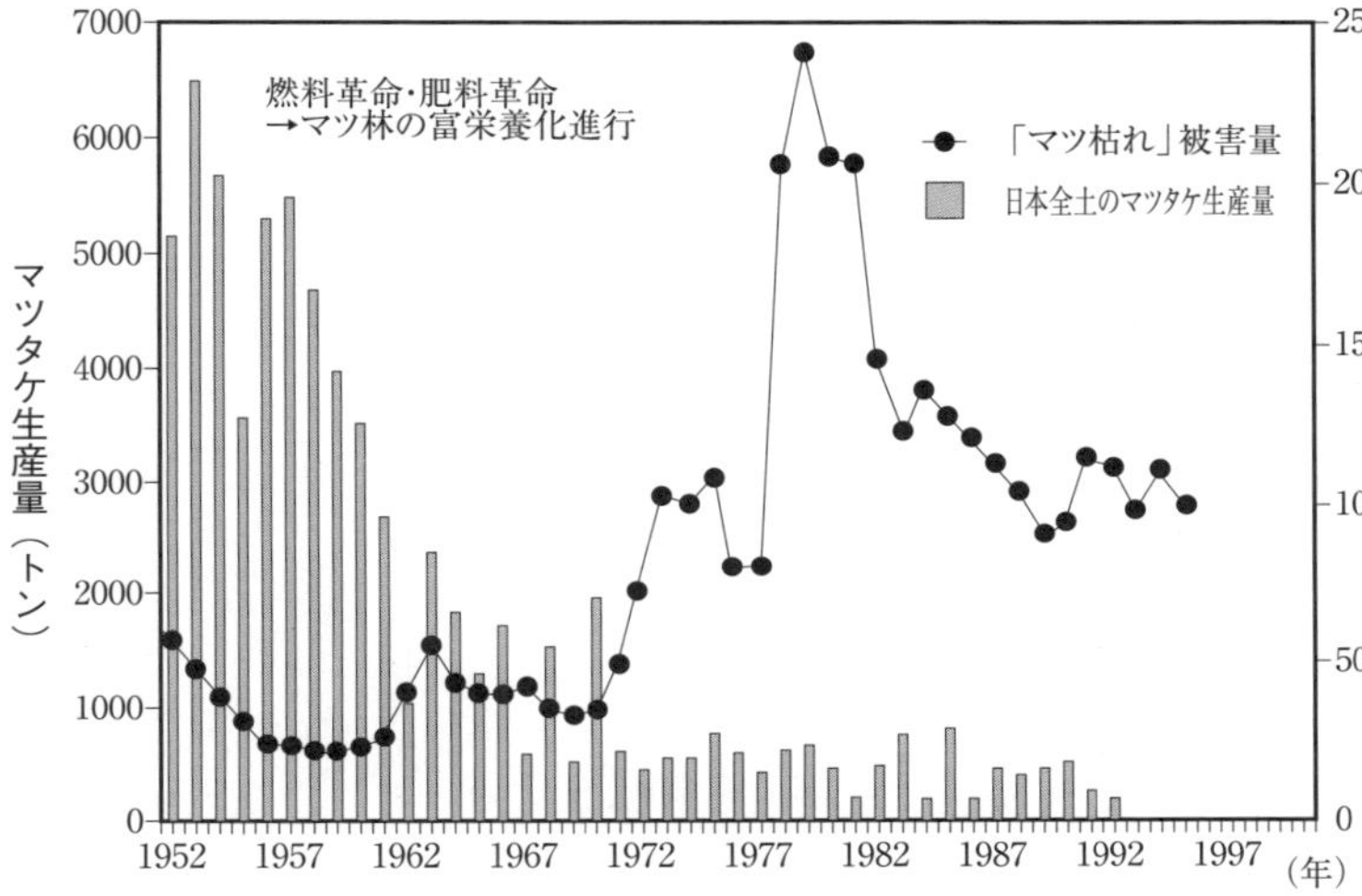

図29　マツタケ生産量と「マツ枯れ」被害

高度経済成長期以降の日本人の生活様式の変化によりマツ林の環境が変わっていき，マツタケの生産量は減少した。それと同調するように，マツ枯れの被害も増加している

大の原因は、一九五〇年代中頃から進んだ燃料革命や肥料革命にあると彼らは言う。人里近くに位置することが多いマツ林では、それまで、落ち葉や枯れ枝、それに枯れ木も、格好の燃料として、あるいは田畑の肥料として、利用されていた。そのため、マツ林の林床は常に、落ち葉も積もらぬほどに手入れが行き届いていた。このような手入れは、土壌への有機物の還元を抑え、土壌を恒常的に養分の少ないやせ地状態に保つ原因となった。

そのことは結果的に、菌根植物であるマツには有利に作用した。なぜなら、そんな条件下では落葉層などにたくさん生息する腐朽菌などの競争相手が少ないため、菌根菌のはたらきは活発になるからだ。また、菌根菌という強力なパートナーを持たない他の植物は、そんなやせ地には進入できない。そのため、第一部の冒頭で述べたように、植物の遷移は、パイオニア植物のアカマツの林から次に代わるべき植生に進めないままになっていたといえる。

ところが、一九五〇年代以降に起こった社会の変化は、マツ林でそれまで行われていた徹底した有機物の収奪を急停止させ、落ち葉や枯れ木、枯れ枝が林床に放置されるという状況を生み出すことになった。つまり、「マツ林の富栄養化」である。荒れ放題になったマツ林では腐朽菌などが勢いを増し、菌根菌には棲み心地の悪い環境となる。当然、菌根菌であるマツタケの菌糸も活性を低下させ、それに応じてその子実体であるキノコ＝マツタケの生産量も低下した。マツタケの研究者はこの点をとらえて、「マツタケのような菌根菌の活性が抑制されるような環境では、マツ自身も生理的に衰弱しているはずで、それが『マツ枯れ』の誘因になっているにちがいない」と考えているのである。ここに、土壌の富栄養化が菌根関係を損ない、「マツ枯れ」を激化させることを示す実験例がある。

土壌の肥沃化は菌根関係を損なう

舞台は鳥取県の砂丘地帯である。観光資源の「大砂丘」周辺は別として、それに隣接する多くの場所は防風防砂のためにクロマツが営々として植林され、見事な林を形作っていた。ところが、このクロマツ林に「マツ枯れ」が進行してゆゆしい被害をもたらしていた。その一因として「マツの生育に必要な養分が不足しているから、病気に対する抵抗力がないためだ」という考え方があった。そのことを確かめるため、二〇メートル四方の区画を設け、そこに肥料を与えるという作業が三年間繰り返された。与えられた肥料の量は林地に肥料をまくときに用いられる標準量の二分の一ほどだから、大した量ではない。ところが結果は案に相違して、何も肥料をやらずに放置した区よりこの区画では早く被害が進み、より多くのクロマツが枯れてしまった（図30）。

肥料をやった区画と隣接する肥料を何もやらない対照区に多数のクロマツの実生苗を植えて、菌根の発達度合いを調べたところ、施肥を繰り返した区画ではクロマツ実生の菌根の発達がきわめて悪いという特徴が見つかった。施肥が菌根の発達を直接抑制した可能性も考えられるが、施肥が腐朽菌など菌根菌以外の菌の繁殖を促進し、結果的に菌根菌の発育を阻害した可能

鳥取砂丘付近では，「マツ枯れ」のために枯存したクロマツが大量に処理されていた

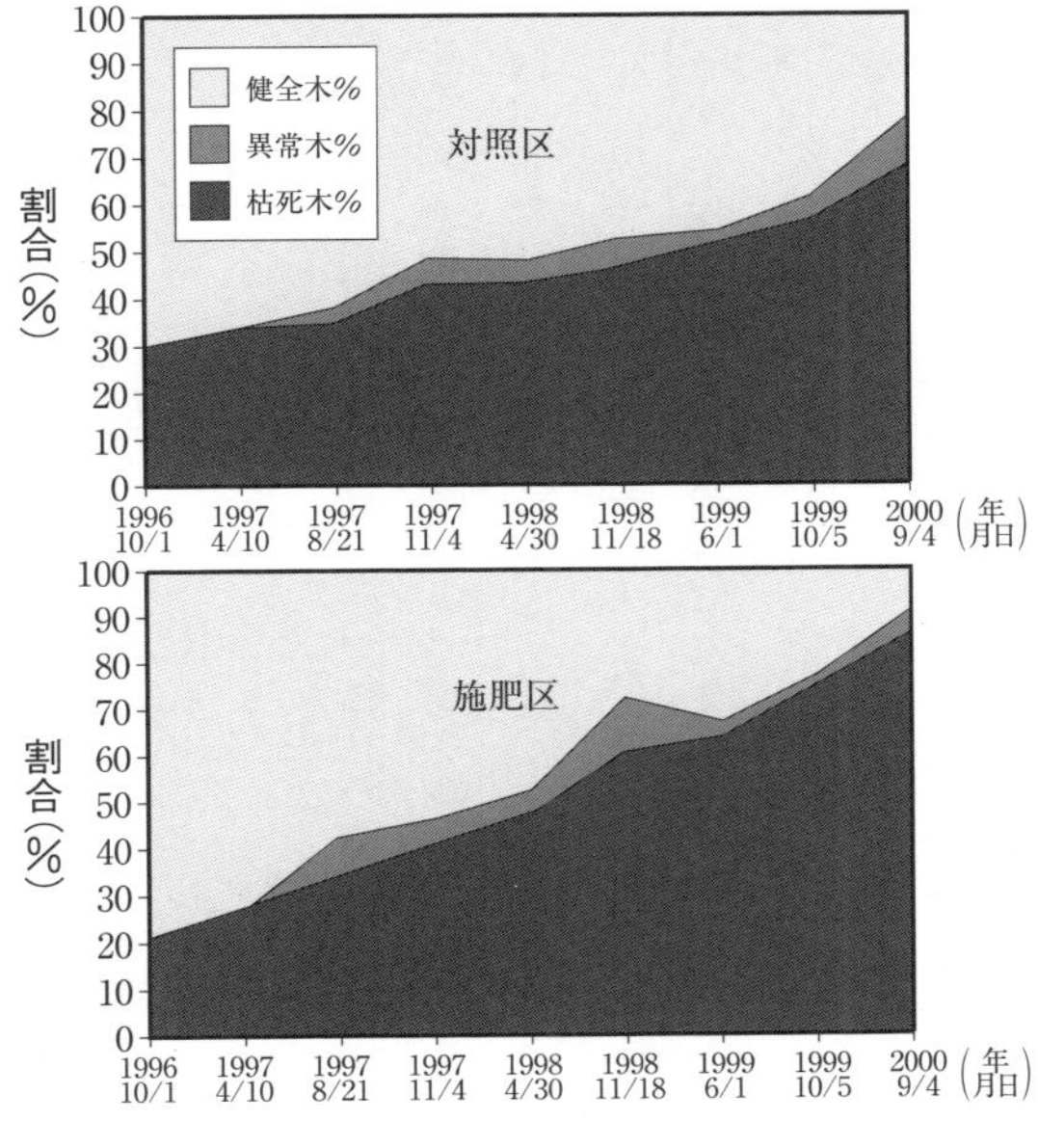

図30　「マツ枯れ」被害と施肥

「マツに必要な養分が不足しているから病気に対する耐性がない」という考えから始められたマツ林への施肥は，逆効果をもたらした。土壌の肥沃化が，マツと共生している菌根菌の発育を阻害させ，結果的にマツの弱体化を招いてしまったと考えられる

性もある。いずれにしても、施肥による菌根の発育阻害は菌根が果たしている水分供給機能などの低下にもつながったはずで、「マツ枯れ」が施肥により激化したとしても不思議ではない。マツタケ生産農家で営まれていた「地かき」という作業が、マツタケ菌を活性化させるためにマツ林の林床から落ち葉や枯れ枝を除き、林内土壌を貧栄養状態に保つ努力であったことを思い出すべきかもしれない。

共存樹種により枯れ方が違う

広島大学の中村克典ら（1995）は、野外の四つの場所を選び、そこに生えているアカマツ苗木にマツノザイセンチュウを接種して、その後の枯死経過を比較した。四つの場所の間での最大の違いは、アカマツと共存している樹種の違いである。共存樹種はそれぞれ、オオバヤシャブシ、エニシダ、ソヨゴ、ヒサカキの四種だ。これらのうち、オオバヤシャブシの根にはフランキア（*Frankia*）という細菌が、また、エニシダの根にはリゾビウム（*Rhizobium*）という細菌が共生していて、それぞれ窒素固定していることが知られている。そのためこれら二種はやせ地でも生育することができ、荒廃地の緑化に肥料木（土壌を肥沃にする木）としてよく植栽される。第一章で述べたように、タンパク質の原料である窒素が生物の成長に欠かすことのできない元素であることを思い出してほしい。残りのソヨゴとヒサカキは、アカマツ林でよく見かける共存樹種である。

マツノザイセンチュウを人工接種した四つの区画のアカマツは、その後の運命に大きな違いを見せた。一六週間続けられた観察によると、ヤシャブシやエニシダが共存している場所ではその枯死率はそれぞれ約五〇％～三五％と高かったのに比べて、ソヨゴやヒサカキとの共存区では十数％と低い値にとどまった。その理由としては、前二者のような共存樹種の根からしみ出る物質がアカマツに対して阻害的な影響を持っているという考え方がある。しかし、上でも触れたように、アカマツは菌根共生樹種なので、その菌根共生がこれら共存樹種の根に棲む窒素固定菌の富栄養化作用でダメージを受けたと考えることもできる。今後検討すべき興味深い現象である。

菌根が養分を集める

農業の場合、作物の生育に欠かせない養分のうちどうしても欠乏しやすい養分は、肥料の形で補ってやることになる。そんな養分の一つとしてリン（P）が挙げられる。リンは植物の体内で核酸、リン脂質、核タンパク質として存在し、原形質の重要な構成元素となっている。核酸は言うまでもなく遺伝情報物質であるし、リン脂質は原形質膜の膜構造をつくり、膜の透過性に関係する。また、リンはあらゆる生物の細胞内で営まれるエネルギー代謝において補酵素として重要な役割を担うＡＴＰやＮＡＤあるいはＮＡＤＰ等の構成元素として重要な役割を果たしている。

植物にとってこのように重要なリンは、森林では一次鉱物や生物遺体から土壌中に供給され、土壌微生物のはたらきで無機のリン酸塩に変わる。ところが、これらのリン酸塩の大部分は、酸性土壌ではアルミニウムや鉄との化合物となって、中性ないし弱アルカリ土壌の場合にはカルシウムとの化合物となって固定され、いずれも水に溶けにくい物質になってしまう。そのため、土壌中では水に溶けた物質を吸収している樹木が利用できるリンの量は、常に限られている。つまり、元素としてのリンは存在していても、その大部分は土壌に固定・吸着されているため、そのままでは植物には利用できないのだ。さらに植物はリン酸態のリンだけを吸収できるが、水溶性のリン酸は土壌に固定・吸着されやすいので、土壌中を水溶性のまま拡散、移動できる距離はせいぜい数ミリである。従って、根が盛んに根圏のリン酸を吸収してしまい、外部からのリン酸の移入がないと、樹木はたちまちリン酸欠乏症におちいることになる。

こんな場合に、このリン欠乏帯を越えてその外部からリン酸態のリンをかき集めてくるのは菌根菌である。さらに菌根菌には、植物だけでは利用できない、有機態のリンや難溶化した無機態のリンを分解吸収する能力があり、これを植物に供給することができる。菌根のはたらきの一つとして、特にリン欠乏土壌での役割が重要であると考えられるのは、リンという元素のこのような特徴に基づいている。

外生菌根菌とキノコ

種子植物の約三％が外生菌根を形成すると言われているが、その大部分は樹木である。なかでもブナ科の樹種やマツ科の樹種は、外生菌根形成植物として有名である。実際、これらの樹種が優占する林には、外生菌根性のいろいろなキノコが豊かに発生する。たとえば、北米のオレゴンで調査された例では、ブナの根の総重量の四％が外生菌根菌の菌鞘であった。また、ブナの林での根による総呼吸量の二〇～二五％がこの菌鞘によって行われ、一年に一ヘクタール当たり一八〇キロの、イグチのなかまの外生菌根菌（*Boletus badius*）の子実体（キノコ）が発生したが、そのためには四〇〇キロの炭水化物が消費された（Fogel and Hunt 1979; 1983）。一方、わが国の代表的な造林樹種であるスギやヒノキは、後述する内生菌根菌と共生をするので、その林内には菌根性のキノコは見られず、きわだった対比を見せる。冷温帯から暖温帯にかけて広がる森林では、その優占樹種は大部分が外生菌根樹種であるが、熱帯林においても優占的なフタバガキ科の樹種やフトモモ科の樹種は外生菌根を持つ。これら熱帯林の外生菌根性樹種はパートナーとなる菌類の種類も多く、五〇〇〇種ほどと考えられている。

担子菌がアカマツのような樹木の根と菌根を形成する場合、菌糸は細胞間隙に分布するが、決して細胞壁の内側には入らないので、「外生菌根」と呼ばれる。一方、大部分の草本植物やスギ、ヒノキなどの樹木が特定の接合菌類との間で形成する菌根の場合には、その菌糸は植物細胞の細胞壁の内側にまで侵入するので「内生菌根」（あるいはＡＭ菌根）と呼ばれる。もっとも、内生菌の場合にもその菌糸は植物細胞の細胞壁の内部に侵入するだけで、細胞膜の内側にまで入り込むわけではない。つまり、菌糸は決して細胞質に直接触れたりはしないのだ。

アカマツの根に形成されたサンゴ状の菌根

外生菌根菌の植物生理への影響

外生菌根菌がアカマツのような樹木に感染すると樹木にどんな影響が現れるのだろうか。一番よくわかっているのは、小さな種子が土壌中で発芽し、芽生えとして成長していく段階である。このときゆっくり成長していたのでは、根が充分水を含んだ層まで達する前に乾燥にさらされ、小さな芽生えは枯死してしまう。菌根菌の共生により、速やかに栄養を吸収し成長することが促進されることは、芽生えにとって大きな助けとなる。また、芽生えの時代には土壌の腐植層に生息する土壌病原菌に感染する機会も多いが、菌根菌が根の表面を覆うことにより病原菌の感染から植物の苗を守り、耐病性を高めることも知られている。そして、（これは小さな芽生えに限らないことだが）菌根菌から養・水分を供給されることにより生理的活性が高まり、成長が促進されることはよく知られた現象である。

土壌中に張りめぐるらせる菌糸の長さは根の長さのなんと数千倍にも及ぶといわれ、土壌中の隅々まで吸収の場を拡大しているにちがいない。また、菌糸は同じ重さの吸収根に比べて10倍以上もの表面積を持っているので、高い吸収能力が保証されている。それに、なんと言っても菌糸の細さがものを言う。アカマツ自体にも根毛という吸収器官が細根の表面に備わっているが、細根自体の直径が2ミリメートルと、菌糸に比べて100倍以上も太いため、土壌の細かい隙間にまでは入っていけない。そんな場合でも、菌根から伸びた菌糸なら、微細な土壌の隙間にまで侵入し、養・水分を吸収することができるわけである。菌根菌のこの特性は乾燥期に特に威力を発揮すると考えられている。なぜなら、乾燥が進むと水分は土壌孔隙の奥深くに隔離されるようになるから、とうてい細根だけでは、そのような水に近づけないからである。

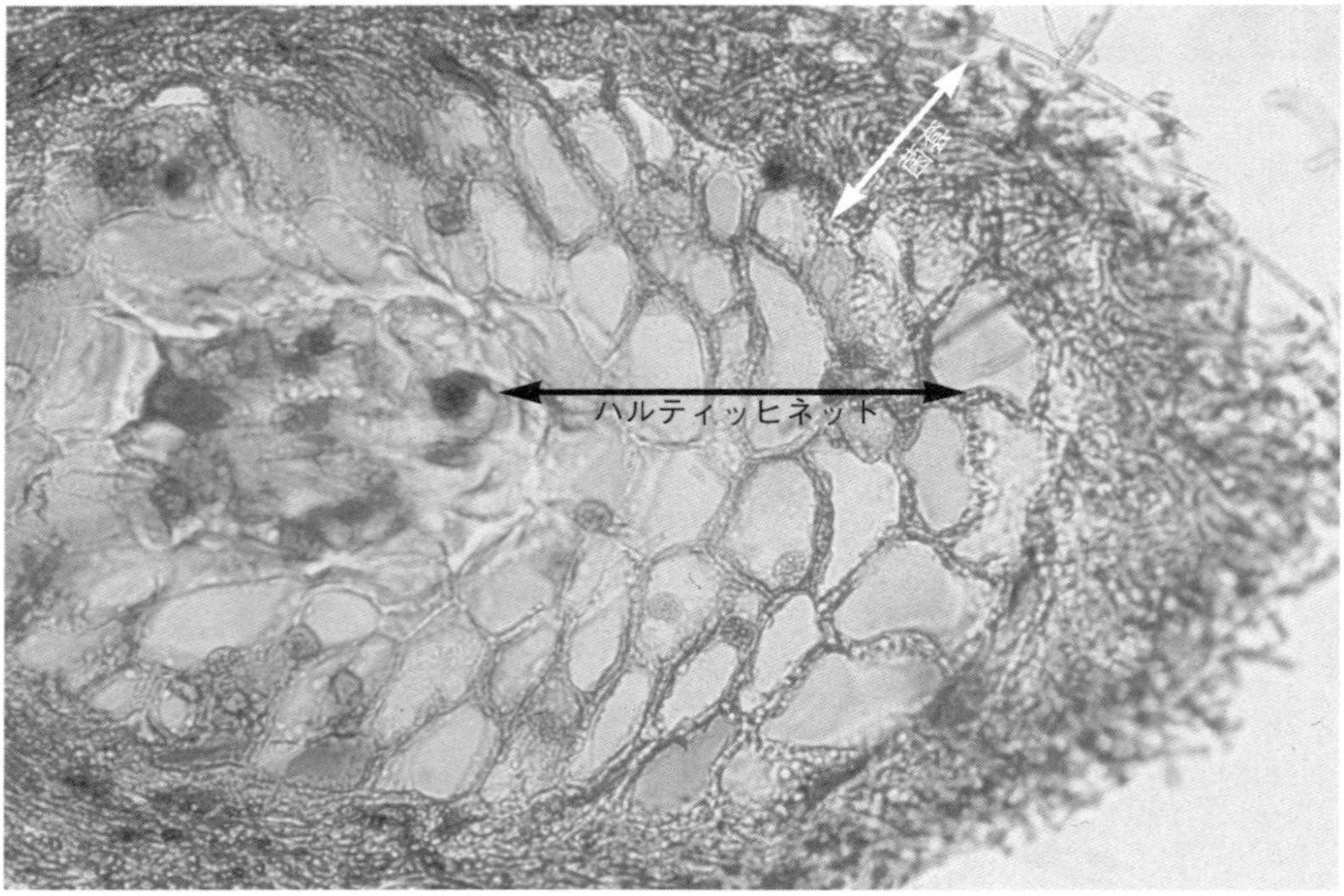

菌根の断面
皮層の外側を包む菌の層が見える。これを「菌套（きんとう）」とか「菌鞘（きんしょう）」と呼ぶ。また、内部に網目状の構造が見えるが、これは松の根の細胞間隙に伸びた菌糸が染色されて網状に見えているものである。この、網目状に菌糸が連絡している部分をハルティッヒネットと呼ぶ。この部分で、寄主細胞と近視の間での栄養のやりとりが行われる

菌根菌と菌根

菌根菌とはどんなものなのだろうか。また、菌根とはどんなはたらきをしているのだろう。マツと菌根を形成する菌根菌は大部分がキノコをつくる担子菌のなかまである。これら菌根菌の菌糸はアカマツの細根にとりつき、菌根（マイコリザ）と呼ばれる共生器官を形成する。マツ類の根に形成される菌根では菌糸が細根の表面を覆う被膜層をつくり、その菌糸の一部が根の組織内部に侵入してマツの細胞の間を縫って菌糸のネットワーク（ハルティッヒネット）を形成し、養水分の授受を担っている。この共生関係では菌根菌の側から寄主であるマツの根に養分や水分が供給され、その見返りとして、マツの側からは光合成によって生産された糖類が与えられる。

さて、アカマツ林の林床に見られるキノコがすべて菌根性のキノコであるというわけではない。落葉や朽ち木を栄養源にする腐生性の菌類もあれば、マツの根に寄生して一方的に栄養を収奪する寄生性の菌類もある。一つの森林に発生するキノコの発生量はその森林を構成する樹種により異なるのは当然で、1haあたり年間100g程度のキノコしか発生しない貧弱な林もあれば、800kg以上も生産する豊かな林もある。また、それら発生するキノコのうちどれだけを菌根菌が占めるかという割合も、15％から100％と森林によって幅がある。一説によると、菌根共生では植物が光合成で生産した純生産量の15％（6～30％）程度を菌根菌が消費しているという。そのすべてがキノコに変化したのではなく、菌根菌として土壌に張り巡らされた菌糸のバイオマスにも光合成産物は流れている。おそらく、その量はキノコとしてわれわれの目に触れるバイオマスの数倍から10倍程度と考えられており、土壌中には菌根菌の大きなバイオマスが存在することに気がつく。

菌根のおかげでアカマツはやせ地でも生育できると言われている。それでは、どうして菌根が形成されるとやせ地でも生育できるようになるのだろう。それはひとえに、菌根菌の卓越した吸収作用によっている。たとえばマツ林でよく見かけるアミタケという菌根性キノコの場合、この菌が形成する菌根が外部の

森林生態系における菌根菌の役割

菌根菌が果たしているもう一つの大きな役割に、森林の樹木間の栄養伝達がある。森林内の樹木は菌根菌の菌糸を通して、栄養関係で結ばれているのである。いくつかの例を紹介してみよう。たとえば、ギンリョウソウ科のギンリョウソウ属やイチヤクソウ科のシャクジョウソウ属の植物は、その葉に葉緑素をもたない無葉緑植物で、光合成ができない。そのため栄養源を他から求めなければならない。そこで、これら植物はその根にヌメリイグチ属（*Suillus*）やショウロ属（*Rhizopogon*）のような担子菌と外生菌根を形成し、これら菌から栄養を得て生きている。いわば、これらの植物は菌に寄生しているわけである。一方、これらの菌は樹木と菌根共生しているので、それらの樹木が生産した光合成産物を得ている。したがって、栄養の流れからは、「樹木→担子菌→ギンリョウソウ、シャクジョウソウ」という関係が見えるし、樹木とこれら無葉緑植物が菌類を介して結びついていると言うこともできる。

同じ無葉緑色物でもラン科植物の場合は寄生する相手の菌が腐生菌であったり、担子菌のナラタケ（*Armillaria mellea*）になる。ナラタケと言えば広葉樹から針葉樹にわたる広い範囲の樹木に対して寄生性のある有名な病原菌であるが、無葉緑ランの一種ツチアケビやオニノヤガラは、このナラタケ菌を菌根共生のパートナーとしている変わり者で、無機栄養素だけではなく、炭水化物もナラタケに依存している。一方で、これらのナラタケは樹木に寄生して栄養源を得ているわけであるから、これら無葉緑ランは強盗のうわまえをはねているようなものである。また、見方を変えれば、ナラタケという菌を介して、無葉緑ランと樹木が連絡していると考えることもできる。つまり、「樹木→ナラタケ→ツチアケビ、オニノヤガラ」といった方向で栄養が流れている。

このように、菌根菌は一般に共生相手が比較的多様、すなわち宿主特異性が低く、同じ菌が複数の種の植物と菌根形成をする。一方樹木どうしの間でも、同じ種の個体間なら、同じ菌根菌によって連結されている可能性は高い。たとえば、大きな個体の樹冠の下で発芽し、充分な光量が不足した条件下で生育しているような稚樹には同種の大きな個体から菌根連絡を介して炭水化物が移送されている可能性が指摘されている。いわば、親から子への授乳のような関係である。事実、実験箱の中で、育てられた二個体のマツの間で放射線同位元素 ^{14}C でラベルされた炭素が移動することが証明されている（Finlay and Reed 1986a, b）。これは同種の個体の間での例であるが、異なった種の樹木どうしの間でも菌根菌を介した栄養の連絡がある。窒素固定細菌を根にもつグルチノーサハンノキ（*Alnus glutinosa*）とロッジポールパイン（*Pinus contorta*）の間で、これらを結ぶ共通の外生菌根菌を介して窒素の移動が起こることが報告されているのはその一例である（Arnebrant *et al.* 1993）。

このように、これまでの「資源（養分・水分）の制約の中で、植物社会は変動する」という古典的な植物群集のとらえ方は、菌根菌というネットワークを介した植物間の資源の移動、共有という視点から再検討されねばなるまい。

共生する菌根菌がパートナーである樹木に利益をもたらすことは養分の吸収の促進ひとつを考えれば充分であるが、それ以外の面でも直接間接に菌根菌が樹木に利益をもたらしている例が明らかになっている。ここでは、樹木がストレスを被ったとき菌根共生がどのような影響を受け、菌根菌がどのようにそのストレスを緩和しているかといった点から、この相互関係を見直してみよう。ここでは疾病ストレスと乾燥ストレスという、「マツ枯れ」に深い関係がある二つのストレスをとりあげてみよう。大気汚染ストレスと菌根共生の関係については、すぐ後の大気汚染と「マツ枯れ」の関係の項で取りあげる。

疾病ストレスと菌根共生

外生菌根菌は、その菌鞘によって病原菌の侵入を防いだり、分泌する物質によって土壌病原菌の繁殖を抑制したりして、樹木の芽生えの生存率を高めている。また、外生菌根菌の場合、菌根の周囲に拮抗菌を含む多数の微生物が集積することにより、病原菌の侵入に対する抑制効果があるといわれている。

地上部で感染する疾病に対しても、菌根共生はこれを軽減するはたらきがある。マツ材線虫病はマツノザイセンチュウが樹冠部分に感染して発病する萎凋病であるが、この病気に対するマツ類の抵抗性に菌根共生がどのように関与するかを、アカマツの実生苗を用いて調べた実験がある。ヌメリイグチやショウロのいずれかの菌根菌を接種した場合には苗が健全に生育し、これにマツノザイセンチュウを接種した場合苗の枯死率は全体の約四分の一にとどまったが、菌根菌を接種しなかった対照区では枯死率は五〇％にも達した（菊地ほか 1991）。この実験結果は、菌根共生により苗の生育条件が強化され、結果的に病原線虫の感染による発病を軽減させたことを示唆している。共生菌根菌は抗菌性物質の生産などを通じて土壌病原菌に対する宿主の抵抗性を高めるだけではなく、植物の生理条件を改善することにより、地上部の病気に対しても抵抗性を向上させ得るのであろう。一般にマツ材線虫病は、水分ストレスを引き金にして病徴を発現することが知られているが、菌根共生は植物の水分吸収能力を高めるので、この点からもアカマツ苗の抵抗性を高めたものと考えられる。

尾根筋に生き残るアカマツ

「マツ枯れ」が進んでマツ林が壊滅状態になったようなところでも、尾根筋にだけはマツが残っているのが観察されることが多い。山口県の徳山市には、私どもの大学の演習林の試験地がある。この山の斜面には各地産のクロマツやアカマツが斜面に沿って列状に植栽されていた。ところが、この地域にも「マツ枯れ」が侵入してきてこの斜面の松林も甚大な被害にみまわれることになった。最初この試験地を訪れたとき、被害木の分布に奇妙な偏りがあることに気がついた。明らかに枯れ木は斜面下部に偏って分布していたのである（図31）。直感的に、これは菌根菌と関係があると思いついた。この低い（高さにして七〇メートルほどの）

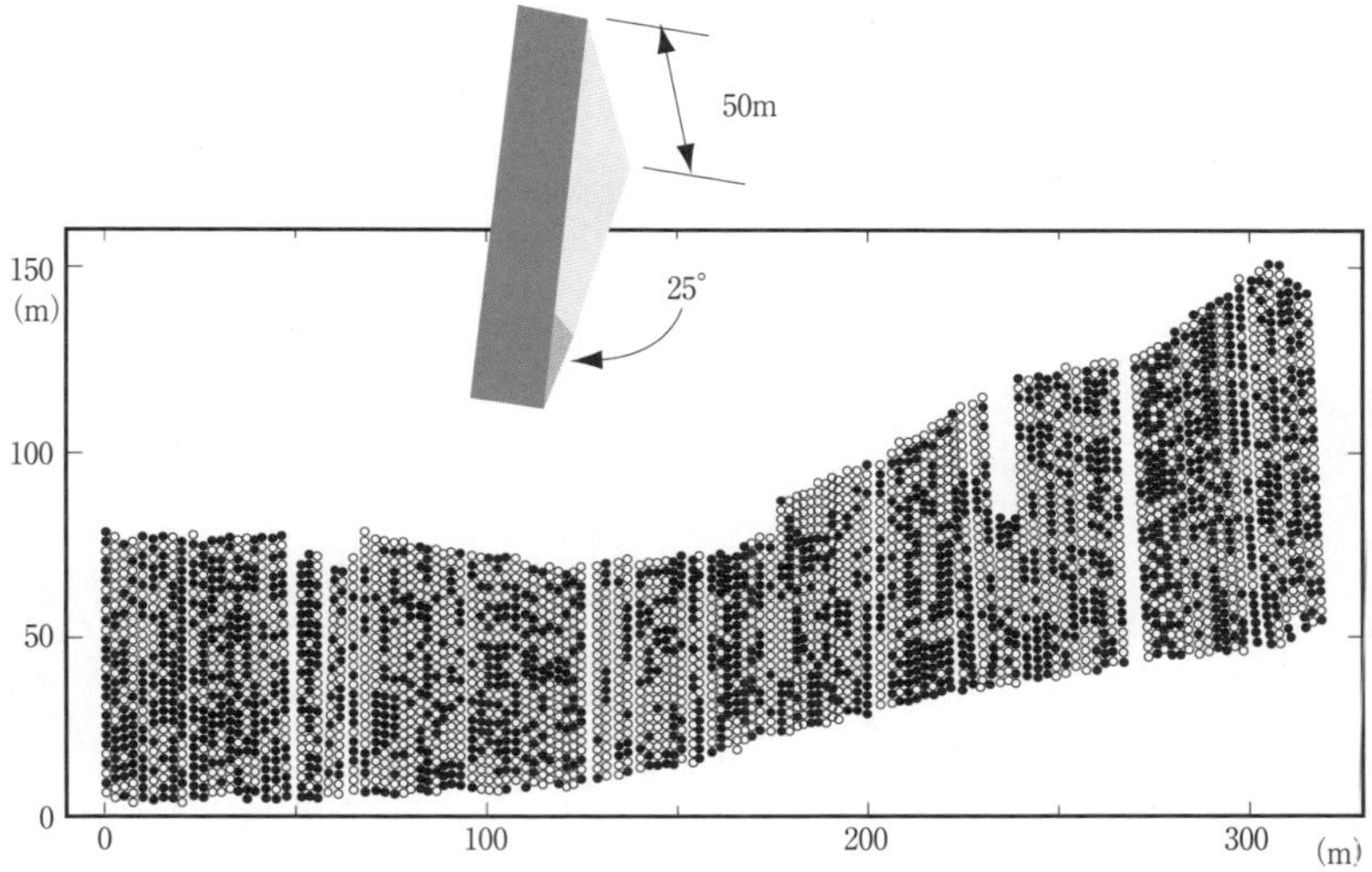

図31　斜面における「マツ枯れ」被害木の分布
●は枯死木，○は生存木。斜面下部に●が多く見られる

山の斜面の上と下で、土壌の水の状態とマツ類の菌根の状態を調査したところ、斜面の上部では植物が利用できる水分量が斜面下部に比べて少なく、しかも乾燥期にその量が著しく低下することが明らかになった。斜面の上部や尾根部分では、乾燥期に植物は強い乾燥ストレスを受けていることがうかがわれる。

ところが、斜面の上部に生育しているアカマツやクロマツの細根では、斜面の下部に生育している個体の細根に比べて菌根の発達が良かった。つまり、斜面の上部という乾燥ストレスを受けやすいところに生育しているマツ個体は、菌根を発達させることによりこのストレスを緩和しているように見えるのである。つまり、斜面の下部に成立しているマツはふだんは充分な養・水分があるため、強力な菌根の助けがなくても発育できるのであろう。そのため、菌根の発達はそれほどよくない。一方、常に養水分が枯渇しがちな斜面の上部では、これとは逆に菌根の発達がマツの発育には不可欠の要素になっているのであろう。ふだんはこれで帳尻が合っている。ところが、夏期に異常な乾燥が

尾根筋に生え残るアカマツ

続くと、話は変わってくる。ふだん養・水分が十分にある斜面下部にも乾燥が及ぶ。そうなると。かえって斜面下部に成立するマツ個体の方が大きなストレスを受けることになる。なぜなら、菌根という養・水分補充器官が発達していないからである。そんなところに「マツ枯れ」が及ぶとどうなるだろう。萎凋病の側面を色濃く持つこの流行病では、当然乾燥ストレスに対する耐性の低い斜面下部のマツが、より大きなダメージを受けるはずではないか。「マツ枯れ」が猛威をふるった山の尾根筋にアカマツが生き残る場合があるのは、おそらく同じ理由によるものだろう。

以上見てきたように、共生微生物は樹木との間で養分やエネルギー源のやりとりをしたり、さまざまなストレスに対してこれを軽減するといった機能を果たしながら、共生関係を営んでいる。その関係は、はるか古生代にさかのぼる古い起源をもつと言われている。共生関係が双方のパートナーにもたらす適応的な利益は現在までに明らかにされているよりはるかに重要なものであるかもしれない。

二　大気汚染が「マツ枯れ」におよぼす影響

「マツ枯れ」大気汚染原因説

マツノザイセンチュウが「マツ枯れ」の病原体として世間に公表された当時から、これに対立する仮説として、「マツ枯れ」は工場などから排出される煤煙などの影響で衰弱したマツ樹が二次的に病害虫に侵されているにすぎず、主因は大気を汚染させている工場からの煤煙であるという「マツ枯れ」大気汚染説が存在した（吉岡・松本 1975）。マツノザイセンチュウが発見された一九七〇年代初頭が、大気汚染が最もはなはだしい時代であったことも、その背景にはあった。また、マツノザイセンチュウの運び屋、マツノマダラカミキリを標的にした殺虫剤の空中散布が環境を汚染するという理由から、各地で反対運動が繰り広げられていたという社会状況もあった。

このような状況の中で環境への影響を考慮して行われた防除は必然的に不徹底なものになり、防除した後にも被害が再発するという現象が頻発することになる。この点をとらえて、「マツノザイセンチュウ—マツノマダラカミキリを『マツ枯れ』の原因と想定した防除法が破綻をきたしたと言うことは、とりもなおさず、想定した原因が的外れであったことを証明している」という主張が唱えられることになる。しかし、「マツ枯れ」の原因が何であるのかということは、その防除法が適当であるか否かとは別次元の問題である。重要なのは、科学的に原因を突き詰め、その原因に適った防除法を確立することであろう。いたずらに感情的になって、真の原因を見失うのは環境保護の立場にも反する。

大気汚染説への疑問

大学生になってすぐに渓流昆虫の研究に触れる機会があった私は、環境の汚染や公害問題に無関心ではおれなかった。しかし、「マツ枯れ」の研究の手始めとして多くのマツ属樹種へのマツノザイセンチュウの接種試験を始めてみると、その病原性は歴然としていた。ましてて、私の実験は市街から隔てられた清浄な環境の試験地での接種試験であったので、「マツ枯れ」には大気汚染は関係がないと信じるようになっていた。そしてなによりも、この病気の野外での発生パターンや被害拡大の実態を見聞きするほどに、マツノザイセンチュウが病原体で、その病原体をマツノマダラカミキリが伝播することにより被害が拡大しているという説に確信を深めるようになった。

「マツ枯れ」をこのような定説に従って研究してきた大部分の研究者も、私同様、大気汚染説を無視するのが当然という確信を持つようになっていた。むしろ、大気汚染説などを考慮することは、研究の本筋を離れ、防除にあたる現場の人々に混乱をもたらすものとして、その考え方を封じる雰囲気さえあった。そんな中で、林業試験場の田中潔（1975）の実験は興味を引くものであった。亜硫酸ガスに被曝させたクロマツの苗木は病原性線虫を接種した場合、亜硫酸ガスに被曝させずにただ線虫を接種したものよりも病徴の進展が一週間ほど早まり、病原性がほとんどないはずのニセマツノザイセンチュウを接種した場合にも枯死木が発生するというのだ。この実験は、大気汚染が「マツ枯れ」の病徴進展に誘因として作用する可能性を強く示唆している。

ひょうたんから駒

このように、大気汚染と「マツ枯れ」の関係にはたいへん重要な問題が含まれていると思われたが、私自身は「マツ枯れ」を大気汚染との関係で研究する気にはなれなかった。大気汚染についてはすでに多くの人によって研究が進んでいる、いわば手垢にまみれたテーマに思えたからである。ところが、そんな私が不本意ながらこの問題に手を染めざるを得なくなった。

新しいテーマは常に新しい状況の中から生まれる。一人の学生が、酸性雨と「マツ枯れ」の関係を調べたいと言い出した。その学生、原島茂幸（はらしましげゆき）君には卒業研究のテーマとしてまったく別の課題を出していたのだが、うまくいかない。二つ、三つとテーマを変えたのだが、不運な学生で、ことごとく失敗する。それも、本人には責任のない理由で。そんなことがあったので、こんなことをやってみたいと本人から申し出があったときは、無条件でうなずかざるを得なかった。

研究の開始も、そんな事情でずいぶん季節外れになり、秋も終わりに近い一一月二五日に、線虫の接種を行った。用いたのは温室で育成中のクロマツ鉢植え三年生苗木で、線虫接種後も温室内で苗木は管理された。普通、線虫の接種時期が九月を過ぎるとほとんど発病しないことが知られている（清原・徳重 1971）。いくら加温した温室内とはいえ、ガラス室のこと、夜温はかなり下がる。温度が一八度を下回ると、たとえマツノザイセンチュウに感染しても発病が抑制される。先に触れたとおり、ここまで温度が下がると線虫の発育や増殖がずっと遅くなり、活動も鈍化するためだ。線虫を接種しても、一本も枯れないかもしれない。そんな心配が頭をよぎった。

線虫接種にあたっては、病原性のマツノザイセンチュウと非病原性のニセマツノザイセンチュウを用いた。一本の苗当たり、いずれも一〇〇〇頭の線虫を接種した。また、対照区として、線虫を含まないイオン交換水だけを注入した苗も作った。そして、酸性雨の代用として、線虫接種をした翌日から三日に一度、pH（ペーハー）二かpH四の希硫酸溶液を霧吹きで散布した。対照区には水道水（pH七）を散布した。pH四の酸性雨はしばしば野外で観察されるもので、農作物の収量に悪影響が出たり、感受性の強い植物に障害が現れ始めたりする酸度である。それより百倍も酸性が強いpH二といえば、人間にも、動植物にも明らかな悪影響が現れるような強い酸性度で、野外で観察されることはほとんどない。

このように、接種源としてはマツノザイセンチュウ

左：酸性雨をスプレーする。土にかからないよう，霧吹きでていねいにまく。右：ドリッピングポイント

とニセマツノザイセンチュウ、それに対照としてのイオン交換水の三種類、それぞれの接種処理をされたクロマツ苗について三種類の酸性雨処理（pH二、pH四、水道水）を施すことになるから、合わせて九種類の処理区を設定したことになる。それぞれに割り当てることができた苗の数は九本しかなく、結果を比較するにも数が少なすぎるかもしれないという心配もあった。

「酸性雨」の散布は、この学生が自ら霧吹きを片手に実施した。もっと苗が多ければ、とても手でやっているわけにいかないが、数が少なかったのでこんな方法で実施できた。こんな能率の悪い方法を採用したのには、もう少し本質的な理由がある。

植物に対する酸性雨の悪影響の一つに、土壌中のアルミニウムイオンを介した作用が知られている。酸性雨が長期に土壌に降り、土壌が酸性化すると、土壌中に珪酸塩の形でとどまっていたアルミニウムが遊離して溶出してくる。このアルミニウムイオンには植物細胞に毒性があり、根の先端にある細胞の分裂を妨げてしまう。また、遊離したアルミニウムイオンは、植物

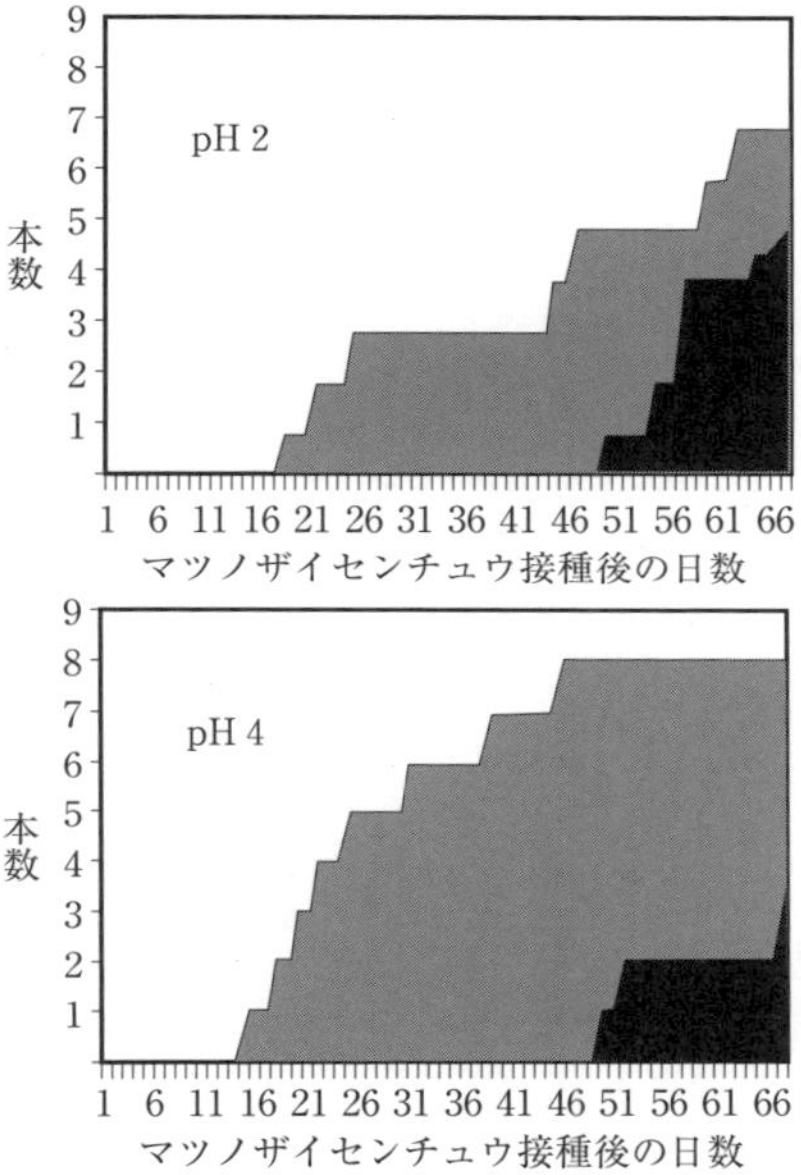

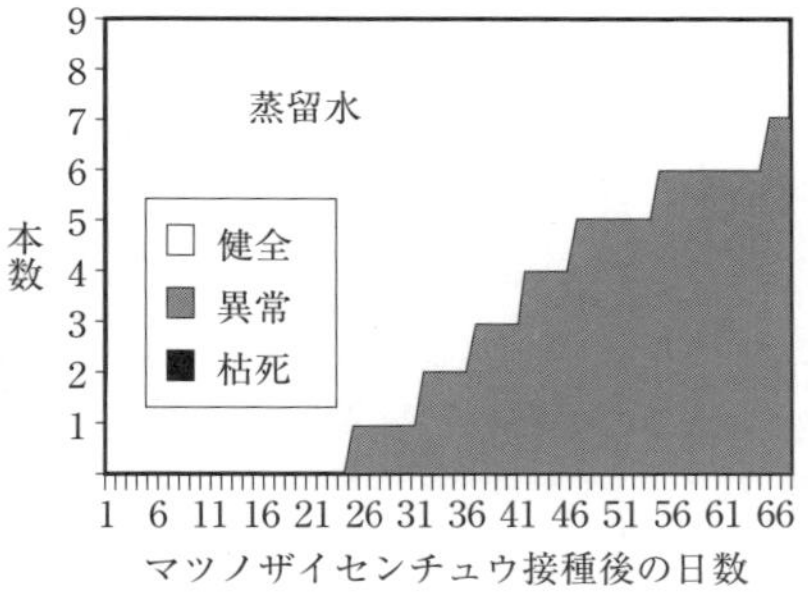

図32　酸性雨と病徴進展（Futai & Harashima, 1990）
秋に実験を開始したため線虫の増殖速度が遅かったこともあり，蒸留水を散布した場合には枯死する個体はあらわれなかった。しかし，酸性雨を散布した場合には枯死する個体も発生した

に必須の栄養素であるカルシウムやリンと結合して、植物がこれらの元素を利用できなくしてしまう。このように、遊離したアルミニウムイオンは二重に樹木の養分吸収を阻害してしまうのだ。したがって、酸性雨を不注意に散布すると、植物体への直接的な影響の他に、土壌への影響を介した間接的な影響まで植物が被ることになり、酸性雨の直接的な影響を判断することがむずかしくなるのだ。人工の「酸性雨」を、霧吹きを用いて注意深くクロマツの地上部にだけ散布し、散布した酸性雨が植物体から滴り落ちる直前（ドリッピングポイント）に散布をやめれば、そこで現れる影響は酸性雨（霧）の植物への直接的なはたらきだということができる。このとき用いたpH二という酸性溶液は酸性度がかなり高く、肌に触れればひりひりし、目に入れば痛くて涙が出てくる。頭に帽子をかぶり、目にはサングラスをし、マスクまでかけてクロマツの苗木一本ずつに酸性霧を撒いたかいがあって、結果は興味深いものになった（図32）。

非病原性のニセマツノザイセンチュウを接種したク

ロマツやイオン交換水だけを接種したクロマツは、その後酸性雨に被曝させても、まったく枯死することはなかった。このことは、かなり強い酸性度（pH二）の酸性雨であっても、それだけではマツは枯死しないということを意味している。

一方、病原性のマツノザイセンチュウを接種したクロマツでは、その多くが樹脂停止を示し生理的に異常が起こっていることを示したが、水道水を散布した場合には最後まで枯死木は発生しなかった。やはり接種時期が遅すぎ、温度条件が低すぎたのであろう。ところが、これにpH二やpH四の酸性雨を散布すると、針葉に萎凋症状が現れ、枯死する個体も発生した。

「マツ枯れ」のシーズンである七~八月に実験をしていたら、酸性雨の被曝処理の有無にかかわらず、マツノザイセンチュウを接種された大部分の個体は枯死していただろう。結局、酸性雨の作用がわからぬままに実験は終わったかもしれない。時期はずれの晩秋に病原線虫の接種を行ったため、病徴の発現に酸性雨（霧）が果たす誘因的な作用が明らかになった。それは、ちょうど亜硫酸ガスを用いた田中の仕事（田中 1975）とよく似た結果であったといえる。

酸性雨と「マツ枯れ」の関係に関する仕事はその後、一人の後輩、浅井英一郎（あさいえいいちろう）君に引き継がれ、実験規模も大きくし、さらに徹底した研究につながることになる。その研究の詳細は少なからず専門的になるので、ここで取りあげることは控えるが、その結果をかいつまんで紹介してみよう。

酸性雨が「マツ枯れ」の病徴進展におよぼす影響には、どうやら、促進的な作用と抑制的な作用の両面があるらしい。促進的な影響のひとつは、酸性雨処理がマツ樹体内の線虫増殖を促進するという点に見られるし、抑制的な影響はそんなマツ樹体への線虫の侵入が酸性雨処理によって阻害される現象で説明できる（Asai and Futai 2001a; b）。ただ、これらの実験が明らかにしたもうひとつの点は、酸性雨処理だけではマツは枯れないという明白な事実である。酸性雨も亜硫酸ガスも、それだけではマツを枯死にまで追いやることはなさそうなのだ。しかし、だからといって、大気汚染や酸性

より大がかりな酸性雨の実験。スプリンクラーを使って自動散布する

降下物が樹木に与える影響は小さいということにはならない。そのことは、京都御所で遭遇した巨大なクロマツの枯死木に教えられることになる。

京都御苑の「マツ枯れ」から教えられたこと

京都御苑は、南北一・三キロ、東西七〇〇メートルの広大な敷地をもつ。周囲は四キロ、徒歩で一周すれば約一時間を要する。京都で育った私には、「御所」といえばこの広大な敷地の中にあるすべてを意味していたが、宮内庁の事務所を何度か訪れるうちにその認識の間違いに気がつくようになった。あの広い敷地の中には、土塀で囲まれた三つの御所、京都御所、大宮御所、仙洞御所があり、その内部にはふだんは市民は足を踏み入れることはできない。一方、その外側の広大な敷地は京都御苑と呼ばれ、公園として市民に開放されている。御所はもちろん宮内庁が管轄しているが、御苑にあたる部分は環境庁が管理している。

三つの御所を囲む土塀の内側にも、その外に広がる御苑にも数多くの樹木が生い茂っているが、その主た

京都御所のクロマツ。樹齢100年前後の立派な木が目立つ

る庭園樹はクロマツであり、少数のアカマツも含めて約三〇〇〇本のマツが植栽されていた。ところが近年になって、毎年五〇～一〇〇本が「マツ枯れ」のため枯死すると新聞が取りあげるようになった。それまで「マツ枯れ」による被害の拡大様式を調査していた私には、最寄りの林地から二キロ以上隔たり、被害木の駆除も徹底して実施されている京都御苑のマツ林は、被害の拡大様式を考えるうえで、外部からのマツノマダラカミキリの飛び込みをあまり考えなくても良い、格好の調査地に見えた。環境庁御苑管理課の協力を得て、「マツ枯れ」被害により枯死した個体を調査することになった。枯死木から線虫を分離し同定することにより枯死原因を特定し、伐採された枝を調査してはカミキリの後食痕を確認してマツノザイセンチュウの感染のあったことを診断してあげることが、お礼の代わりであった。

調査の対象となった被害木は、どれも樹齢一〇〇年前後の巨大なものだった。それもそのはず、維新後取り壊された公家屋敷の跡地を整備し庭園化するとき一

「マツ枯れ」で枯死し，切り倒されたクロマツの切り株

斉に植えられたクロマツだから、ちょうどそれくらいの樹齢になる。しかも、広大な敷地内にゆったりした間隔で植えられているので、個々の木の成長がよい。そのことは御苑で枯死したクロマツの年輪を見ればよくわかる。年輪の幅が広いのである。その年輪幅を調べることにより、「マツ枯れ」によって枯死に至ったマツの生理状態、栄養状態を調べることができるにちがいない。そんな興味から、大きな枯れマツの根際を輪切りにした円盤をもらいうけ、年輪幅を測定してみた。

年輪の中心を通るよう二本の直線を直角に交差させ、木部の最外縁の年輪（枯死した年の年輪）からさかのぼって、中心に至るまでの各年度の年輪幅を四方向で読みとり、その平均値から年度毎の成長幅（直径成長量）を推定した。すると、全般に、枯死したその年、あるいはその前年あたりから成長量が急に減少していることが明らかだった。マツノザイセンチュウの感染により、それまですくすく成長していたマツが急激に生理異常におちいったことを物語る個体が多かったのだ。恒常的なストレスで徐々に成長が低下し、結局枯

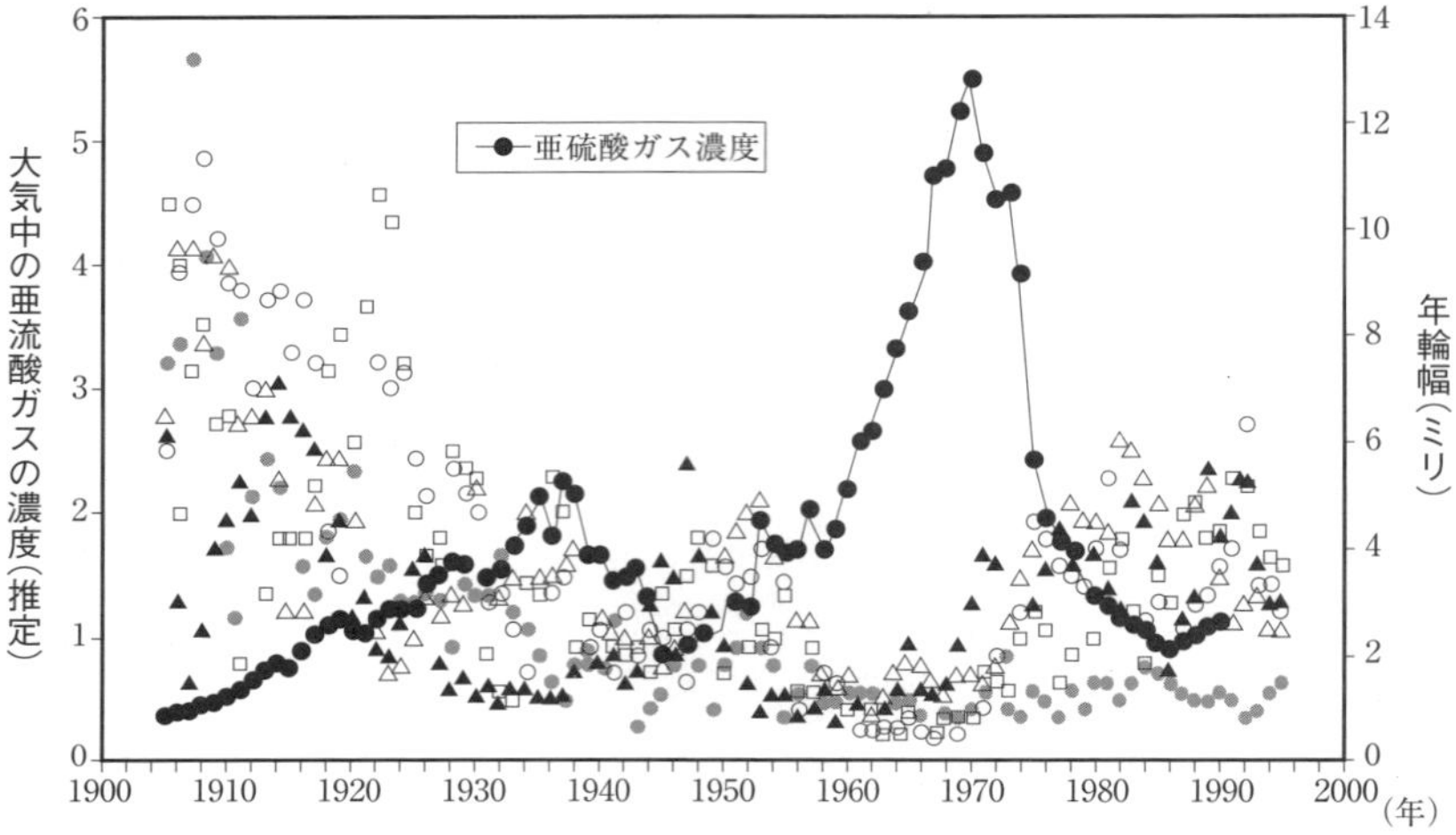

図33　大気中の亜硫酸ガス濃度と京都御所のクロマツの年輪幅

△、□、○、▲、●はクロマツの年輪幅。亜硫酸ガス濃度が高かった（大気汚染の影響が強かった）1960年代から1970年代の半ばにかけて，年輪幅が小さくなっているのがわかる

れてしまったというような個体は、調査個体の中には見られなかった。

　このような年輪解析を始めた当初から、もう一つ気になることがあった。それは、比較的同じような幅の年輪が続く中で、とても狭くて幅を計測するのも難しいような、目詰まりした年輪が一〇数年分続く部分が、どの枯死マツの円盤からも見つかったことである。枯死木は広い御苑の敷地内のあちこちで発生する。たまたま隣の木が成長してきて日陰になったから成長が悪くなり、年輪の目詰まりが起こった、と言うことではなさそうである。

　そんな年輪の年度を読みとると、どれも一九六〇年代から一九七〇年代前半に相当した。つまり、一九六〇年代から一九七〇年代にかけて、広い京都御苑のどのマツもが、いっせいに生理的に衰退するような環境条件が存在していたということになる。これはもう、原因は大気汚染しか考えられない。その頃の大気中の亜硫酸ガスや窒素酸化物の濃度を調べる必要がある。ところが、京都の大気汚染のデータは一九七一年以降のものしか利用できない。それまで観測システムが完備していなかったのである。一方、日本全体では、東京、横浜、川崎、四日市、堺などに合計一四の観測局が設置され、一九六五年からのデータが公表されている。京都でのデータが利用できる一九七一年以降の亜硫酸ガス濃度のデータについて日本全体のデータ（平均値）と比べてみると、まったく同じ傾向で推移していることがわかった。大気汚染は工場地帯のみに限られた局所的な現象ではなく、京都のような盆地で、隔離されたように見える地域にまで、等しく影響していた広域現象であったことが明らかである。

調査しているうちに、御所の枯れマツの樹齢、約一〇〇年に関する大気状態が知りたくなった。これはもうどこにも情報がないように思えたが、電力中央研究所の藤田慎一さんが、一九〇五年以降の亜硫酸ガスと窒素酸化物の排出量の推移を公表しておられた（藤田1993）。藤田さんからその元データをお送りいただき、一九六五年以降の大気中の亜硫酸濃度のデータと比較すると、相関係数が〇・八六と高い値になった。つまり、排出量のデータは大気中の亜硫酸濃度をよく説明しているわけだ。こうして、二〇世紀初頭以降の大気中の亜硫酸ガスの推定動向が明らかになった。そのグラフと御所の枯れマツの年輪幅のデータを重ね合わせたのが図33である。一九六〇年代から一九七〇年代前半にかけて、京都市周辺の亜硫酸ガス濃度が明らかにピークに達しており、その影響を受けて京都御苑のクロマツの多くが成長に障害を受けていたのだ。

これらのデータが教えることは、大気汚染や酸性雨が樹木の生理に大きな負荷を与え、成長減衰を引き起こすということだ。そのことは「マツ枯れ」を考える場合十分に考慮しなくてはならない。このように大気汚染は「マツ枯れ」の誘因になりうる。しかし、京都御苑のクロマツに関する限り、大気汚染で枯死したようには見えない。成長が極端に低下した一九六〇年代から一九七〇年代前半を生き抜いたこれらのクロマツは、健全性を回復し、再びすくすくと成長していたのに、突然に枯死しているのだ。やはり、「マツ枯れ」の主因はマツノザイセンチュウであって、大気汚染ではなかった。

菌根共生と大気汚染

大気汚染物質の影響を受けた樹木では、①葉に可視的障害が表れたり、②植物体の全体、あるいは各部の成長量が減衰したり、③肉眼的に、あるいは顕微鏡レベルで形態異常が生じたり、④生理的・代謝的に異常を示したりする。また大気汚染物質は、このような樹木と共生関係を結んでいる微生物にも、あるいはその共生関係そのものにも、さまざまな形で影響を与えるはずである。たとえば、樹木の地上部で共生している葉面細菌や内生菌には、大気汚染物質の直接的な影響が考えられる（Asai *et al.* 1998）。あるいは、大気汚染物質にさらされた樹木の葉は、その表面のクチクラ層が構造的に、あるいは化学的に変化することが知られているから、そこに棲息する微生物の生息環境が損なわれてしまう可能性もある。また、地上部に受けたストレスは地下部の根の形態や生理に影響することが知られており、根圏微生物や菌根菌がこのような樹木の変化を介して間接的な影響を受けることは充分に想定できる。

さらに、長年にわたる酸性降下物等の影響は土壌を酸性化し、アルミニウムやマンガンなどの金属のイオン化をもたらすため、土壌中で樹木と共生する微生物はこれらの直接的な影響も被ることになる。たとえば、人工的に酸性雨処理を施されたストローブマツやクロマツでは菌根菌による樹木の根への感染率が低下することが報告されている（Stroo and Alexander 1985）。また、たとえ人工酸性雨処理を注意深く植物の地上部にのみに限定しても、菌根菌による根への感染率の低下が発生する（Maehara *et al.* 1993）。

菌根共生が維持され、正常な機能を営むためには樹木の側から充分な炭水化物（エネルギー源）の供給がなければならない。しかし、この炭水化物の転流は地上部における光合成と呼吸のバランスや根のシンクとしての能力に制御されている。この光合成機能が大気汚染物質により低下するため、菌根共生に悪影響が出る。さらに、大気汚染物質の影響を受けると菌根共生が悪影響を受けることは、菌根菌の子実体（キノコ）

の発生量の減少を見ても理解できる。たとえば、ヨーロッパの汚染が進んだ森林では、子実体の出現頻度が減少してきているという（Arnolds 1988; Jansen *et al.* 1988 など）。また、健全な森林では出現するキノコの四五〜五〇%は菌根菌であるのに、汚染が進んだ森林ではこの値が一〇%程度まで低下するという（DeVries *et al.* 1985）。

このように、大気汚染物質は直接的、間接的に樹木と共生関係を結んでいる微生物にも、あるいはその共生関係自身にも影響を与えるが、共生関係は本来、このような悪影響を軽減する機能を持っている。たとえば、オゾンや亜硫酸ガスに被曝したテーダマツの苗木では根の成長がシュートのそれに比して著しく抑制される。ところが根が菌根化しているとこれらの大気汚染物質の障害を軽減し、根の成長を促進する（Mahoney *et al.* 1985）という。この例は外生菌根の話だが、内生菌根の一種、アーバスキュラー菌根の場合にも同様な報告がある。ただし、この例は樹木ではない。ダイズがオゾンに被曝すると収量が四八%も低下するが、アーバスキュラー菌根菌の一種、グロムス・ゲオスポルム（*Glomus geosporum*）が感染していると、この収量低下は二五%に軽減されると言う。アーバスキュラー菌根菌と共生関係にあるスギやヒノキ、ビャクシンなどでは共生菌による同様な被害軽減が行われていることが想定される。

ここで問題になるのは、上でも触れたとおり、そんな菌根共生関係の成立する段階で大気汚染がこれに阻害的に作用する点である。

三　温度条件と潜在感染木

気象条件が被害を広げる

「マツ枯れ」は今世紀初頭に九州に始まり、大正期には本州の兵庫県に飛び火し、その後次第に分布を西南日本一帯に広げた。しかし、当時被害が広がったのは気候が温暖な地域で、感染から枯死に至る病徴の進行が一年のうちに終了してしまうような地域であった。

ところが、第二次大戦後の混乱期に多くの物資が輸送される中で、「マツ枯れ」被害材もこれらに紛れて国中を移動したのであろう。後に「マツ枯れ」は関東にまで広がることになる。また、一九七〇年代の末期に二年間続いた高温で雨の少ない気象条件は、関東地方、特に茨城県で爆発的な被害を発生させ、山陰、四国の各県でも被害量を急増させた。この異常気象はまた、それまで冷涼であるため被害の進展を免れていた北陸や東北に「マツ枯れ」発生を定着させてしまった。このように、日本各地での被害の経過を見ていると、人間の社会活動を背景にした飛び火的な拡がりと、高温、小雨といった気象条件を引き金にした被害量の急増期があって、被害分布を押し広げてきたことが理解できる。

「マツ枯れ」の病原体やその伝播者が生物である以上、温度要因がその成長や増殖に決定的な影響をおよぼすことは前にも触れたとおりである。そのうえ、寄主であるマツ樹の生理も温度条件に影響され、温度が上がると蒸散作用も活発になる。一方、乾燥が続けば土壌からの水の供給が滞ることになり、マツの樹体に水分ストレスが発生する。したがって、「マツ枯れ」は温度が高いほど病徴の進行が促進されることになる。

しかし、最近のように、「マツ枯れ」が本州の東北部や内陸の山岳地域に広がると、温度条件が西南日本の沿岸部ほど十分でないため、病気の進行は遅れがちになる。そのため、「マツ枯れ」に感染しても病徴が現れるのが翌年以降に持ち越されることが多くなる（陣野・滝沢・佐藤 1987）。それは、これまでの激害発生地域でも見られた、線虫に感染する時期が遅くなったり、感染する線虫の数が少数であったり、あるいは感染を受けたマツの抵抗性がやや強かったような場合に発病が遅くなるという現象とよく似ている。

これまで、このように発病が遅れて翌年以降に発症する個体のことを「持ち越し枯れ」とか、「年越し枯れ」と呼んでいたが、その発病が翌年の「マツ枯れ」シーズンにまでずれ込む個体（これを潜在感染木と呼んで、他の年越し枯れ木と区別する）については新しく感染した個体との識別が困難であるため、ほとんど無視されていた。潜在感染木の存在を明らかにするには、同じマツ個体を対象にして連続的に健康診断を続け、発病時期を特定しなければならない。

富樫氏の発見

この「潜在感染木」の調査を思い立ったのには、きっかけがあった。それは、その二年前（一九八八年）に石川県林試の富樫一巳（とがしかずみ）氏（現：広島大学）の学位論文の一節から受けた強い印象である。

その学位論文によると、石川県の海岸に同氏が設けたクロマツ林の調査地では、毎年発生する「マツ枯れ」被害木を、翌年にマツノマダラカミキリが羽化し始めるまでにすべて林外に持ち出し、林内から新たな病気が発生することを防いでいた。ところが、翌年には前年の枯死木のその伐根の近くから再び枯れマツが発生すると言うのだ。富樫氏はそれら年度間の被害木の分布が重なることを数学的に証明したうえで、これを「履歴効果」と呼んでいた。しかし、この論文ではその「履歴効果」のメカニズムにまでは言及していなかった。

この現象には「マツ枯れ」の流行を考えるうえで重要なヒントが潜んでいるに違いないと考えた私は、早速、上賀茂試験地で「マツ枯れ」被害木の処理にあたっていた技官の人々にそのようなことを経験したことがあるか尋ねてみた。この試験地でも毎年被害木の徹底した駆除処理を実施していたからだ。このことを尋ねた職員の誰からも、「その通り、前年の被害木の近くから被害が再発する」という答えが返ってきた。

そこで、同試験地で「マツ枯れ」の調査記録が残っていた七・七ヘクタールの林分に発生した、一九八五年から一九八七年にかけての被害木の分布の重なりを調べたところ、確かに年度間で被害木の分布が重なることが明らかになった。その理由としては、①枯死木の周辺の健全木にもマツノマダラカミキリが飛来し、後食をした結果、それら周辺木に病原線虫が残存し、翌年気温が上がってから発病に至ると言った可能性や、あるいは②枯死木から根系を介して周辺の健全木に病原線虫が移動し、感染、発病する可能性などが考えられた（二井・岡本 1989）。しかしこの報告でも、年度間で被害木の分布が重なるしくみについては、「このように考え得る」という可能性を述べたに過ぎない。この現象のしくみを明らかにするには、一つの林分で、被害発生の最初から全木を対象に健康診断を定期的に実施し、外見ではとらえられない初期病徴（樹脂浸出異常）を示す発病木の発生位置などを詳細に解析する必要がある。次に紹介するチョウセンゴヨウの見本林は、そのような目的にぴったりの林分であった。

ゴヨウマツ林での長期健康診断

上賀茂試験地では、広く外国産のマツ属樹種を集め、試験地内の林地に造林し、見本林を作っている。その中に、チョウセンゴヨウの小さな見本林（六七八平方メートル）があった。ここには七二本の四五年生のチョウセンゴヨウが植栽されていたが、周囲のアカマツ林に毎年多数の「マツ枯れ」による枯死木が発生するのに、この林では一九八九年まで一本も枯損木が発生しなかった。私たちが一九七七～一九七八年にかけて実施した接種試験の中では、チョウセンゴヨウは最も感受性が強く、よく枯死する樹種であっただけに、この林分の健全性は意外なものであった。ところが、一

被害が始まる前のチョウセンゴヨウ林

九九〇年の暮れになって、この小林分に二本の枯死木が発生した。以後、各個体の健康診断を繰り返しながら、この小林分で被害がどのように進展するのかを調べてみることにした。

健康診断のためには、樹脂調査が最も簡単である。押しピンを各個体の幹に突き刺し、そこから浸出する樹脂の量を測定し、健全度を五段階に分け、それぞれに〇から四までの樹脂インデックスを与えた。シーズン中にはこの他に、外見的な葉色の変化や幹に残されたマツノマダラカミキリの産卵痕の有無、カミキリ幼虫が樹体外に播き落とした木屑の有無なども調査の対象になったが、その方法はいたって簡単なものであった。ただ、この林分は斜度が二五度の傾斜地にあるため、それを上下しての調査は一回に二時間以上を要する骨の折れるものだった。

樹脂調査は月に一～二回行い、四年間に約六〇回繰り返した。そのたびに各個体ごとに求めた樹脂インデックスを累積して時間軸に対してプロットしていくと、いつも健全である個体の場合には右肩上がりの直線が

激害のあと，林間が明るくなったチョウセンゴヨウ林

得られる。しかし、樹脂が停止し、それ以後停止したままになれば直線は水平になる。しかし、病徴進展はそんなに簡単なものばかりではなく、一時的に樹脂浸出が低下し、衰弱した個体が樹勢を取り戻し、樹脂分泌が盛んになったり、樹脂停止と復帰を繰り返しながら、やがて完全に停止してしまうものなど、さまざまであった。なかでも印象的であったのは、調査を開始した一九九〇年の一二月から、すでに樹脂が完全に停止した個体である。この個体は樹脂分泌を停止しながら、翌年の七月まで外見的にはまったく健全に見えた。このような連続調査をしなければ、この個体は一九九一年に新たに感染して枯死したものと考えたであろう。

確かに、マツ類の針葉には萎凋症状はあらわれにくい。その色が黄変する頃には、萎凋症状はもう最終段階を迎えているのだ。しかし驚いたことに、マツノマダラカミキリは敏感にこの外見が健全な木の異常を探り当て、人の目にはまったく健全であったこの木に六月に飛来し、この林分ではその年最初の産卵を行っている。前年に感染し、その年遅くに発病した個体が翌

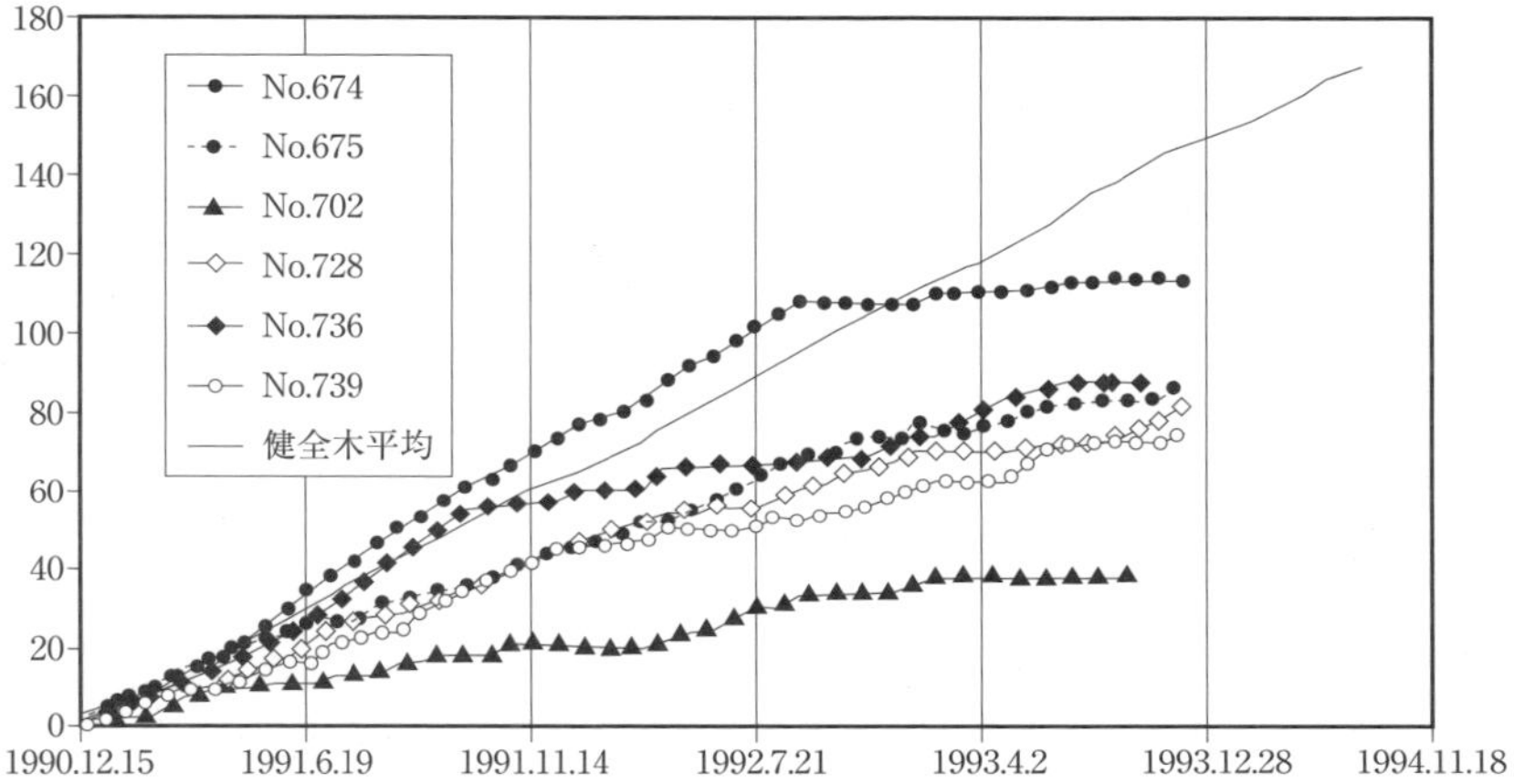

図33　チョウセンゴヨウの累積樹脂分泌曲線

No.674などは個体番号。ここに示した6個体は，すべて1993年度に枯死した

年の「マツ枯れ」シーズンまで外見的な病徴の発現を遅延し、近隣のマツ林で新たに羽化したマツノマダラカミキリを誘引し、この林での「マツ枯れ」の再発の原因となったことが明らかであった。

この調査を始めて三年目、一九九二年の五月に、林内に一部の枝だけが枯れた個体が二〇本以上発生した。その枝を伐り採って調べたところ、そのうちの一三本の枝からマツノザイセンチュウが見つかった。これらの個体のその後の運命を追跡したところ、うち一〇本は樹脂分泌異常を起こし、その中の七本が枯死してしまった。マツノザイセンチュウは感染した個体をその年のうちに枯死させなくとも、侵入した枝だけを枯らしてそこにとどまったり、あるいはほとんど病徴を発現させることなくその樹体内に潜み、翌年気温の上昇とともに再び増殖を開始し、結局その個体全体を死に導いたりする、そんなシナリオが見えてきたのだ。これらの一部の枝が枯れた個体がいずれもそれまでに枯れた個体の周辺に分布していた事実は、図34に示した、潜在感染木を起点に連年にわたって同じ場所から被害

図34　「マツ枯れ」ドミノ感染仮説

1. マツノマダラカミキリが飛来，産卵。マツノザイセンチュウが運び込まれる
2. 一部のマツが枯死。しかし，「マツ枯れ」の進行には個体差があるため，外見的には健全なまま年を越す個体もある。このような潜在感染木は防除の対象とならない
3. 翌年夏，マツノマダラカミキリは樹勢の弱った潜在感染木に誘引され，産卵する
4. 潜在感染木はその年の夏～秋に病徴をあらわす

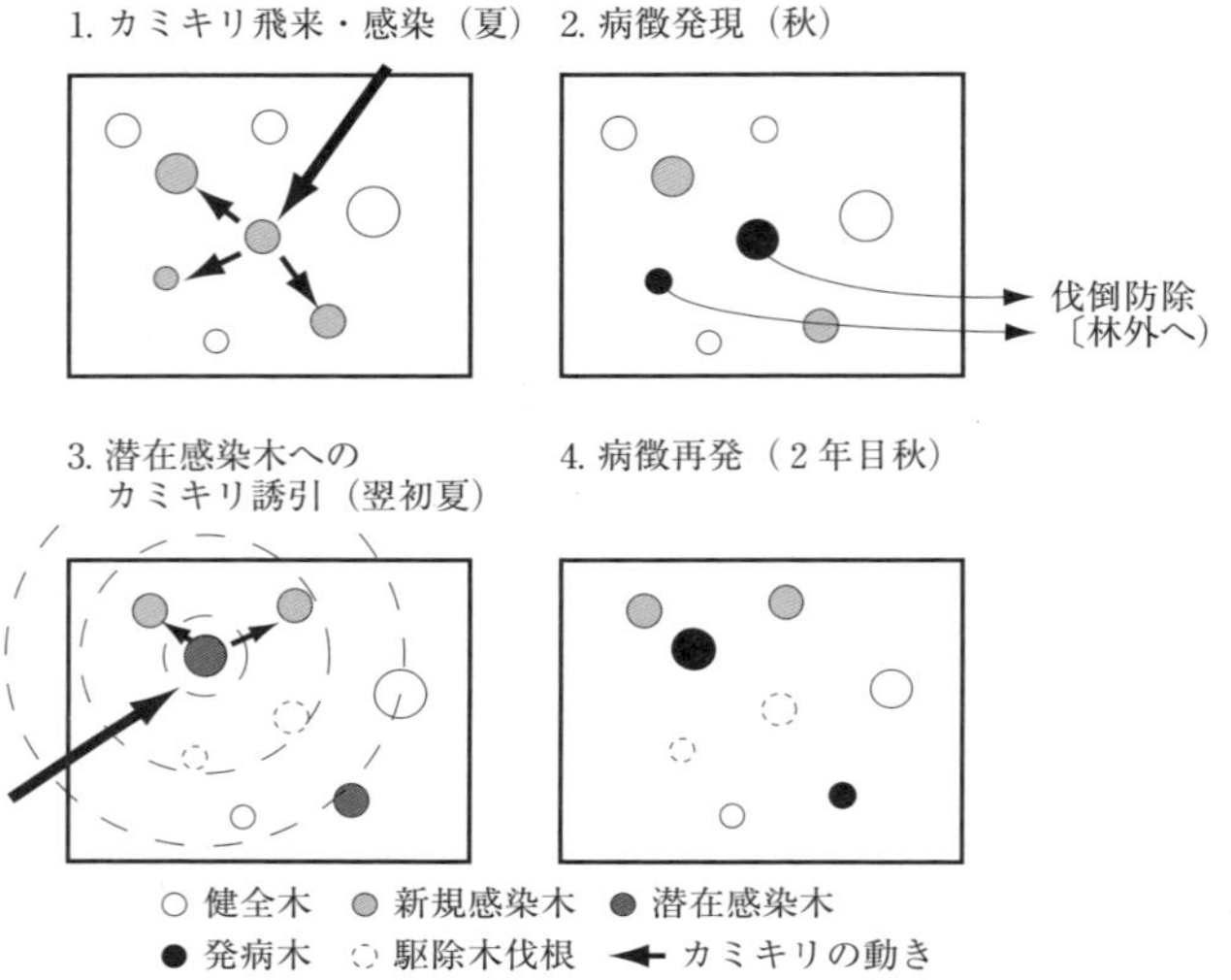

が発生するというドミノ仮説を支持するものであろう。

全木を対象にした、この林での四年間にわたる健康診断の結果、被害木の発生後、その枯死木を除去してもその周辺の木の枯れ枝などに病原線虫が残り、翌年のシーズン最初に発病することが明らかになった。もちろん、これらの個体の外見は健全そのものである。しかし、樹脂分泌は翌春には異常になり、初夏には停止しているものもある。これで、前年の枯死木の周辺に病気が再発するメカニズムの一つが明らかになった。しかし、ここでこの現象に潜むもう一つの重要な仕掛けについて触れておかねばなるまい。

マツノマダラカミキリの行動

「マツ枯れ」がマツ科の樹種に限って発生する理由についてはすでに述べた通りだが、その中で、マツノマダラカミキリがマツ科の樹種に産卵する場合、樹脂の分泌が低下した異常木や、停止してしまった発病木を選んで行っていることも述べた。松林の中にある多くのマツ樹の中から、マツノマダラカミキリはどのよ

うにしてこれら生理異常木や罹病木を見つけているのだろうか。

前年の枯れマツから羽化脱出したマツノマダラカミキリは歩行して枝先や梢端へ移動し、そこから人が歩くほどの速度で飛行する。この時の飛行はランダムな飛翔のように考えられている。しかし、いったん健全なアカマツやクロマツなどの樹に到達するとそこで飛行を停止し、若い当年生の枝や一年生の枝にとりつき、その樹皮を後食する。後食期間は生殖腺が充分に発達するまで一〇日ほど続くが、この間にはあまり飛翔は行わない。やがて生殖腺が発達した雌雄のカミキリ成虫は生理異常木や罹病木を産卵対象木と定め、これをめざして飛翔し、その樹の樹幹上で夜間に活発に歩行し、雌雄が遭遇すると交尾し、やがて産卵を開始する。

産卵木をどうやって見つけるのか

この産卵対象木に向けての移動は、方向付けのある（定位的な）飛翔である。その定位のメカニズムを明らかにしたのは、当時の林業試験場（現森林総合研究所）の化学者池田俊弥と、昆虫学者小田久五のグループであった（Ikeda and Oda 1980）。彼らによると、マツ樹がマツノザイセンチュウに感染し生理的に異常になると、その樹体からエタノールやテルペンなどの揮発性ガスを発散させるようになるという。性的に成熟したマツノマダラカミキリの雌雄はこれらの揮発性ガスに反応して異常木に集合するというのだ。そんな木ではすでに樹脂分泌も低下しているから、産みつけられたカミキリの卵は安全に孵化し、成長を全うすることが保証されることになる。

それでは、前年のうちにマツノザイセンチュウに感染し、翌年の初夏、マツノマダラカミキリが羽化し活動をする頃になって異常を発現する木も、産卵対象になるのだろうか。前年に枯死した個体の周辺の健全木に線虫が潜むだけではなく、そのような個体が新たにマツノマダラカミキリを誘引する可能性がある。

前年に感染し翌年発病する個体は、発病が遅いためマツノマダラカミキリの産卵を受けていない。従って、翌年発病して枯死しても、この個体からマツノマダラカミキリが羽化して来る心配はない。しかし、この木が次のシーズンに発病し、マツノマダラカミキリを誘引するとなると問題は深刻だ。なぜなら、このような潜在感染木の存在は、被害木の伐倒防除の後にも同じ林に「マツ枯れ」を発生させ、駆除努力を無効にする可能性があるからだ。せっかく前年度に枯損木を駆除したのに、その周辺で再び被害が発生するため、駆除作業に従事する人達の労働意欲を著しく損なうことになるのも問題だ。

発病拡大仮説と網室でのモデル実験

潜在感染木を起点にしたドミノ式の発病拡大パターンを想定したが、それだけでは科学ではない。証拠が、証明が必要だ。

そこで、実験的にこのことを確認することにした。幅二・七メートル、奥行き四メートル、高さ一・四メートルの鳥小屋大の網室を作った。三人ほどの学生に手伝ってもらった手作りの小屋だ。その中に鉢植えのクロマツ苗を四二本並べた。九本ずつを一つのブロックにして、四つのブロックを田の字型に配置し、残る六本はブロック間の仕切りに配した。四つのブロックの一つについては、その中央の鉢の位置に前年秋にマツノザイセンチュウを接種し、無病徴のまま生存しているクロマツ苗木（潜在感染木）を置いた。こうしておいて、四つのブロックの中心から五対のマツノマダラカミキリを放虫した。それぞれのカミキリの背中には、ペイントマーカーで印をつけて個体識別できるようにしておいた。こうしておいて、二日後と四日後に一〇頭のカミキリがどの苗木上にいるかを調べた。また、四二本すべての個体を調べて、それぞれの個体につけられている後食痕の有無と、その程度を調べた。この実験は八回くり返し、そのつどクロマツ苗木を取り替え、潜在感染木を配置するブロックの位置も変えるようにした。そうしないと、たまたま四つのブロックのうちのある場所が風通しが良く、そこをカミキリが好んで集まったなどということがあるかもしれないからである。

結果は比較的明瞭であった。潜在感染木を含むブロ

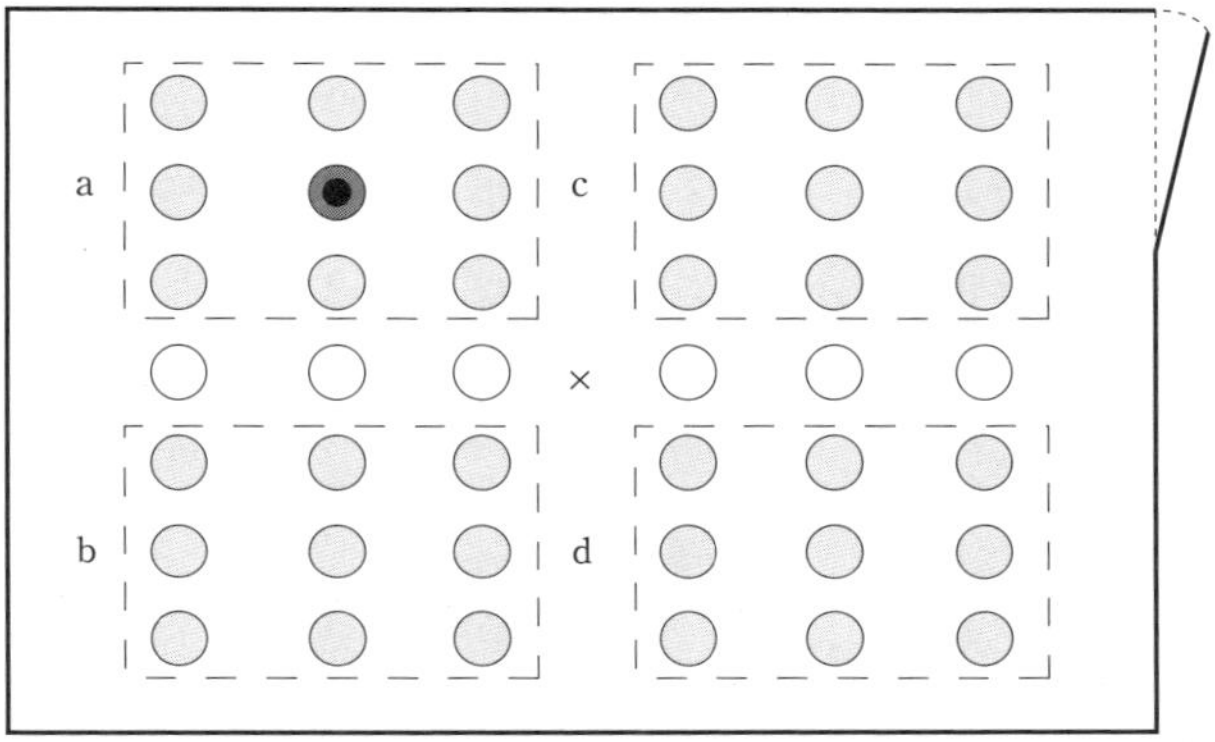

図35　網室での実験デザイン

病徴がないため伐倒防除の対象とならない潜在感染木から「マツ枯れ」が拡大していくという仮説が正しければ，カミキリは健全木よりも潜在感染木に多く集まるはずだ。それを確かめるため，マツノマダラカミキリが外部から侵入・脱出できないよう，網で囲った小屋を用意した。中には1本の潜在感染木を含むクロマツ苗木の鉢を，a～dのようなブロックに配置し，4つのブロックの中央（図の×印）から5つがいのマツノマダラカミキリを放す。この図では，aブロックの中央に感染木を配置している

ックに集まったカミキリの数は、やはりそれ以外のブロックに集まったカミキリの数より多いのである。モデルとして使った潜在感染クロマツ苗の周辺にカミキリが集合したように、野外の松林でも、衰弱木の周辺にマツノマダラカミキリが誘引され、その周辺の健全な個体に集合する様子が報告されている（柴田 1986）。ただ、注意願いたいのは、そこで報告されている衰弱木は感染したその年のうちに病徴を発現した個体だが、私がチョウセンゴヨウの林で見いだし問題にしているのは、前年のうちに感染し、無病徴のまま翌年の「マツ枯れ」シーズンを迎え、そのシーズンに羽化し性的に成熟したマツノマダラカミキリを誘引する潜在感染木のことである。このような潜在感染木は当然前年の枯死木の周辺に分布することになり、連年の被害木の分布に重なりをもたらす。さらに悪いことに、林内から翌年の被害発生源となる枯死木を完全に除去した後にも、周辺の無防除林からマツノマダラカミキリを誘引し、被害の再発を招く可能性があることも強調しておきたい。

「マツ枯れ」被害の進展に酸性雨や潜在感染木が影響する可能性について話をしたとき、ある人びとから、「駆除作業に従事する人達が、『マツ枯れ』の主因を混同したり、これらの要因を現行防除の限界性と結びつけ、防除努力をおろそかにする可能性があるから、そのような考えを公表するのは問題だ」と批判されたことがある。しかし、酸性雨や潜在感染木が影響する可能性を公表するのが悪いのではなく、担当者への防除教育が不備であったり、これらの現象を口実に防除を軽んじる当事者の対応そのものが問題なのである。防除を指導する立場にある者は、酸性雨や潜在感染木などの要因もよく咀嚼したうえで、なおかつ有効な防除法を提示し続ける必要があろう。むしろ、防除しても防除しても枯損木が再発するため防除意欲を失いかけている人々に、防除後も潜在感染木が存在しているため被害が完全に終息しないので、それでも辛抱強く防除を続けなければ被害が激化するおそれがあることを説いてまわることこそが必要なのだ。

光条件と「マツ枯れ」

「マツ枯れ」被害は、日照りで、高温・乾燥条件が続くと激化する。これは、この病気が萎凋病であることを考えれば納得がいく。水分生理が異常になり、水ストレスがかかるので、マツ材線虫病の発病、病徴進展が促進されるからだ。それでは、曇りの日ばかりであれば枯れないかというと、どうもそういうわけにはいかないようだ。

森林総合研究所の金子繁（かねこしげる）（1989）の報告によると、二年生のアカマツ苗に五〇〇〇頭のマツノザイセンチュウを接種し、その後照度を二キロルクス（曇りの日の早朝の屋外照度）、九キロルクス（晴天の日の松林の林床照度）、三五キロルクス（晴天の日の午後三時頃の屋外照度）の三通りに調整した条件下でそれぞれ育てたところ、弱い照度で育てた苗ほど早く病徴が進行し、最終枯死率も高かったという。この実験では、枯死した苗の中から分離された線虫の数は三つの照度処理の間で違いはなく、病気の進行に差が出たのは線虫の数のせいではなさそうだ。むしろ、照度の違いが光合成速度に影響し、アカマツ苗の生理活性の違いを生み、生理的に活性の高くなった高照度処理区（三五キロルクス）で病徴進展の遅延と枯死率の低下が起こったと考えられる。なお、ここで用いられた最低照度二キロルクスでも、アカマツ苗木の光補償点よりは高い値なので、光合成より呼吸活性が高かったため枯れたのだということではない。光補償点とは、植物の光合成速度と呼吸速度が等しくなる光条件、つまり植物が生命を維持するために消費しているエネルギーと、光合成で作り出すエネルギーが等しくなる点である。したがって、光合成に利用できる光が光補償点を下回れば、エネルギー収支はマイナス、つまり赤字になって、植物は次第に衰弱する。なお、アカマツの光補償点はだいたい一・五キロルクスである。

九州大学の川口ら（1998）は、三年生のクロマツの鉢植苗に一万頭のマツノザイセンチュウを接種した後、まったく被覆のない、従って自然のままに陽の当たる場所と九五％の被陰をした場所に置いて、その後の病徴の進展を比較した。この実験でも、被陰した場所では病徴進展が早かった。ただ、この実験では苗木の体内での線虫増殖も被陰条件下では早くなることが認められており、そのことが病徴進展を早めたと考えている。

このように、光条件が違うため光合成速度に違いが出たり、あるいは植物体内に侵入した病原線虫の数に影響が出たりすることによって、マツ材線虫病の進展速度に差が出てくることになる。

四　世界に広がる「マツ枯れ」問題

北アメリカでの事情

マツノザイセンチュウは日本だけでなく、北米に広く分布することが知られているが、不思議なことにそこで自生している多くのマツ樹種にはほとんど病原力を持たない。おそらく北米のおけるマツノザイセンチュウは、日本におけるニセマツノザイセンチュウと同様の生活史を営むことにより、存続しているものと考えられる。この点について、カナダのラザフォードら(1987)は興味深い考え方を示している。北米自生のマツ樹のなかにも、この線虫に対して感受性の(この線虫に感染すると発病し枯死してしまう)樹種があるというのだ。しかし、そのような種はこの線虫の加害によって淘汰された結果、北米でも冷涼なカナダ北部や高山地帯にだけ分布するようになったと考えている。そして、それ以外の地にはこの線虫に抵抗性の樹種だけが残ったというのだ。しかし、彼らがこの線虫に対して感受性であるとしているジャックパイン(*Pinus banksiana*)は私達の接種試験では必ずしも感受性ではなかったので、この考え方を鵜呑みするわけには行かない。

ただし北米にも、この線虫の運び屋として、日本のマツノマダラカミキリと近縁のモノカムス(*Monochamus*)属のカミキリが数種類(合衆国に*M. carolinensis, M. mutator, M. scutellatus, M. oregonensis, M. titillator, M. notatus*、カナダに*M. carolinensis, M. marmorator, M. mutator, M. obtusus, M. scutellatus, M. titilator*)がいるので、感染のチャンスは十分にある。合衆国に自生する多くのマツ類が発病を免

れているのは、感受性のマツは冷涼な北部や高い山岳地帯に分布し、マツノザイセンチュウを運ぶカミキリが活動する地域には抵抗性のマツ類しか分布しないからだと考えるのは合理的であるかもしれない。

運び屋モノカムス属のカミキリは、広く東アジアに分布するほか、北米やヨーロッパにも分布しており、そのような意味からは、これらの地域に分布するいずれのマツが侵されても不思議ではない。事実、この線虫による「マツ枯れ」被害は中国や韓国、台湾に広がり、それらの国々でアカマツやタイワンアカマツ（*Pinus massoniana*）などを枯らし、深刻な問題になっている。さらに、一九九九年には被害はヨーロッパのポルトガルに飛び火し、問題は世界的な広がりを見せ始めた。その経緯を振り返ってみることにしよう。

北米諸国の林業を直撃した貿易問題

アメリカ合衆国では、一九七九年に中西部のミズーリ州で、ヨーロッパクロマツの枯死木よりマツノザイセンチュウが発見され、合衆国国内においても「マツ枯れ」が問題化するようになった。

この線虫はただちに、真宮らによって日本で記載されていたマツノザイセンチュウとの関係が検討され、これらが同一種であることが明らかになった。さらに、この線虫の分類的位置が再検討されたところ、この線虫が一九三四年に合衆国でダイオウショウ（*P. palustris*）より発見され、アフェレンコイデス・キシロフィルス（*Aphelenchoides xylophilus*）として新種記載されていた線虫と同一種であることが明らかになった。

その後、この種はブルサフェレンクス属に移されたため、ブルサフェレンクス・キシロフィルスとしてすでに記載されていたことになる。そこで、一九八一年、真宮自身も加わってさらに検討が加えられ、マツノザイセンチュウの学名であるブルサフェレンクス・リグニコルスは、旧名ブルサフェレンクス・キシロフィルスに戻されることになった（Nickle *et al.* 1981）。このような混乱が生じたのは、一九三四年の記載に重要な形態的特徴の記述が欠落していたためであるが、この間の事情については真宮の報告（1982）に詳しく述べられている。

合衆国では、クリスマスツリーに日本のクロマツなども使われるため、広大な面積にクロマツの若木が植栽されている。これらクロマツをはじめ、合衆国以外から導入された外国産のマツ類樹木が「マツ枯れ」により大量に枯死し問題化していたので、合衆国内でのこの線虫の分布が調べられたところ、一九九〇年当時、合衆国の実に三四州でこの線虫の分布が確認された。しかし、合衆国でマツノザイセンチュウの感染によりマツ属樹種の枯死が発生しているのは中部と南部の諸州のみである。

ヨーロッパでは

ヨーロッパでも、一九七九年にフランス南西部の沿岸地に広がる広大なフランスカイガンショウ（*Pinus pinaster*）の林に大規模な枯損被害が発生した。それら枯死木からブルサフェレンクス属線虫が発見され、一時はマツノザイセンチュウが原因かと騒がれたが、どうやら病原性の低い近縁種であることが明らかにされ、関係者をほっとさせた。

当時、フランスでこの問題に取り組んでいたド・ギラン博士からフランスで発見されたブルサフェレンクス属線虫を日本のマツノザイセンチュウと比較したいから、日本のマツノザイセンチュウを送ってくれと言ってきた。それに応えて培養株を送ったところ、お返しの意味であろうか、頼んだ訳でもないのに、フランス産のブルサフェレンクス属線虫の培養株を送ってきた。せっかく手に入ったものだからというのでその形態や実生苗に対する病原性などを調べたところ、病原性はほとんどなく、またその形状も日本産のマツノザイセンチュウとは異なることが明らかになった。

このように、ヨーロッパはこの問題とは無関係であるとおおかたの研究者が思い始めた頃、事態は急転することになる。

輸入材に見つかったマツノザイセンチュウ

一九八四年、フィンランドの港で、アメリカやカナダから輸入したマツ材チップからマツノザイセンチュウが確認された。驚いたフィンランド政府は、ただちに北米や日本などこの線虫の分布が確認されていた諸国からの針葉樹材の輸入を禁止する処置をとった。翌一九八五年、スウェーデン、ノルウェーの二か国も、フィンランドにならって同様の輸入禁止処置をとったため、スカンジナビア諸国に大量の木材輸出をしていた北米諸国は大きな打撃を受け、アメリカだけでも林業従事者を中心に一万三〇〇〇人が職を失い、六〇〇〇万ドル以上の損害を被ったという。欧州植物防疫機構（ＥＰＰＯ）も、スカンジナビア諸国の輸入禁止処置にならい、一九八六年には潜在的に重大な防疫対象病害虫に与えられるＡ１ランクに、マツノザイセンチュウを指定した。

カナダへ

ヨーロッパ諸国がとった北米針葉樹材の輸入禁止処置は北米二か国を慌てさせ、国を挙げての調査が遂行されたのだった。カナダでは、一九八五年にマツノザイセンチュウの分布調査を開始した。この調査にあたったのは、森林病害虫調査（FIDS）というカナダ森林局の組織で、調査はカナダ全土の寄主候補樹木と媒介昆虫である可能性のある昆虫からのマツノザイセンチュウのサンプリングに主眼が置かれた。調査された樹木は二七七三本の枯死木を含む総計三七〇六本の樹木と、一二九四頭のモノカムス属のカミキリを含む五六一九頭の昆虫であった。調査の結果は驚くべきもので、プリンスエドワード島を除くカナダのすべての州からマツノザイセンチュウが発見された。ただし、その分布状態は日本のように集団的な枯死木と関連して見つかるのではなく、常に一、二本の孤立した樹から発見されることが多かった。

カナダには、雌の尾端形状が丸いｒフォームと呼ばれるタイプと雌尾端にごく小さな突起があるｍフォームと呼ばれる二タイプのマツノザイセンチュウが併存している。ｍフォームはカナダ全土に普遍的に分布するの比して、ｒフォームの分布は北部や東部の諸州に限られている。また、これら二つのタイプが分離される樹種についても、ｒフォームはマツ属樹種にほとんど限定されるのに、mフォームはモミやトウヒから分離されることの方が多かった。カナダでは、マツノザイセンチュウはヨーロッパアカマツ（*Pinus sylvestris*）、ジャックパイン（*P. banksiana*）、レジノーサマツ（*P. resinosa*）、ポンデローサマツ（*P. ponderosa*）、ストローブマツ（*P. strobus*）、ロッジポールパイン（*P. contorta*）という六種のマツ属樹種のほか、バルサムモミなどトウヒやモミ、ダグラスファーなど六種の針葉樹からも発見されているが、これらの樹木はほとんどすべて、他の原因で衰弱した個体であった。

北米針葉樹やヨーロッパ産の針葉樹がマツノザイセンチュウに感受性であるのか否かを調べる必要に迫られたカナダ政府は、日本から研究者を招へいして中立的な立場からその評価を下そうとした。そして、森林総合研究所の真宮靖治氏の紹介で、私のところへ招へいの話が回ってきたのであった。

そして、一九八七年の五月から翌年の五月までの一年間をブリティッシュコロンビア州の州都ビクトリアにある太平洋地区森林研究所でこの問題に取り組むことになったが、その二か月目、突然研究室長のサザーランド博士から、オタワに同行するよう指示があった。カナダ政府関係者や研究者とスウェーデン政府派遣の調査団との間で、マツノザイセンチュウの問題についての協議がオタワで行われ、その後マツノザイセンチュウが発見された東部のフレデリクトンまで現地視察に行くのだという。カナダの森林を知ることができる願ってもない機会と喜んで参加したが、オタワの外務省で開催された会議も、フレデリクトンでの現地視察も国益を負った研究者が繰り広げる緊迫した議論の連続であった。

さらにその後の一九九二年になって、ベルギーのブリュッセルで「マツ枯れに関する貿易問題についての国際会議」が開催され、ヨーロッパ諸国と北米二か国の政府関係者とともに、この問題の専門家という立場から日本から、私を含め二人が、またこの病気が新たに侵入し深刻な問題になっていた中国からも、研究者が一人参加した。五日間の会期中、朝は九時から夜は一〇時過ぎまで続けられる会議には心身ともに疲れたが、夜になるとそれまでの緊張した論戦の相手とともに街に繰り出し、旧知の友のように酒を酌み交わす。公私の切り替え、成熟した議論のルールなど、教わることが多い会議であった。

この問題は国際学会でも数回取りあげられ、そのたびに議論が沸騰したが、その論点はきわめて単純なものである。ヨーロッパ諸国の主張は、この病気がヨーロッパに侵入したら、そこにはこの病気に感受性の多くの樹種があり、この線虫の媒介者になりうるモノカムス属のカミキリも分布するので、危険きわまりないという点につきるし、北米諸国の言い分は問題になっている北欧諸国の気温はこの病気が発症するには冷涼すぎるから、まず心配ないはずで、何も知らずに続けられてきた長い貿易にもかかわらず、それまでまったく流行病など発生しなかった歴史が何よりその安全性を如実に証明しているというものだ。そして、北米諸国は、ヨーロッパにはすでにマツノザイセンチュウが存在しているのではないか、病気が発生しないのは気温を始めとした環境条件が厳しいからで、その点からも禁輸処置は的外れであると主張した。

遂にヨーロッパへ侵入

しかし、一九九九年になって事態は急展開する。カナダでこの問題の研究のリーダー的な立場にあったサイモンフレーザー大学のウェブスター博士から、私のところへ電子メイルが入った。遂に、ヨーロッパのポルトガルでマツノザイセンチュウが発見されたというのだ。発見後二年間にわたる徹底した調査から、被害発生はリスボン郊外約五〇キロのセトゥーバル半島周辺に限定され、ポルトガルのそれ以外の地域への被害の蔓延は起こっていないという。しかし、現地を訪れたときの印象では、フランスカイガンショウとイタリアカサマツ（*Pinus pinea*）が混交する疎林に、この病気は既にしっかり定着しているような印象を受けた。セトゥーバル地区はポルトガルでも有数の工業地帯であり、サド河の河口に面する港湾都市でもある。日本でも「マツ枯れ」の被害が遠隔地に飛び火的に発生する場合、多くが港湾地域から始まった状況とよく似てい

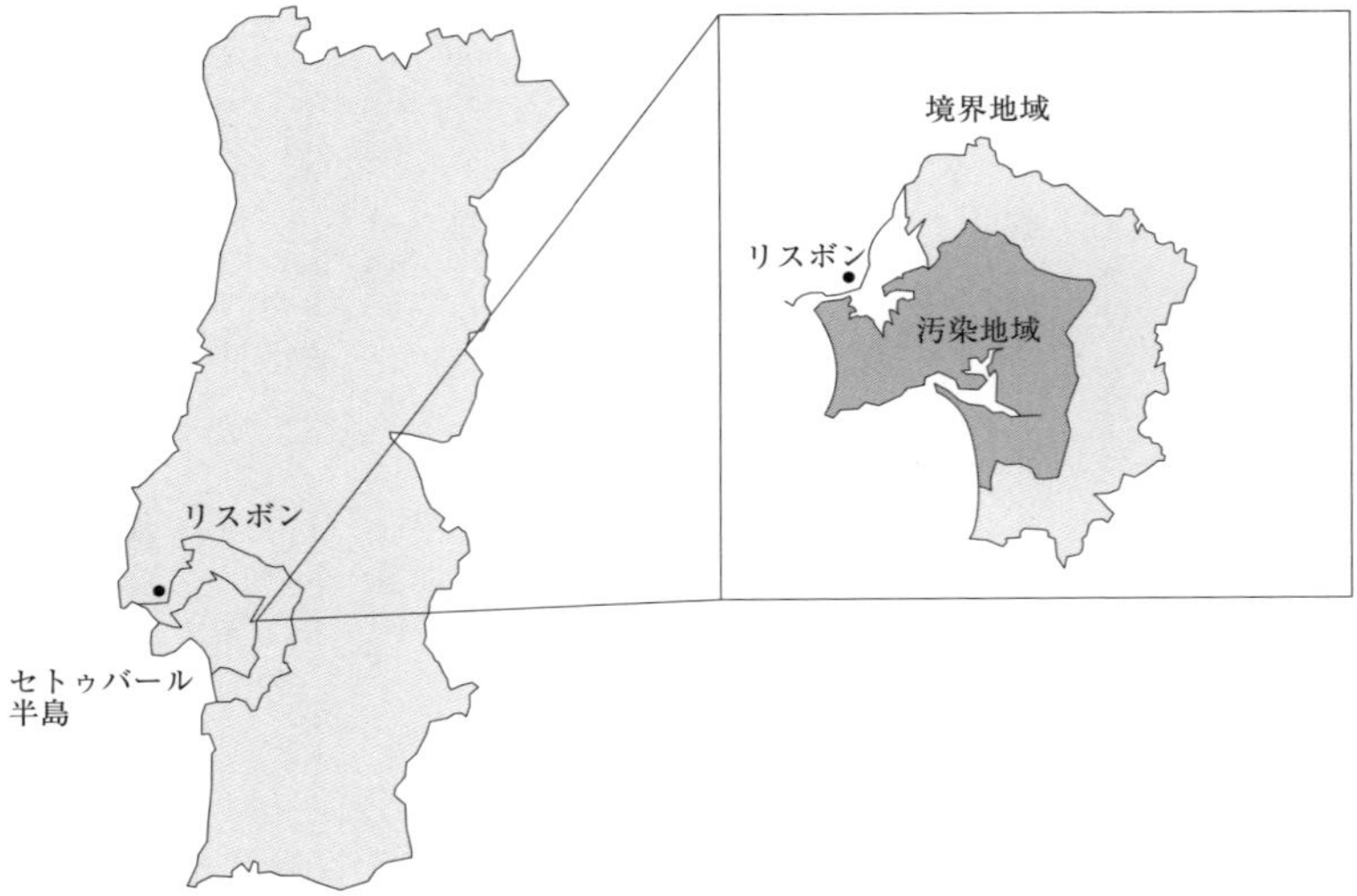

図37　ヨーロッパで最初にマツノザイセンチュウの侵入が確認された，ポルトガルのセトゥーバル半島（原図：M. Serrao, 2001)

る。どうやらこれまでのヨーロッパ諸国の心配が現実のものとなったようだ。

東アジア諸国での「マツ枯れ」

目を東アジアに向けてみよう。一九八二年に中国の南京郊外にある孫文の陵墓、中山陵に最初に「マツ枯れ」が発生した。その陵墓一帯はタイワンアカマツ(*Pinus massoniana*)の林に包まれているが、最初に「マツ枯れ」が見つかったのは、その参道に植えられていた五本のクロマツであった。その後、被害は周辺のタイワンアカマツにも広がり、事態を深刻に受けとめた中国政府は全国的な調査に乗り出した。以来、中国においてこの問題で中心的な役割を果たしてきたのは、中国林業科学院の線虫学者楊宝君女史で、同女史の指揮のもと進められた調査の結果、南京のある江蘇省を初め、その周辺の安徽省、広東省、浙江省、山東省に被害が拡大し、香港や台湾でも「マツ枯れ」が発生していることが明らかになった。

この中で、最初に「マツ枯れ」が発見された江蘇省を例にとると、その被害量は一九八二年から一九九五年までの間に、被害面積にして二〇〇ヘクタールから九五〇〇ヘクタールに、また、枯れた木の数では年間二六〇本だったものが三万七五〇〇本にまで増加している。中国では、防除のため、農民を編成してすべての枯損木を伐倒し、薬剤で燻蒸したり、殺虫剤の空中散布、抵抗性育種、アリガタバチという外部寄生性のハチなどの天敵導入などさまざまな方法が試みられたが、決定打とはなり得なかった。どうやら中国でも、植物防疫の目を盗んで行われた、人の手による枯死マツの輸送が、被害の拡大に決定的な役割を果たしたようである。

森林資源が日本に比べてはるかに少ない中国では、自生のタイワンアカマツは重要樹種である。このマツでは、産地間で抵抗性が違うことが注目されている。一般に南部の広東省や福建省のものは「マツ枯れ」に抵抗性があり、もっと北部の浙江省や安徽省の台湾アカマツは「マツ枯れ」に対して感受性が高いという。

台湾でマツノザイセンチュウの生息が最初に確認されたのは台北県で、それは一九八五年のことだ。しかし実際には、それよりずっと早い一九七〇年代半ば頃に、すでに「マツ枯れ」による被害が報告されていた。台湾で「マツ枯れ」被害が発生しているのは、導入樹種であるクロマツとリュウキュウマツである。このリュウキュウマツはクロマツやアカマツに近縁の樹種で、私たちが行った接種試験でも、マツノザイセンチュウに対して強い感受性を示した。最近では、その本来の分布域である沖縄本島で、このマツが「マツ枯れ」のため激害を被っており、関係者を悩ませている。

韓国では、一九八八年に釜山で、枯死したクロマツからマツノザイセンチュウが発見されている。この国の場合も、外国（日本？）からの物品の輸入にともないこの病原体が侵入したものと考えられ、人の移動、物の移動が森林流行病の蔓延に一役買っている有り様が見え隠れする。

貿易問題と分子系統学

スカンジナビア諸国が北米針葉樹材の輸入を全面的に禁止して以来、大西洋の両側で繰り広げられた防疫をめぐる政治的な会議は、研究者にマツノザイセンチュウの分類学についての再検討と、信頼できる同定法の確立を求めることになった。かつて（一九七九年）フランス南西部のフランスカイガンショウの広大な林に集団的に発生した枯死木から、マツノザイセンチュウと同じ、ブルサフェレンクス属の線虫が発見されたことがある。その時は、この線虫がマツノザイセンチュウと交配でき、子孫を残すことができたので、マツノザイセンチュウと同種であると報告された（DeGuiran & Boulbria 1981）。北米諸国がヨーロッパにはすでにマツノザイセンチュウが分布している（だから、北米諸国からの針葉樹の輸入を禁止するのは的外れだ）と主張したのは、まんざら根拠のない話ではなかったのだ。しかし、フランスで発見されたブルサフェレンクス属の線虫を調査した真宮は、これが日本のニセマツノザイセンチュウと同一であるという判定を下した。一方、フランスの線虫学者はマツノザイセンチュウとニセマツノザイセンチュウはそもそも同一種であると発表するなど、両種の取り扱いに混乱が見られた。結局この件については、合衆国の線虫学者ニックルや真宮らによって詳細な比較研究が行われた結果、両種の間での交配では子孫をうまく残すことができないという事実を重視して両種を別種とする結論に達し、一応のケリが付けられた（Nickle et al. 1981）。

その後、フランスのド・ギランらは、交配試験を行った結果、マツノザイセンチュウとニセマツノザイセンチュウの間では交配は成立しないが、両種ともフランスで見つかったニセマツノザイセンチュウ類似の線虫との間では交配が成立するのを認め、ニセマツノザイセンチュウとマツノザイセンチュウを合わせて上種（種の上に位置する分類群）として扱うよう提言した。また、日本のニセマツノザイセンチュウと北米のマツノザイセンチュウは本来西ヨーロッパに起源する共通の祖先から生まれ、一方は西向きに分布を広げアメリカ大陸にいたってマツノザイセンチュウになり、他方はユーラシア大陸を東に分布を広げるうちに日本にいたってニセマツノザイセンチュウになったので、この長い時間経過が両者を交配不可能なまでに種分化させたのだと考えた。

このような議論に、より明確な証拠を提供するために、各国の多くの研究者により分子生物学的な系統解析が進められた。特に、この分野ではカナダのウェブスター博士のグループが先陣を切っていたが、論文としては合衆国のボラ博士の研究が先に発表された。その後、フランスのアバドやタレスらのより詳細な研究が発表され、分子生物学に基づく系統関係の解析が、線虫の類縁関係を探る強力な武器になり得ることが明らかになった。私どもの研究室でもこの問題に取り組み、日本産のマツノザイセンチュウやニセマツノザイセンチュウの各系統が世界のブルサフェレンクス属線虫の系統関係の中でどのような位置にあるのかを明らかにすることに成功した。比較研究のため、マツノザイセンチュウについては、日本産一一系統、北米産五系統、中国産一系統を用い、ニセマツノザイセンチュウについては、日本産三系統、中国産とフランス産を各一系統用いた。比較に用いたのは、リボソームの三つの遺伝子（18S・5.8S・8S）とその間に挟まれたＩＴＳ領域である（これらを合わせてリボソームＤＮＡと呼ぶ）。タンパク質の合成にかかわる生物に不可欠の顆粒リボソームは細菌から高等生物すべてに存在するため、その遺伝子を比較することによって他の手段では比較ができないような生物群間の系統比較が可能になる。一方、そのＩＴＳ領域は蛋白質やＲＮＡとしては発現しない部位であるため、突然変異が蓄積しやすく、種間比較や種内比較のような系統的に近縁の生物間の系統関係を調べるうえで有効であることが知られている。

実験では、このリボソームＤＮＡを、ＰＣＲ法と呼ばれる方法で大量に増やし、その領域の全塩基配列を読みとるか（シーケンシング法）、あるいは制限酵素でその部分を細かく分断した後、電気泳動にかけ、その泳動パターンを比較する（ＲＦＬＰ法）ことにより、各線虫系統間の類縁関係を推定し、系統樹を描いた。

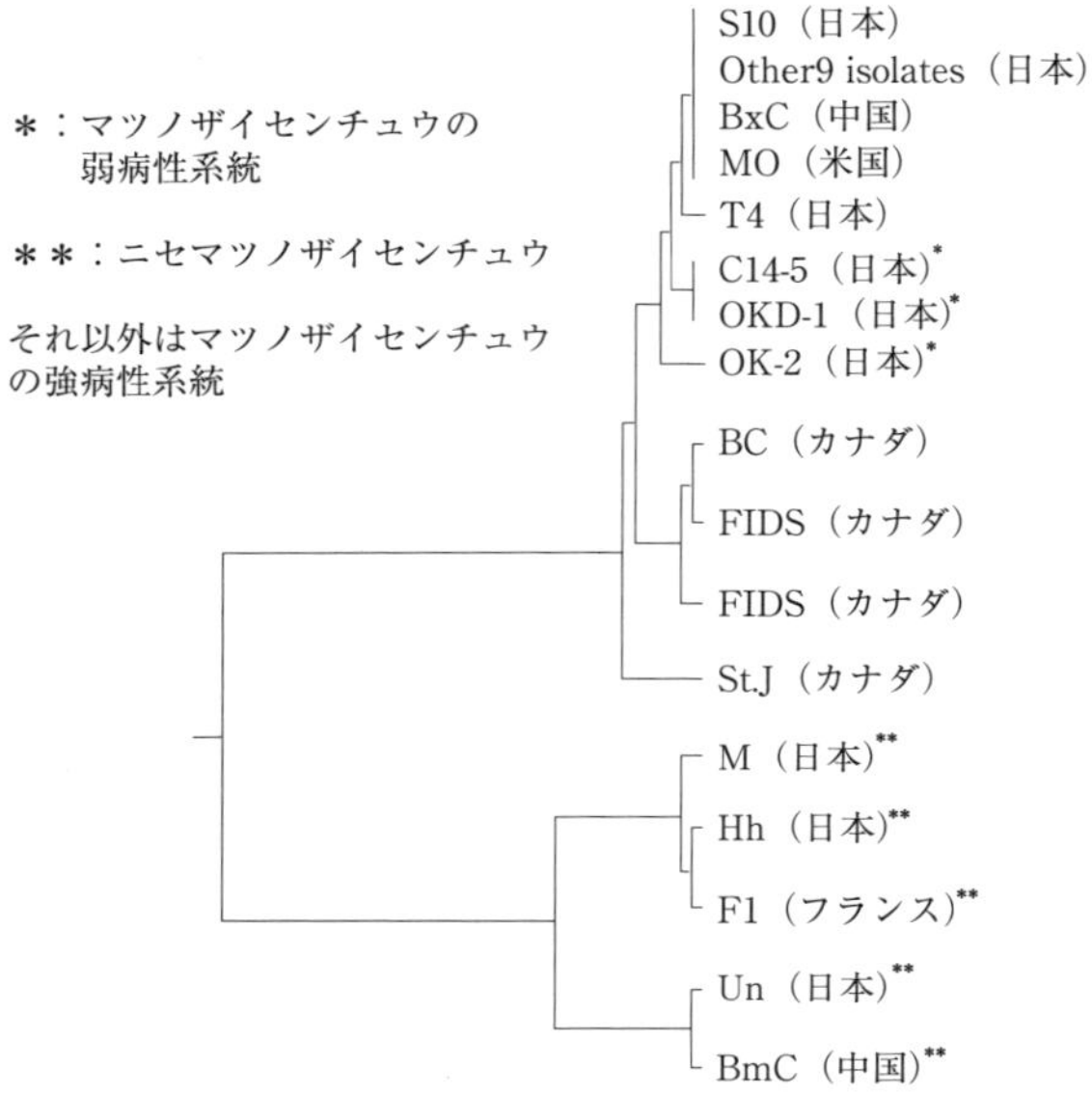

図38　マツノザイセンチュウの分子系統
リボソームDNAの塩基配列を比較したところ，日本各地で採取された病原性11系統はすべて同一の配列を持っていた。このことから，日本産の系統は同一の起源を持つことが示唆される。この結果は，北米からの輸入材にまぎれて侵入したマツノザイセンチュウが，被害木の移動とともに広がったのではないかという仮説を支持するものといえる

二つの方法で得た系統樹はほとんど同じ形をしていたので、ここではシーケンシング法で得られた系統樹だけを表しておく。

図38は、これまで混乱していたマツノザイセンチュウとニセマツノザイセンチュウの関係について、いくつかの明瞭な答えを導いた。その一つは、マツノザイセンチュウとニセマツノザイセンチュウはやはり、それぞれに異なった別の種として、大きく二つのグループに分けられた点である。さらにマツノザイセンチュウの中では、日本産の病原性一一系統と合衆国産と中国産の各一系統は、調べたすべての塩基配列がまったく同一であったことから、これらの系統が同一の起源を持つことが強く示唆された。一方、弱病原性の三つの系統はこれらとは少し離れたグループを形成し、カナダ産の四系統はさらに離れた位置に独立したグループを形成した。また、この図は日本産のニセマツノザイセンチュウの中にも二つのグループが存在していることを示している（岩掘ら 1998）。貿易問題の発生が分子系統学の推進にひと役買ったことになる。

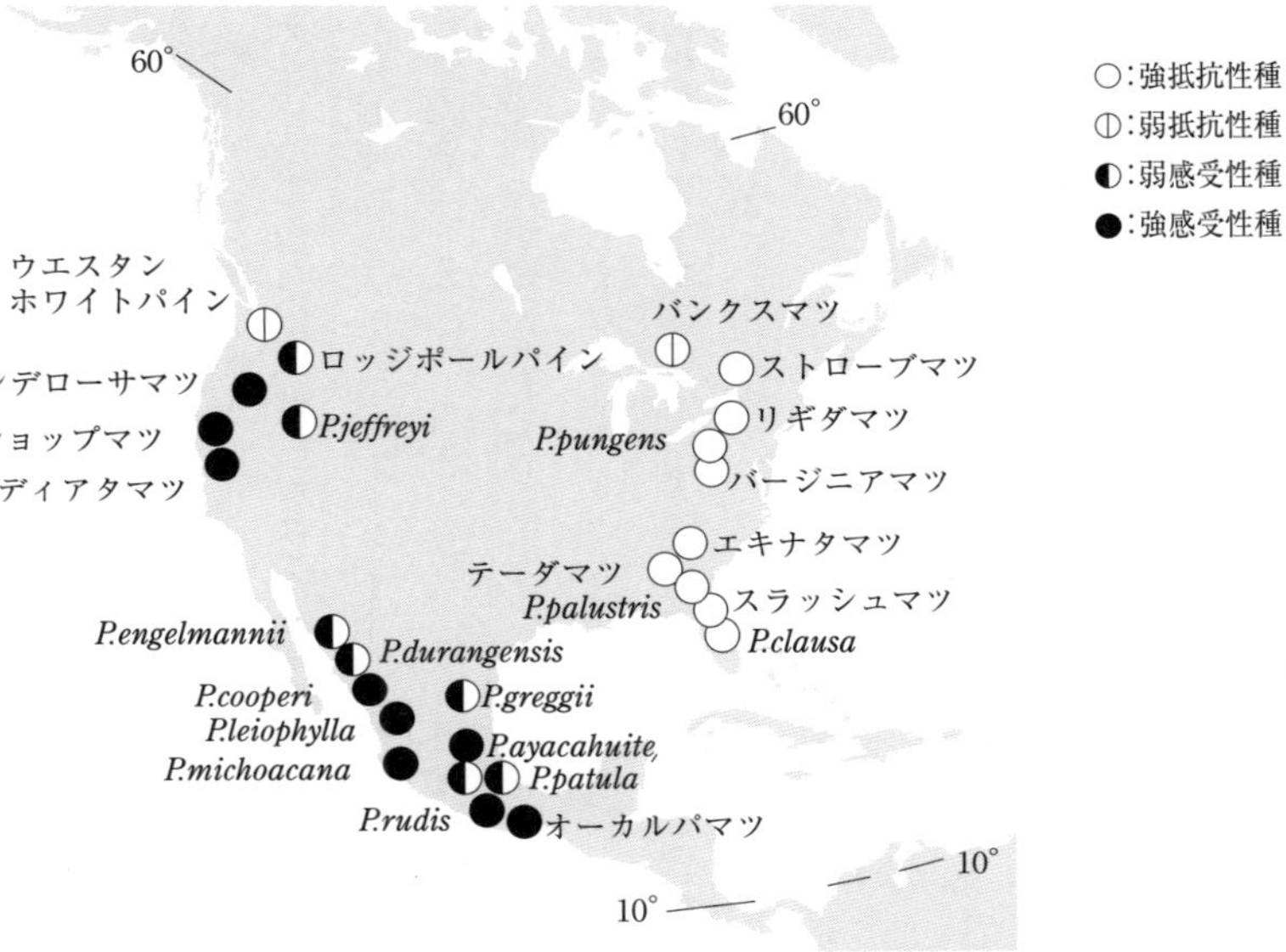

図39　北米におけるマツ属樹種の分布と「マツ枯れ」抵抗性（原図：古野東洲）

日本のマツノザイセンチュウの起源地

日本産のニセマツノザイセンチュウは、マツノザイセンチュウが日本に侵入するずっと昔から日本各地のマツ林に広く分布していた土着種であると考えられている。それでは、日本で猛威をふるっている「マツ枯れ」の病原体マツノザイセンチュウは、いつ頃、どこから日本に侵入したのだろうか。その時期が二〇世紀の始まりの頃であろうということについては、この本のはじめのほうで触れた。北米に広くこの線虫が分布し、そこに分布する多くのマツ属樹種に病原性がないことは、この線虫が北米に起源するという考え方を支持する。私たちの研究室で行った分子系統学的な研究も、この考え方を証明するものであった。

　ところで、古野ら（1993）は、これまで接種試験で明らかになったマツ属各種の「マツ枯れ」に対する抵抗性の強さを四段階にグループ分けしたうえで記号化し、世界地図上でそれぞれの樹種の分布域にプロットした。すると北米におけるマツ属樹種について興味深い事実が浮かび上がった。北米太平洋岸（西部）に分布する多くのマツ属樹種は「マツ枯れ」に感受性の種が多かったが、大西洋岸（東部）に分布する樹種は調査したすべてが抵抗性であったのだ。

このような事実は、この線虫の原産地が北米東部にあり、そこから輸入材に紛れて、マツノザイセンチュウが日本に侵入したというストーリーを想像させる。日露戦争（一九〇四～五）当時、軍需用材や造船用材として外材が輸入されたという。しかし、日本に近い太平洋岸からではなく、北米大陸の向こう側の、東部海岸からの木材の輸入が実際にあったのかどうかを明らかにすることはできなかった。

おわりに

わたしの手元に「兵庫県下に於いて激害を加へつつある松樹の穿孔蟲類と其の駆除豫防に關する考察」という、一九四二年に報告された「マツ枯れ」に関する古い文献がある。これはその年兵庫県で開催された「マツ枯れ」に関する講演会で、当時の兵庫県立林業試験場長の佐多一至が行った講演内容をまとめたものである。その文頭に近く、「……本県の松樹に十数年来激害を加えつつある各種穿孔虫類の習性並駆除予防に関する……」というくだりがある。この一文から、兵庫県下では一九三〇年代にすでに「マツ枯れ」が激化し、関係者を悩ませていたことがわかる。このように、西日本では「マツ枯れ」は戦前からすでに深刻な問題になっていた。

その後その原因をめぐって多くの研究が重ねられ、ようやく一九六九年になってマツノザイセンチュウが発見され、またその病原性が確認され、「マツ枯れ」の主因として公表されたのは、一九七一年のことなのである。翌年にはこの病原体の伝播者がマツノマダラカミキリであることが明らかになり、この病気の感染鎖が解明された。当時は、この伝播者を標的に防除を行えば「マツ枯れ」は防除できると、おおかたの関係者は期待したはずである。それほどにこの問題は日本の森林保護学の積年の懸案であったし、またそれほどにマツノザイセンチュウ―マツノマダラカミキリによる「マツ枯れ」感染鎖の説明は明快なものであった。

しかし、その後の「マツ枯れ」の歴史は、この理想的に見えた防除法があまりうまく行かず、被害が拡大、激化の道をたどったことを教えている。わたしはこの本で防除のことを取りあげなかった。それは、現行の防除にかかわってきた人達の血のにじむような努力を知っているからであり、それがあまり効果を上げなかったことに対する彼らの無念を知っているからである。

現在、「マツ枯れ」にかかわってきた研究者の間で代替わりが進んでいる。多くの技術や情報の、そして何よりも問題意識の継承が滞っているように見える。こうして「マツ枯れ」問題の風化が進み、アカマツやクロマツの林で起こっている激しい変化から人々の関心が薄らぐことを恐れる。多大な費用をかけて実施されてきた防除があまり効果を上げない現実に、半ばあきらめ顔の行政の姿勢にも心配はつのる。

レッドデータブックでは、絶滅危惧種に注意が払われている。まさか、アカマツのような普通種に危機が迫っているとは誰も考えまい。しかし現実には、たった一つの病気、「マツ枯れ」は日本の広い地域に優占していた樹種であるアカマツやクロマツを壊滅に追いやり、植生をすっかり変えてしまった。そのこと自体がきわめて深刻な生態学的な問題であるが、もう一つ忘れてはならない問題を提起しておきたい。それは、アカマツ林やクロマツ林に固有の生物群集のことである。

今、アカマツ林やクロマツ林の消滅に伴い、これらの林に固有の多くの生物が絶滅の危機に瀕しているはずだ。そのことはマツタケひとつを取り上げても明らかではないか。今こそ、腰を据えて「マツ枯れ」研究に取り組むべきときである。ところが、現代日本の科学行政は、このような総合的視座に基づく研究分野を軽視していると言わざるを得ない。また、研究者の間では応用研究より基礎研究が重視される傾向が強い。しかし、応用の現場について無知なまま行われる基礎研究がいかに脆弱で、展開性に乏しいものかについても思いをはせるべきであろう。「マツ枯れ」は、基礎研究と応用研究の統合・協力が、問題解決のためにいかに重要であるかをわれわれに教えてきた。

この本を読まれた方は、「マツ枯れ」が実に多くの生物相互関係を内包した問題であるということに気づかれたであろう。「マツ枯れ」を表して、「森林流行病」と呼ぶことが多い。しかし、その生物関係の複雑さを考慮すると、「マツ枯れ」は生物相互関係の研究課題の宝庫と定義することができるかもしれない。この本の表題に「森林生物相互関係学ノート」と気負ったタイトルを添えた所以である。

「マツ枯れ」に取り組み、この流行病の阻止に研究の全エネルギーを注いだ多くの研究者は実に、「泥臭い研究テーマ」にその人生をかけたといえる。一日中顕微鏡を覗き込んだりするのはまだましな方で、マツ林の中を這いずり回ったり、炎天下の苗畑で、泥にまみれて線虫を接種したり、またあるときは、みずからチェーンソーを担いで斜面をはい上がり、伐倒した丸太を研究試料にするため担ぎ、運ぶ、というようなことは日常茶飯事であったろう。そして、同じ研究者が研究室に帰り、肩で息をしながら、試料の計測や、顕微鏡観察、分析作業をしてきた。しかし、そのような研究の成果は三〇〇〇以上の研究論文に結晶し、世界の森林保護学に「日本のマツ枯れ研究」という金字塔をうち建てた。この本では、そんな地道な研究者たちの熱意の一部をお伝えしようとした。

この本を書いている間、常にわたしの中では、恩師濱田稔先生に対する問いかけがあった。先生が私たちに示された微生物生態学の教えに反するようなことを口走ってはいませんかと。「二井君、どんな研究だって、やって意味のない研究なんてないよ」といった、少々皮肉を込めた答えが返ってきそうな気がする。

出版に当たっては私たちの微生物相互関係学という分野の良き理解者でもある菊地千尋さんの暖かい協力があった。心より感謝の意を表したい。また、私と共に、微生物が介在する生物相互関係という、ちょっと地味で風変わりな分野に興味を共有してくれた、生物好きで、根気のいい若者達にこの本の上梓を報告する。これは君たちの努力の賜だと。

最後になったが、長い間心配をかけた今は亡き両親と、怠け者のわたしに常に元気をくれる妻・洋子にこの本をささげたい。

二井一禎

微生物が関係する生物間相互作用を学びたい人のために

本書で紹介したような、微生物が関係する生物間相互関係という、ちょっと目新しい分野に興味を持たれた読者の中から、将来そんなテーマについて勉強してみたい、そんな分野の研究をしてみたいという人たちが現れることを期待して、いくつかの研究室を紹介してみよう。

既往の研究室の中から関連分野をさがすなら、樹病学、あるいは森林昆虫学、森林保護学、森林生態学、森林生物学といった研究室などを挙げることができる。これらの研究室は、農学部や理学部に設けられていることが多い。しかし、いくつかの生物を同時に扱う境界領域であるので、ぴったりの分野を見つけだすには困難を伴うかもしれない。

ここでは、二〇〇三年六月現在で、こうしたテーマで研究を行っている研究室のある大学・学部と、そこでの研究内容をあげてみよう。紙面の都合もあるので、ここに示したのはそのほんの一例であること、研究内容はその研究室のテーマの一部であることをお断りしておく。また、担当教官の異動などによって、テーマ自体が変更になることもあるので注意されたい。

●**筑波大学農林学系農学分野**

樹木の病気に関係する微生物や昆虫の研究

●**千葉大学教育学部自然教育・技術教育系　理科分野**

菌類の生理・生態学

●**東京大学大学院農学生命科学研究科**

森林植物学研究室

樹木の病気に関係する微生物の研究

アジア生物資源環境研究センター・共生機能開発研究分野

樹木と共生菌根菌の研究

●横浜国立大学大学院・環境情報研究院

自然環境と情報研究部門

共生系物質循環学、土壌生態学、土壌動物学

●名古屋大学大学院生命農学研究科

森林保護学研究室

森林植物、動物、微生物の生態学的研究

●金沢大学理学部生物学科

生態学研究室

森林昆虫の動態を微生物との関係で研究

●三重大学生物資源学部資源循環学研究室

森林昆虫と微生物の関係、樹病学

●京都大学大学院農学研究科

微生物環境制御学研究室

微生物生態学、菌根、線虫の研究

森林生態学研究室

腐植食物連鎖における土壌動物と菌類の研究

森林生物学研究室

森林昆虫と微生物の関係

●広島大学総合科学部自然環境科学講座

生態系微生物学、菌根の生態学、森林昆虫学

●佐賀大学農学部応用生物学科

国立大学で唯一の土壌線虫学の講義がある

●鹿児島大学農学部生物環境科学科

森林保護学研究室

森林生態系における昆虫、菌類の働き

alternatus Hope (Coleoptera: Cerambycidae) in a young pine forest. *Appl. Ent. Zool.*, **21**, 184-186.

Stamps, W. T. & Linit, M. J. (1998). Chemotactic response of propagative and dispersal forms of the pinewood nematode *Bursaphelenchus xylophilus* to beetle and pine derived compounds. *Fundam. appl. Nematol.*, **21**, 243-250.

Stroo, H. F. & Alexander, M. (1985). Effect of simulated acid rain on mycorrhizal infection of *Pinus strobus* L. *Water, Air, and Soil Pollution*, **25**, 107-114.

田中　潔 (1975). マツ材線虫病の発生に及ぼすSO_2の影響. 日林講, **86**, 287-289.

Thorn, R. G. & Barron, G. L. (1984). Carnivorous Mushrooms. *Science*, **224**, 76-78.

戸田忠雄 (1997). マツノザイセンチュウ抵抗性マツの育成. 全国森林病虫獣害防除協会, 東京.

Togashi, K. (1985). Transmission curves of *Bursaphelenchus xylophilus* (Nematoda: Aphelenchoididae) from its vector, *Monochamus alternatus* (Coleoptera: Cerambycidae), to pine trees with reference to population performance. *Appl. Ent. Zool.*, **20**(3), 246-251.

Togashi, K. (1985). Transmission curve of *Bursaphelenchus xylophilus* (Nematoda: Aphelenchoididae;helenchoididae) from its vector, *Monochamus alternatus* (Coleoptera: Cerambycidae), to pine trees with reference to population performance. *Appl. Ent. Zool.*, **20**(3), 246-251.

富樫一巳 (1989). マツノマダラカミキリの個体群動態とマツ材線虫病の伝播に関する研究. 石川県林業試験場研究報告, **20**, 142 pp.

Togashi, K. & Sekizuka, H. (1982). Influence of the pine wood nematode, *Bursaphelenchus lignicolus* (Nematoda: Aphelenchoididae), on longevity of its vector, *Monochamus alternatus* (Coleoptera: Cerambycidae). *Appl. Ent. Zool.*, **17**(2), 160-165.

徳重陽山 (1970). 九州地方におけるマツの衰弱と根系との関係について. 森林防疫, **19**, 146-149.

徳重陽山 (1985). 松くい虫と材線虫. 植物防疫, **25**(12), 480-484.

徳重陽山・清原友也 (1969). マツ枯死木中に生息する線虫*Bursaphelenchus* sp. 日本林学会誌, **51**, 193-195.

Tsuda, K., Kosaka, H. & and Futai, K. (1996). The tripartite relationship in gill-knot disease of the oyster mushroom, *Pleurotus ostreatus* (Jacq.; Fr.) Kummer. *Canadian Journal of Zoology*, **74**(8), 1402-1408.

塚田松雄 (1974). 古生態学 II: 応用論. 共立出版, 東京.

Van Gundy, S. D. (1965). Factors in survival of nematodes. *Ann. Rev. Phytopathol.*, **3**, 43-68.

Whitney, H. S. & Farris, S. H. (1970). Maxillary mycangium in the mountain pine beetle. *Science*, **167**, 54-55.

Yamaoka, Y., Swanson, R. H. & Hiratsuka, Y. (1990). Inoculation of lodgepole pine with four blue-stain fungi associated with mountain pine beetle, monitored by a heat pulse velocity (HPV) instrument. *Can. J. For. Res.*, **20**, 31-36.

Yamaoka, Y., Hiratsuka, Y. & Maruyama, P. J. (1995). The ability of *Ophiostoma clavigerum* to kill mature lodgepole pine trees. *European J. For. Path.*, **25**, 401-404.

矢野宗幹 (1913). 長崎県下松樹枯死原因調査. 山林広報4号付録, 1-14.

吉岡金市・松本文雄 (1975). 枯松一斉調査と年輪解析報告. 公害研究, **4** (4) 70-74.

Mahoney, M. J., Chevone, B. I., Skelly, J. M. & Moore, L. D. (1985). Influence of mycorrhizae on the growth of loblolly pine seedlings exposed to ozone and sulfur dioxide. *Phytopath.*, **75**, 679-682.

Mamiya, Y. (1985). Initial pathological changes and disease development in pine trees induced by the pine wood nematode, *Bursaphelenchus xylophilus*. *Ann. Phytopath. Soc. Japan*, **51**, 546-555.

Mamiya, Y. & Kiyohara, T. (1972). Description of *Bursaphelenchus lignicolus*. n.sp. (Nematoda: Aphelenchoididae) from pine wood and histopathology of nematode-infested trees. *Nematologica*, **18**, 120-124.

真宮靖治 (1975). マツノザイセンチュウの発育と生活史. 日本線虫学会誌, **5**, 16-25.

真宮靖治 (1982). マツノザイセンチュウの学名変更とそのいきさつ. 森林防疫, **31**, 104-107.

マツ枯れ問題研究会 (1981). 松が枯れてゆく：この異常事態への提言. 山と渓谷社, 東京.

峰尾一彦 (1983). マツノマダラカミキリからマツノザイセンチュウの離脱と樹体侵入(2). 日林関西支講演集, **34**, 259-261.

峰尾一彦・紺谷修治 (1975). マツノザイセンチュウがマツノマダラカミキリから離脱し伝播する時期について. 日林講, **86**, 307-308.

森　徳憲・井上敝雄 (1986). マツノザイセンチュウによるマツ樹幹のエチレン生成とその誘導因子としてのセルラーゼ. 日本林学会誌, **68**, 43-50.

Nakamura, K., Togashi, K., Takahashi, F. & Futai, K. (1995). Different incidences of pine wilt disease in *Pinus densiflora* seedlings growing with different tree species. *Forest Science*, **41**, 841-850.

Nickle, W. R., Golden, A. M., Mamiya, Y. & Wergin, W. P. (1981). On the taxonomy and morphology of the pine wood nematode, *Bursaphelenchus xylophilus* (Steiner & Buhrer 1934) Nickle1970. *J. Nematol.*, **13**, 385-392.

Nobuchi, T., Tominaga, T., Futai, K. & Harada, H. (1984). Cytological study of pathological changes in Japanese black pine (*Pinus thunbergii*) seedlings after inoculation with pine-wood nematode (*Bursaphelenchus xylophilus*). *Bull. Kyoto Univ. Forests*, **56**, 224-233.

Perry, D. A. (1994). Biogeochemical cycling: nutrient inputs to and losses from local ecosystems. *In*: Forest Ecosystem. The Johns Hopkins University Press, Baltimore.

Rühm, W. (1956). Die Nematoden der Ipiden. Jena, G. Fischer.

Rutherford, T. A. & Webster, J. M. (1987). Distribution of pine wilt disease respect to temperature in North America, Japan, and Europe. *Can. J. For. Res.*, **17**,1050-1059.

斉藤　明 (1970). アカマツおよびクロマツの樹皮に含まれるポリフェノール性物質とそれがマツクイムシに及ぼす影響. 日本林学会誌, **52**, 351-354.

佐多一至 (1942). 兵庫県下に於いて激害を加へつつある松樹の穿孔虫類と其の駆除予防に関する考察. 帝国治山治水協会講演会速記抄録, 1-53.

Shibata, E. (1985). Seasonal fluctuation of the pine wood nematode, *Bursaphelenchus xylophilus* (Nematoda: Aphelenchoididae), transmitted to pine by the Japanese pine sawyer, *Monochamus alternatus* Hope (Coleoptera: Cerambycidae) on dead pine trees. *Appl. Ent. Zool.*, **20**, 241-245.

Shibata, E. (1986). Dispersal movement of the adult Japanese pine sawyer, *Monochamus*

Aphelenchoididae) in relation to the yellow-spotted longicorn beetle, *Psacothea hilaris* (Coleoptera: Cerambycidae). *Nematology*, **3**, 473-479.

Katsuyama, N., Sakurai, H., Tabata, K. & Takeda, S. (1989). Effect of age of post-feeding twig on the ovarian development of Japanese pine sawyer, *Monochamus alternatus*. *Res. Bull. Fac. Agr. Gifu Univ.*, **54**, 81-89.

Kawaguchi, E.,Gyokusen, K. & Saito, A. (1998). Behavior of *Bursaphelenchus xylophilus* and the development of pine wilt disease under shaded condition. *In*: Sustainability of Pine Forests in relation to Pine Wilt and Decline, Proceedings of International Symposium, 39-41.

河田　弘 (1961). 落葉の有機物組成と分解にともなう変化について. 林業試験場報告, **128**, 115-144.

菊地淳一・都野展子・二井一禎 (1991). マツ材線虫病に対するアカマツ抵抗性因子としての菌根の効果. 日本林学会誌, **73**, 216-218.

岸　洋一. (1988). マツ材線虫病: 松くい虫精説. トーマス・カンパニー, 東京.

Kiyohara, T. (1982). Sexual attraction in *Bursaphelenchus xylophilus*. *Jpn. J. Nematology*, **11**, 7-12.

清原友也 (2001). 松くい虫研究余話（1）マツノザイセンチュウの発見と病原の確定. 森林防疫, **50**, 86-88.

Kiyohara, T. & Tokushige, Y. (1971). Inoculation experiments of a nematode, *Bursaphelenchus* sp., onto pine trees. J. Jpn. For. Soc., 53, 210-218.

小林享雄，佐々木克彦，真宮靖治 (1974). 線虫の生活環に関連する糸状菌 (I). 日本林学会誌, **56**, 136-145.

小林享雄，佐々木克彦，真宮靖治 (1975). 線虫の生活環に関連する糸状菌 (II). 日本林学会誌, **57**, 184-193.

小林富士雄・竹谷昭彦 (1994). 森林昆虫. 養賢堂, 東京.

Kondo, E. (1986) SEM observations on the intratracheal existence and cuticle surface of the pine wood nematode, *Bursaphelenchus xylophilus*, associated with the cerambycid beetle, *Monochamus carolinensis*. *Appl. Ento. Zool.*, **21**, 340-346.

Kondo, E. & Ishibashi, N. (1978). Ultrastructural differences between the propagative and dispersal forms in pne wood nematode, *Bursaphelenchus lignicolus*, with reference to the survival. *Appl. Ent. Zool.*, **13**(1), 1-11.

Linit, M. J. (1989). Temporal pattern of pinewood nematode exit from the insect vector *Monochamus carolinensis*. *J. Nematol.*, **21**, 105-107.

Maehara, N., Kikuchi, J. & Futai, K. (1993). Mycorrhizae of Japanese black pine (*Pinus thunbergii*): protection of seedlings from acid mist and effect of acid mist on mycorrhiza formation. *Can J. Bot.*, **71**, 1562-1567.

Maehara, N. & Futai, K. (1997). Effect of fungal interactions on the numbers of the pinewood nematode, *Bursaphelenchus xylophilus* (Nematoda; Aphelenchoididae), carried by the Japanese pine sawyer, *Monochamus alternatus* (Coleoptera; Cerambycidae). *Fundam. Appl. Nematol.*, **20**(6), 611-617.

Maehara, N. (1999). Studies on the interactions between pinewood nematodes, wood-inhabiting fungi, and Japanese pine sawyers in pine wilt disease. 京都大学学位論文.

Futai, K. (1985a). Host specific aggregation and invasion of *Bursaphelenchus xylophilus* (Nematoda: Aphelenchoididae) and *B. mucronatus*. *Memoris Col. Agric. Kyoto Univ.*, **126**, 35-43.

Futai, K. (1985b). Host resistances shown at the time of pine wood nematode invasion. *Memoris Col. Agric. Kyoto Univ.*, **126**, 45-53.

Futai, K. & Harashima, S. (1990). Effect of simulated acid mist on pine wilt disease. *J. Jpn. For. Soc.*, **72**(6), 520-523.

二井一禎，古野東洲 (1979). マツノザイセンチュウに対するマツ属の抵抗性. 京都大学農学部附属演習林報告, **51**, 23-36.

二井一禎・岡本憲和 (1989). マツ材線虫病の感染源に関する生態学的研究 (III): マツ材線虫病被害分布の拡大の様式. 日林論, **100**, 549-550.

Giblin-Davis, R. M. (1993). Interaction of nematodes with insects. *In*: Khan, M. W. (ed), Nematode Interactions. Chapman & hall, London.

Griffiths, R. P., Hartman, M. E.,Cladwell, B. A. & Carpenter, S. E. (1993). Acetylene reduction in conifer logs during early stages of decomposition. *Plant and Soil*, **148**, 53-61.

波田善夫 (1987). 花粉分析から見たマツ林の歴史. In: 財団法人日本自然保護協会（編）, 松くい虫被害対策として実施される特別防除が自然生態系に与える影響評価に関する研究, 41-49.

日高義美 (1943). 九州における赤松の主なる虫害について. 赤松林施業法研論集, 261-272.

樋口隆昌 (1969). 樹木生化学. 共立出版, 東京.

Hinode, Y.,Shuto, Y. & Watanabe, H. (1987). Stimulating effects of *ß*-myrcene on molting and multiplication of the pine wood nematode, *Bursaphelenchus xylophilus*. *Agric. Biol. Chem.*, **51**(5), 1393-1396.

Ishikawa, M.,Shuto, Y. & Watanabe, H. (1986). *ß*-Myrcene, a potent attractant component of pine wood for the pine wood nematode, *Bursaphelenchus xylophilus*. *Agric. Biol. Chem.*, **50**(7), 1863-1866.

Ishikawa, M., Kaneko, A., Kashiwa, T. & Watanabe, H. (1987). Participation of *ß*-myrcene in the susceptibility and/or resistance of pine trees to the pine wood nematode, *Bursaphelenchus xylophilus*. *Agric. Biol. Chem.*, **51**, 3187-3191.

Iwahori, H. & Futai, K. (1990). Propagation and effects of pinewood nematode on calli of various plants. *Jpn. J. Nematolo.*, **20**, 25-36.

Iwahori, H. T., K. Kanzaki, N. Izui, K. and Futai, K. (1998). PCR-RFLP and sequencing analysis of ribosomal DNA of *Bursaphelenchus* nematodes related to pine wilt disease. *Fundam. Appl. Nematol.*, **21**(6), 655-666.

Jansen, E., Dighton, J. & Bresser, A. H. M. L. (1988). Ectomycorrhiza and acid rain. *In* E. Jansen, J. Dighton & A. H. M. L. Bresser (Ed.), Worksh. Exp. Meeting, (pp. 194). Commision of the European Communities, Bergen Dal.

陣野好之・滝沢幸雄・佐藤平典 (1987). 寒冷・高地地方におけるマツ材線虫病の特徴と防除法. 林業科学技術振興所, 東京.

Kaneko, S. (1989). Effect of light intensity on the development of pine wilt disease. *Can. J. Bot.*, **67**, 1861-1864.

Kanzaki, N. & Futai, K. (2001). Life history of *Bursaphelenchus conicaudatus* (Nematoda:

27, 161.

道家紀志 (1996). ストレスと活性酸素. 現代の化学増刊号, **30**, 108-116.

道家紀志 (1999). 植物の感染・ストレス応答におけるオキシダティブバーストー防御応答のための緊急シグナル. 化学と生物, **37**(12), 800-806.

海老根翔六 (1980). ヒマラヤスギにおけるマツノザイセンチュウの被害とマツノマダラカミキリの行動. 森林防疫, **29**, 201-205.

海老根翔六 (1981). マツノザイセンチュウによるオウシュウトウヒの被害. 森林防疫, **30**, 117-119.

Finlay, R. D. &. Reed., D. J. (1986a). The structure and fuction of the vegetative mycelium of ectomycorrhizal plants. *New phytol.*, **103**, 143-156.

Finlay, R. D. a. Reed., D. J. (1986b). The structure and function of the vegetative mycelium of ectomycorrhizal plants. *New Phytol.*, **103**, 157-165.

Fogel, R. & Hunt, G. (1979). Fungal and arboreal biomass in western Oregon Douglas-fir ecosystem: distribution patterns and turnover. *Canadian Journal of For. Res.*, **9**, 245-256.

Fogel, R. & Hunt, G. (1983). Contribution of mycorrhizae and soil fungi to nutrient cycling in a Douglas-fir ecosystem. *Canadian Journal of Forest Research*, **13**, 219-232.

藤下章男 (1978). 静岡県におけるマツ材線虫病の被害. 日林中部支講演集, **26**, 193-198.

藤田慎一 (1993). 酸性雨研究百年の歴史とその変遷(2) 大気汚染問題の始まり. 資源環境対策, **29**(8), 798-804.

Fukuda, K. (1997). Physiological process of the symptom development and resistance mechanism in pine wilt disease. *J. For. Res.*, **2**, 171-181.

Fukushige, H. & Futai, K. (1985). Characteristics of egg shells and the morphology of female tail-tips of *Bursaphelenchus xylophilus*, *B. mucronatus* and some strains of related species from France. *Jpn. J. Nematol.*, **15**, 49-54.

古野東洲・二井一禎 (1983). マツノザイセンチュウ接種マツ属の生育，とくに接種後3年間の生育について. 京大農・演習林報告, **55**, 1-19.

古野東洲・二井一禎 (1986). マツ属の生育におよぼすマツノザイセンチュウの影響. *Bul. Kyoto Univ. Forests*, **57**, 112-127.

古野東洲・上中幸治 (1979). 外国産マツ属の虫害に関する研究 第6報　マツノマダラカミキリ成虫の後食について. 京大・農・演習林報告, **51**, 12-22.

古野東洲・中井勇・上中幸治・羽谷啓造 (1993). 上賀茂および白浜試験地における外国産マツのマツ枯れ被害ーマツ属のマツザイセンチュウに対する抵抗性ー. 京大農演習林報告, **25**, 20-34.

Futai, K. (1979). Response of two species of *Bursaphelenchus* to the extracts from pine segments and to the segments immersed in different solvents. *Jpn. J. Nematol.*, **9**, 54-59.

Futai, K. (1980a). Population dynamics of *Bursaphelenchus lignicolus* (Nematoda: Aphelenchoididae) and *B. mucronatus* in pine seedlings. *Appl. Ent. Zool.*, **15**(4), 458-464.

Futai, K. (1980b). Host preference of *Bursaphelenchus lignicolus* (Nematoda: Aphelenchoididae) and *B. mucronatus* shown by their aggregation to pine saps. *Appl. Ent. Zool.*, **15**(3), 193-197.

二井一禎 (1984). マツノザイセンチュウ，ニセマツノザイセンチュウの樹体内動態とタンニン. 日林論, **95**, 473-197.

引用文献

Araya, K. (1993a). Chemical analyses of the dead wood eaten by the larvae of *Ceruchus lignarius* and *Prismognathus angularis* (Coleoptera: Lucanidae). *Appl. Ent. Zool.*, **28**(3), 353-358.

Araya, K. (1993b). Relationship between the decay types of dead wood and occurrence of Lucanid Beetles (Coleoptera: Lucanidae). *Appl. Ent. Zool.*, **28**(1), 27-33.

Arnebrant, K., Ek, H., Finlay, R. D. & Söderström, B. (1993). Nitrogen translocation between *Alnus glutinosa* (L.) Gaertn. seedlings inoculated with *Frankia* sp. and *Pinus contorta* Doug. ex Loud seedlings connected by a common ectomycorrhizal mycelium. *New Phytologist* **124**(2), 231-242.

Arnolds, E. (1988). The changing macromycete flora in the Netherlands. Trans. *Br. mycol. Soc.*, **90**, 391-406.

Asai, E., Hata, K. & Futai, K. (1988). Effect of simulated acid rain on the occurrence of *Lophodermium* on Japanese black pine needles. *Mycol. Res.* **102**(11), 1316-1318.

Asai, E. & Futai, K. (2001a). The effects of long-term exposure to simulated acid rain on the development of pine wilt disease caused by *Bursaphelenchus xylophilus*. *For. Path.*, **31**, 241-253.

Asai, E. & Futai, K. (2001b). Retardation of pine wilt disease symptom development in Japanese black pine seedlings exposed to simulated acid rain and inoculated with *Bursaphelenchus xylophilus*. *J. For. Res.*, **6**, 297-302.

Baujard, P. (1989). Remarques sur les genres des sous-familles Bursaphelenchina Paramonov, 1964 et Rhadinaphelenchinae Paramonov, 1964 (Nematoda: Aphelenchoididae). *Revue de Nematologie*, **12**, 323-324.

Bentley, M. D.,Mamiya, Y.,Yatagai, M. & Shimizu, K. (1985). Factors in *Pinus* species affecting the mobility of the pine wood nematode, *Bursaphelenchus xylophilus*. *Ann. Phytopath. Soc. Japan*, **51**, 556-561.

Bolla, R. I., Nosser, C. & Tamura, H. (1989). Chemistry of response of pines to *Bursaphelenchus xylophilus. Resin acids. Jpn. J. Nematol.*, **19**, 1-6.

Cowling, E. B. (1970). Nitrogen in forest trees and its role in wood deterioration. *Acta Universitatius Upsalinesis*, 164.

Crawford, R. H., Li, C. Y. & Floyd, M. (1997). Nitrogen fixation in root-colonized large woody residue of Oregon coastal forests. *Forest Ecology and Management*, **92**, 229-234.

Critchfield, W. B. & Little, E. L., Jr. (1966). Geographic distribution of the Pine of the World. U. S. Dept. of Agriculture, Forest Service, Washington.

De Vries, B. W. L., Jansen, A. E. & Barkman, J. J. (1985). Verschuivingen in het soortenbestand van fungi in de naaldbossen van Drenthe, 1958-1983. Dutch Mycological Soc., Hoogwould.

DeGuiran, G. & Boulbria, A. (1981). Importance and characters of *Bursaphelenchus lignicolus* attacks on *Pinus pinaster* in France. *In* 27th IUFRO World Congress, Div. 2 (pp. 273).

堂薗安生 (1974). 各種糸状菌類におけるマツノザイセンチュウの増殖. 日林九州支研究論文集,

■ま行■

■や行■

■ら行■

■さ行■

■た行■

■な行■

■は行■

■あ行■

■か行■

生物名索引

■た行■

事項索引

著者紹介 二井一禎（ふたい・かずよし）
1947年京都府生まれ。京都大学大学院農学研究科教授。
学生時代，八重山諸島の調査旅行で水生昆虫学に触れたことから，環境指標としての生物に関心を持ち，公害指標としての土壌線虫の研究に着手。これがマツ材線虫病の研究につながり，森林に生活するさまざまな生物の相互関係への関心を深めることになった。現在は，被害が顕在化しつつあるナラ枯れ病の生物学，菌根菌の生態学などの研究も行っている。

【主な著書】
森林微生物生態学［二井一禎・肘井直樹共編著，朝倉書店，2000］
樹木医学［鈴木和雄編著，朝倉書店，1999］（分担執筆）
線虫の生物学［石橋信義編著，東京大学出版会，2003］（分担執筆）

マツ枯れは森の感染症
森林微生物相互関係論ノート

2008年3月31日　初版第2刷発行

著者●二井一禎

発行者●斉藤　博
発行所●株式会社　文一総合出版
〒162-0812　東京都新宿区西五軒町2-5
電話●03-3235-7341
ファクシミリ●03-3269-1402
郵便振替●00120-5-42149
印刷・製本●奥村印刷株式会社

定価はカバーに表示してあります。
乱丁，落丁はお取り替えいたします。
ISBN978-4-8299-2183-8　Printed in Japan